上海图书馆入口外景

上海图书馆交通枢纽

台湾中央图书馆

台湾大学图书馆

台湾淡江大学图书馆外景

台湾淡江大学图书馆视听阅览室

台湾东海大学图书馆

波士顿公共图书馆

美国哈佛大学医学院图书馆

美国哥伦比亚大学图书馆

美国坎布里奇社区分馆

瑞典斯德哥尔摩大学图书馆

日本某公共图书馆

多伦多公共图书馆入口外景

多伦多公共图书馆内景

美国马萨诸塞州立
大学图书馆开架书架

美国埃克斯特学校图书馆

荷兰代尔夫大学图书馆内景

荷兰代尔夫大学图书馆外景

建筑设计指导丛书

现代图书馆建筑设计

南京大学

鲍家声 编著

中国建筑工业出版社

图书在版编目(CIP)数据

现代图书馆建筑设计/鲍家声编著 .—北京:中国
建筑工业出版社,2002(2022.6重印)
(建筑设计指导丛书)
ISBN 978-7-112-04816-8

Ⅰ.现⋯　Ⅱ.鲍⋯　Ⅲ.图书馆-建筑设计
Ⅳ.TU242.3

中国版本图书馆 CIP 数据核字(2001)第 064375 号

　　本书是一部论述现代图书馆设计的专著,内容主要包括:图书馆选址及场地
设计,图书馆建筑功能构成及空间组织,阅览空间设计,藏书空间设计、出纳、检
索空间设计,业务用房及行政办公用房设计,公共活动及辅助空间设计,图书馆
建筑造型,图书馆设计过程与案例解析,图书馆的现代化设备,图书馆家具等。
并精选了具代表性的国内外图书馆设计实例56例。

　　本书图文并茂,理论联系实际,尤其第十章图书馆设计过程与案例解析是作
者长期工作的总结,不仅对图书馆设计有直接帮助,对其他建筑设计也是不可多
得的经验。

　　本书可作为建筑类院校建筑设计课教材,并可供建筑师、有关的工程技术人
员、管理人员、科研工作者学习参考。

＊　　＊　　＊

责任编辑　王玉容

建筑设计指导丛书

现代图书馆建筑设计

南京大学

鲍家声　编著

＊

中国建筑工业出版社出版、发行(北京西郊百万庄)

各地新华书店、建筑书店经销

北京京华铭诚工贸有限公司印刷

＊

开本:880×1230毫米　1/16　印张:25　插页:4　字数:788千字

2002年7月第一版　　2022年6月第十五次印刷

定价:64.00元

ISBN 978-7-112-04816-8

(10294)

本社网址:http://www.cabp.com.cn

网上书店:http://www.china-building.com.cn

出 版 者 的 话

"建筑设计课"是一门实践性很强的课程,它是建筑学专业学生在校期间学习的核心课程。"建筑设计"是政策、技术和艺术等的综合体现,是学生毕业后必须具备的工作技能。但学生在校学习期间,不可能对所有的建筑进行设计,只能在学习建筑设计的基本理论和方法的基础上,针对一些具有代表性的类型进行训练,并遵循从小到大,从简到繁的认识规律,逐步扩大与加深建筑设计知识和能力的培养和锻炼。

学生非常重视建筑设计课的学习,但目前缺少配合建筑设计课同步进行的学习资料,为了满足广大学生的需求,丰富课堂教学,我们组织编写了一套《建筑设计指导丛书》。它目前有:

《建筑设计入门》　　　　　　《小品建筑设计》
《幼儿园建筑设计》　　　　　《中小学建筑设计》
《餐饮建筑设计》　　　　　　《别墅建筑设计》
《城市住宅设计》　　　　　　《现代旅馆建筑设计》
《居住区规划设计》　　　　　《休闲娱乐建筑设计》
《山地城镇规划设计》　　　　《现代图书馆建筑设计》
《博物馆建筑设计》　　　　　《交通建筑设计》
《现代医院建筑设计》　　　　《现代剧场设计》
《体育建筑设计》　　　　　　《场地设计》
《现代商业建筑设计》　　　　《乡土建筑设计》
《快速建筑设计方法》

这套丛书均由我国高等学校具有丰富教学经验和长期进行工程实践的作者编写,其中有些是教研组、教学小组等集体完成的,或集体教学成果的总结,凝结着集体的智慧和劳动。

这套丛书内容主要包括:基本的理论知识、设计要点、功能分析及设计步骤等;评析讲解经典范例;介绍国内外优秀的工程实例。其力求理论与实践结合,提高实用性和可操作性,反映和汲取国内外近年来的有关学科发展的新观念、新技术,尽量体现时代脉搏。

本丛书可作为在校学生建筑设计课教材、教学参考书及培训教材;对建筑师、工程技术人员及工程管理人员均有参考价值。

这套丛书将陆续与广大读者见面,借此,向曾经关心和帮助过这套丛书出版工作的所有老师和朋友致以衷心的感谢和敬意。特别要感谢建筑学专业指导委员会的热情支持,感谢有关学校院系领导的直接关怀与帮助。尤其要感谢各位撰编老师们所作的奉献和努力。

本套丛书会存在不少缺点和不足,甚至差错。真诚希望有关专家、学者及广大读者给予批评、指正,以便我们在重印或再版中不断修正和完善。

前　　言

20世纪70年代中叶,我开始接触图书馆建筑设计。那是1975年,我带领8位大学生到江苏省建筑设计院做毕业设计,接受了两个图书馆的设计任务,一个是位于南京成贤街的南京图书馆;一个是南京医学院(今日的南京医科大学)图书馆。8位同学分两组在设计院技术人员的共同指导下,完成了从方案设计到施工图设计的全过程工作,当时称作"一竿子到底"。在做这两个图书馆设计时,我们有意将教学、生产(设计)和科研三者紧密结合起来,通过具体工程项目的设计,完成毕业设计任务。并在此过程中,对国内图书馆进行广泛的调查,开展专题研究,分工合作。最后,除了完成两个图书馆的设计工作外,还完成了专题研究报告及国内图书馆建筑实例图集。学生毕业以后,我就在此基础上,继续进行研究,最后完成了《图书馆建筑设计》一书的书稿,于1978年内部出版。这两个图书馆设计完成以后,都进行了施工,于1977年先后建成,成为当时我国比较早建成的新图书馆。这两个图书馆的设计也成为我学习、研究图书馆建筑的开始,从此使我与图书馆建筑结下了不解之缘。之后又参加了全国图书馆学会,成为全国图书馆学会图书馆建筑与设备分委会的成员。它使我有机会认识了许多图书馆学界的学者、专家们,并从他们那里学习到图书馆的知识及宝贵的图书馆工作之经验,使我受益匪浅。也就从那时起,图书馆建筑成为我研究的主要方向之一。20多年来,基本上是设计——研究不断线。从20世纪70年代到90年代,不同时期(每5年)都对我国图书馆的建设进行跟踪调查研究,对当时国内图书馆设计和建设进行系统的总结分析,并适时地提出我国图书馆建筑发展的趋势及设计的原则和对策。70年代末80年代初提出了开放式图书馆建筑设计的理念,以适应图书馆建筑由传统闭架式管理走向开架式管理的发展趋势,并出版了《图书馆建筑》一书;90年代又提出了模块式图书馆的设计理念,并将这些设计理念应用于实际设计工作中。在这20多年中,先后进行了30余项图书馆工程设计,使研究与设计、理论与实践紧密地结合起来。

改革开放以来,我国图书馆事业得到了长足地发展,图书馆的建设任务也越来越多,为开展图书馆建筑的设计与研究提供了良好的机遇。为此,我们在总结国内图书馆建设实践的基础上,在原来研究工作的基础上,对图书馆建筑又进行了较为系统的总结,写出这本《现代图书馆建筑设计》一书作为建筑设计指导丛书之一,以供图书馆界、建筑设计界及建筑教学之参考。

在本书的写作过程中,一直与研究生的培养工作结合起来,先后有三位研究生就以图书馆建筑为题进行论文研究,将近有一半的研究生都参与过图书馆的设计工作,并且不少设计的图书馆都已建成。在本书的具体编写过程中,先后协助工作的有我在东南大学任教时的研究生见萍、孙宏宇、祝明熙及现在在南京大学任教时的研究生汪颖同学等,在此表示感谢。

鲍家声　2002年3月

于南京大学建筑研究所

目　　录

第一章 绪 论

第一节 图书馆任务、类型及规模

一、图书馆的任务

人类文明到一定阶段,出现了文字,相应地出现了记录文字的载体,为人类文化的积累、交流、继承和发展创造了条件。最原始的载体是利用天然材料制成,如两河流域巴比伦王国(约公元前3000年)时代的泥版、埃及古王国(公元前2800~2300年)时期的纸草以及中世纪欧洲的羊皮纸。在中国,有殷商时期(公元前1500年)的甲骨、春秋时期(公元前770~476年)的简(以竹木做成)、战国时期(公元前475~221年)的帛(以蚕丝为原料纺织而成)。直到东汉时期(公元25~220年)蔡伦改进了造纸术,为人类创造了轻、薄、经济、方便、耐用和易于收藏的纸,成为播及五洲,沿用至今的载体。而源于中国的印刷术的发明和不断改变,使人类摆脱人工抄写书籍的繁重劳动,得以成批印制图书,从而极大地促进了知识的广泛传播。当代科学技术的突飞猛进,不仅使传统的纸张载体和印刷技术都发生了根本性的改变,而且由于声、光、磁、电和电子等科学技术的发明、发展和应用,又陆续开辟了胶片、磁带、磁盘、光盘等现代的知识载体。

文字载体的逐步推广应用,自然产生了收藏和保护这些载体的需求,从而出现了收藏和利用这些载体的特殊建筑物——藏书楼、图书馆。

图书馆,它最初的任务是为保护和利用人类文明的记录,促进人类文明的繁衍、进步。随技术的不断进步,人类社会的不断发展而进入以信息、服务为特征的后工业社会时,图书馆已不仅仅是搜集、整理、保管人类文明的载体,还向人们提供文献与参考咨询信息,通过流通将文献资源转化为生产力,为社会经济发展服务。同时,图书馆还是一个永久性的社会教育机构,是创造经济财富与精神文明的重要阵地,并日渐成为一个信息中心、社会活动中心与继续教育中心。

二、图书馆的类型

随着科学技术的发展、知识载体的变化,图书馆的功能及类型也复杂起来。按照系统和业务关系划分,图书馆主要有以下几种类型:

1. 公共图书馆

指以多门学科、多种载体的图书文献资料为多种类型读者服务,并具备收藏、管理、流通等一整套使用空间和必要的技术服务的图书馆。包括国家图书馆(北京图书馆)、省(市)自治区图书馆、县(市)图书馆、区图书馆及基层图书馆等。

公共图书馆是按行政区域划分和设置的。它的服务对象是面向社会开放,公开登记读者。服务对象一般没有特殊的限制。一个国家的最高一级的公共图书馆是设在首都的国家图书馆,其次,是省、市、县各级公共图书馆,共同形成公共图书馆网络。国家图书馆是全国性的书刊、信息荟萃的文化中心,是国家总书库,全国图书馆事业的中心,同时也是全国各地公共图书馆的业务指导中心,并且还担负着出版国家书目、组织国内外书刊互借、交换和业务交流的任务,也是电子计算机网络存查资料的网络中心。它是整个国家和民族的经济、科学、文化、教育的代表与象征。

省、市自治区图书馆是我国公共图书馆的主体,也是所在地各类型图书馆的藏书、目录编制、馆际互借、业务研究和交流等区域中心。

县(市)图书馆及基层图书馆直接为本地的广大群众服务,负担社会教育、普及文化及科技知识为经济服务的任务。

2. 专业图书馆

指专门收藏某一学科或某一类文献载体,为专业人员提供阅览或研究的图书馆。为研究、生产及管理等部门所设,包括国家各种科学研究院,如:中国科学院、中国社会科学院以及中央各部委、各专门研究机构图书馆(室)和各省、市、自治区所属各专业研究所图书馆等。

专业图书馆的藏书内容和服务方法都比较专深。这一类型图书馆的读者大多数为本系统、本部门的科研人员,所需情报文献资料范围比较集中。这里更为重视外文书刊、科技情报的收集和整理工作,要求及时、准确提供读者所需的书刊、文献、资料。这类图书馆有时也对外开放,开展咨询服务。

3. 学校图书馆

包括高等院校图书馆,各类专科学校图书馆,以及中小学图书馆等。

高等学校图书馆的基本任务是为教学和科研工作服务。藏书侧重于本校所设学科、专业的系统知识,并追踪这些学科、专业的最新学术情报和信息。服务对象是全校师生员工,有时也对外开放,甚至成为全国或本地区、某些学科专门领域的信息情报中心。

中小学图书馆为学校教育的辅助机构,它除提供有关教学资料外,还越来越多运用各种新型知识载体,如各种声像资料、娃娃计算机等辅助教学。

除了按系统划分外,图书馆还根据藏书特点分为综合性图书馆和专业性图书馆,有的按读者对象划分为儿童图书馆、青年图书馆、盲人图书馆、少数民族图书馆等。

三、图书馆的规模

图书馆规模大小受多方面因素所决定。诸如服务范围、性质和任务;读者多少;藏书数量以及建筑投资、原有基础等。其规模大小一般以藏书量和读者座位的多少确定。然后根据馆的性质、管理方式等因素选取设计指标,定出读者使用空间、藏书空间及服务空间各部分的使用面积,加上交通面积、辅助面积,最后确定总建筑面积。设计时,由甲方提出设计任务书,以此作为设计的依据。表1-1及表1-2为新规范规定的设计指标。

阅览空间每座占使用面积设计计算指标(m²/座)　　　　　　　　表1-1

名　称	面　积　指　标	名　称	面　积　指　标
普通报刊阅览室	1.8~2.3	舆图阅览室	5.0
普通阅览室	1.8~2.3	集体视听室	1.5(2.0~2.5含控制室)
专业参考阅览室	3.5	个人视听室	4.0~5.0
非书本资料阅览室	3.5	儿童阅览室	1.8
缩微阅览室	4.0	盲人读书室	3.5
珍善本书阅览室	4.0		

注　1. 表中使用面积不含阅览室的藏书区及独立设置的工作间。

　　2. 集体视听室如含控制室,可用2.00~2.50m²/座。其他用房如办公、维修、资料库应按实际需要考虑。

藏书空间单位面积容书量设计计算综合指标(册/m²)　　　　　　　　表1-2

	公共图书馆	高等学校图书馆	少年儿童图书馆
开架藏书	180~240	160~210	350~500(半开架)
闭架藏书	250~400	250~350	500~600
报纸合订本		110~130	

注　1. 表中数字为包括线装书、中文图书、外文图书、期刊合订本的综合指标平均值。外文书刊藏书量大的图书馆和读者集中的开架图书馆取低值。盲文书容量应按表中指标的1/4计算。

　　2. 期刊每册指半年或全年合订本;报纸每册为月合订本,按四开面4~8版计。

　　3. 开架藏书按6层标准单面书架,闭架按7层标准单面书架,报纸合订本按10层单面报架,行道宽800mm计算。

　　4. 密集书架的藏书量约为普通标准书架的1.5~2.0倍。

表 1-1 中的指标,系指藏阅合一空间中计算的阅览区面积指标,也适用于闭架管理的阅览室。面积指标中包含了阅览桌椅及读者活动的交通面积,也包括了管理台,沿墙设置的工具书架、陈列柜、目录柜等所占使用面积。

(一) 公共图书馆规模

一般认为:小型图书馆藏书量在 50 万册以下,中型图书馆藏书量在 50 ~ 150 万册,大型图书馆藏书量在 150 万册以上。

公共图书馆读者座位设置数量,目前尚无一定规定。从目前实际情况看,一般省级以上公共图书馆读者座位数为 500 ~ 1000 座以上,市级图书馆读者座位为 300 ~ 500 座以上,区(在城市中)、县图书馆读者座位一般为 100 ~ 200 座以上。随着社会经济发展,图书馆作用越来越重要,座位数呈逐渐增多之势,设计时应考虑这一倾向。

县级图书馆的规模,应根据城区的规模、经济发展水平、人口及其文化素质、图书馆藏书量、业务开展等综合因素来考虑,目前尚缺少适用数据。根据新建馆的资料来看,总建筑面积一般都在 3000 ~ 5000m² 居多,有的县级图书馆甚至远远超过这一规模。

改革开放后的中国社会正进入信息社会,新技术的影响使图书馆在多方面产生了革命性变革,图书馆规模呈不断扩大之势。

20 世纪 90 年代末,我们曾做过一次调查,各地都曾建造了一批公共图书馆,参见表 1-3。

20 世纪 90 年代中国新建,扩建公共图书馆建筑基本情况调查资料　　　　　　　　　　　　表 1-3

编号	馆　名	建筑面积 (m²)	总投资 (万元)	综合造价 (元/m²)	藏书量 (万册)	阅览座位 (座)	建成时间	备　注
1	北京市东城区图书馆	11500	5600	4870	60	450	1996	
2	福建省图书馆	25000	5000	2000	330	900	1995	
3	福州市图书馆	6158	900	1462		355	1995	
4	厦门市同安区图书馆	3000	250	833	100	200	1996	一期 1514m² 二期 1459m²
5	福建省建瓯市图书馆	4176	230	650	50	221	1996	
6	福建省建阳市图书馆	2707	177	654	50	300	1997	
7	福建省泰宁县图书馆	1200	102	850	4.2	200	1997	
8	福建省德化县福光图书馆	3540	385	1088	20	370	1999	
9	福建省南靖县图书馆	4168	252	605	30	640	1996	
10	福建省永泰县图书馆	1684	80	1400		150	1996	
11	福建省连江县图书馆	1200	102	850	12	170	1991	
12	江苏省常州市图书馆	12887	4210	3765	100	1640	1995	一期 1181m² 二期 1706m²
13	江苏省江浦县图书馆	750	130	1600	10	116	1994	
14	江苏省响水县图书馆	2500	215	850	30	270	1999	
15	江苏省高邮市图书馆	2400	150	750	25	280	1995	
16	江苏省通州市图书馆	3295	176	534	80	200	1990	一期 2561m² 二期 734m²
17	江苏省如皋市图书馆	3000	329	1097	20	220	1996	
18	辽宁省图书馆	33646	7759	1860	364	1007	1994	一期 18026m² 二期 15625m²
19	大连市少儿图书馆	6500	1530	2360	50	717	1996	
20	辽宁省盘锦市图书馆	6800	319 560	687 2000	50		1993	一期 4000m² 二期 2800m²
21	辽宁省本溪市图书馆	10917	1900	1740	120	428	1994	
22	哈尔滨市南岗市区图书馆	2146	779	3630		200	1998	

编号	馆　　名	建筑面积 (m²)	总投资 (万元)	综合造价 (/m²)	藏书量 (万册)	阅览座位 (座)	建成时间	备　　注
23	黑龙江省海伦市图书馆	2245	238	1060	30	520	1998	
24	兰州市图书馆	8318	1276	1342	80	600	1997	
25	甘肃省威武市图书馆	2000	123	615	25	230	1995	一期 1200m² 待建
26	甘肃省酒泉市图书馆	2000	250	1000	20	200	1998	
27	甘肃省张掖市图书馆	3618	165	456	40	120	1993	一期 2719m² 二期 899m²
28	甘肃省白银市图书馆	4494	640	1421	50	900	1998	
29	内蒙古图书馆	2245	238	1060	30	520	1998	
30	内蒙古鄂托克旗图书馆	1023	118	710	8	200	1997	
31	内蒙古固阳县图书馆	1000	60	600	5	280	1994	
32	青海市图书馆	12000	2470	2000	140	400	1997	
33	新疆兵团图书馆	5000	746	1492	50	250	1996	
34	山西省定西县图书馆	1513	175	1157	22	368	1993	
35	铜陵市图书馆						1995	
36	马鞍山市图书馆	8906	1145	1286	80		1996	一期 7206m² 二期 1700m²
37	三门峡市图书馆	10864	2100	1933	32	420	1998	
38	贵州市省贞丰县图书馆	800	19.3	241	10	80	1997	
39	贵州省凤冈县图书馆	967	239	324	10	120	1997	
40	锦屏县图书馆	510	16	314			1993	
41	浙江省图书馆							
42	浙江省湖州市图书馆	4955	265	1079	50	496	1993	一期 4370m² 二期 585m²
43	上海市图书馆新馆	83000			1320		1996	
44	广西省南宁市图书馆	11760	1500	1276	80	1060	1998	
45	广东省珠海市图书馆	16000	8500	5500	100	1300	1999	一期 4000m² 待建
46	广东省东莞市图书馆	9000	2700	3000	60	500	1994	
47	深圳市宝安区图书馆	8119	2100	2587	40	600	1993	
48	深圳市南山区图书馆	16400	8000	4878	60	1040	1997	

（二）高等院校图书馆规模

高等院校图书馆规模，主要决定于在校学生人数、教师编制以及学校的最终发展目标，然后再根据在校师生人数来确定其藏书数量及阅览座位。另外还需考虑到学校原有的条件、专业设置等方面的情况。

1. 阅览室的座位数

1992 年国家教育部制定的《普通高等学校建筑规划面积指标》中规定：高等院校图书馆的学生阅览室只供学生借阅参考书和报纸期刊使用，原则上不设供学生自习的座位。学生阅览室的座位数，理、工、农、林、医、体育各科按学生的 17.6%（5000 人规模）到 17.5%（10000 人规模）设置，文科及政法、财经按学生人数的 15%（3000 人规模）到 20%（10000 人规模）设置，教师阅览室座位按教师总人数的 16% 设置。

学生阅览室每个座位占使用面积 1.8m²（包括走道及一般工具书架所占面积，下同）。教师阅览室每个座位占使用面积 3.5m²。业务办公用房按馆员人数计，每人占使用面积 8~10m² 计算（包括采编、整理、装订等）。

同时规定:研究生阅览室的座位数与研究生人数之比应为同类本科生比例数的2倍。每座使用面积比本科生增加0.32～0.51m²。

2. 书库的藏书量及书库面积

理、工、农、林、医、体育各学科自然规模为:5000人时藏书为75万册;3000人时藏书为54万册;2000人时藏书为40万册;1000人时藏书为22万册;500人时藏书为12万册。文科及政法、财经、艺术学科自然规模为5000人时藏书为100万册;3000人时藏书为66万册;2000人时藏书为48万册;1000人时藏书为26万册;500人时藏书为13万册。

上世纪90年代,我们曾调查了我国部分地区大学图书馆的建设情况,具体资料参见表1-4。

20世纪90年代中国新建,扩建高校图书馆建筑基本情况调查资料　　　　　表1-4

编号	馆　名	建筑面积 (m²)	总投资 (万元)	综合造价 (元/m²)	藏书量 (万册)	阅览座位 (座)	建成时间	备　注
1	清华大学图书馆新馆	20120	3500	1740	170	1400	1991	
2	北京大学图书馆新馆	26800	15000	5597	650	4500	1998	
3	北京农业大学图书馆	12115	1100		150		1990	
4	北方交通大学图书馆	12065	2300		120		1993	
5	石油大学图书馆	14474	3758	2596	50	1014	1993	
6	北京石油化工学院图书馆	7569	1900	2510	30	594	1999	
7	北京服装学院图书馆	7267	1456	2037	100	780	1994	
8	中国矿业大学北京校区图书馆	3624	647	1785	50	360	1993	
9	福建师范大学图书馆	18000	1200	667	200	2260	1992	
10	福建师大福清分校图书馆	4200	400	952	35	600	1999	
11	华侨大学图书馆	6946	600	864	80	890	1990	
12	集美大学图书馆	3300	205	621	30	300	1993	
13	南平师专图书馆	4396	380	864			1995	
14	南京医科大学图书馆扩建							
15	南京中医学院图书馆	5760	340		30		1990	
16	苏州大学敬文图书馆	8700	650		60		1991	
17	江苏财经高等专科学校图书馆	5730	500		30		1992	
18	河北大学图书馆新馆	8475	629		110		1991	
19	河北农业大学图书馆	10926	965	1014	100	1060	1993	一期9074m² 二期1852m²
20	保定金融高等专科学校图书馆	2741	90	332	35	320	1990	
21	中共辽宁省委党校图书馆	6001	900	1500	70	380	1994	
22	大连理工大学图书馆							
23	辽宁大学图书馆	18471	4760	2577	200	2200	1998	
24	辽宁工程技术大学图书馆						1999	
25	吉林大学邵逸夫图书馆	12093	港1000 人民币480		170		1990	
26	吉林工学院图书馆	10500	891	849	50	1116	1991	
27	东北电力学院图书馆	11688	1574	1347	80	1100	1993	
28	长春水利电力高等专科学校图书馆	6000	600	1000	40	667	1996	

编号	馆　名	建筑面积 （m²）	总投资 （万元）	综合造价 （元/m²）	藏书量 （万册）	阅览座位 （座）	建成时间	备　注
29	长春工业高等专科学校图书馆	5500	1000	1800	40	1020	1997	
30	长春建筑高等专科学校图书馆	6296	600	900	32	1000	1995	
31	哈尔滨工程大学图书馆	11174	1124		100		1990	
32	中共哈尔滨市委党校图书馆	4580	1070	2336	30	450	1996	
33	甘肃省农业大学图书馆	6906					1993	
34	内蒙古大学图书馆							
35	青海大学图书馆	6232	354	569	55	874	1992	
36	新疆师范大学图书馆	8998	932		100		1993	
37	新疆自治区党校图书馆	6000	600	1000	70	90	1993	
38	山西农业大学图书馆	7100	400	571	70	700	1992	
39	山西大学图书馆	16300	2000	1840	200	1200	1996	
40	太原师范专科学校图书馆	3911	270		45		1991	
41	西北工业大学逸夫图书馆	10661	1500	1407	30	1500	1994	
42	山东工程学院图书馆	11000	1520	1400	100	1400	1997	一期 4370m² 二期 585m²
43	中国科学技术大学图书馆	16383	2451	1496	300	1882	1997	
44	安徽农业大学图书馆	8360	365	440	120	800	1991	
45	合肥经济技术学院图书馆	6819	477		88		1991	
46	铜陵财贸高等专科学校图书馆						1994	
47	商丘师范高等专科学校图书馆	6017	360		60		1993	
48	西南交通大学图书馆	16960	702		120		1991	
49	四川农业大学图书馆	8100	620	765	70	870	1995	
50	成都理工学院图书馆	10007	600	600	120	1200	1990	
51	川北医学院图书馆	7420	227	367	50	575	1993	
52	贵州大学图书馆	10921	572		150		1991	
53	江西财经大学图书馆	8277	569	687	150	588	1993	
54	江西师范大学图书馆	10500	800		120		1993	
55	浙江师范大学邵逸夫图书馆	10211	港 1000 人民币 250	1223	100	1470	1990	
56	宁波大学图书馆	6300	630		40		1992	
57	宁波师范学院图书馆	6710	港 400 人民币 240		70		1990	一期 4370m² 二期 585m²
58	上海交通大学包玉刚图书馆	13563	1113		106		1991	
59	同济大学图书馆扩建	16122			150		1991	老馆 6470m² 新馆 9722m²
60	上海大学联合图书馆	7051	949				1993	无书库
61	上海机电高等专科学校图书馆	3860	210		25		1991	
62	海南大学图书馆	12000					1997	
63	重庆大学图书馆	9000					1995	
64	天津大学图书馆	10968	1061		30		1990	
65	华中理工大学图书馆	15320	1110		80		1990	

编号	馆　名	建筑面积 （m²）	总投资 （万元）	综合造价 （元/m²）	藏书量 （万册）	阅览座位 （座）	建成时间	备　注
66	武汉冶金科技大学图书馆	11492	650		70		1990	
67	中南工业大学图书馆	19816	1811		180		1992	
68	宁夏西北第二民族学院图书馆	2640	179		30		1990	
69	云南民族学院图书馆	8059	320		80		1991	
70	昆明医学院图书馆	5729	263		54		1991	
71	台湾大学总图书馆	35472					1998	
72	台湾元智大学图书馆资讯大楼	84550					1997	

第二节　图书馆的发展概况

一、外国图书馆建筑的发展

图书馆作为人类文明的标志,是随着人类社会的产生发展而产生发展的。在文明起源最早的四大文明古国中,都出现了世界上最早的图书馆。

据西方史料记载,公元前1250年,在人类文明发达较早的埃及,拉美斯(Rameses)二世就曾在底比斯城(Thebes)建造过图书馆。公元前668年,另一个人类文明发达较早的两河流域,古亚述王阿叔巴尼伯尔(Ashur—bani—pal)在尼尼微(Nineveh)城也修建过藏书处,四周书柜内珍藏着楔形文字的粘土版书籍。

古罗马自公元前33年在罗马城自由神庙里建起第一座公共图书馆以后,到公元4世纪前,仅在罗马一地就有近30个公共图书馆。同时期,在其他各大城市也建有公共图书馆。有的是皇帝出资建造,有的是富人捐献建造的。这些图书馆大部分附设在神庙里,广泛地向识字的市民开放,但只限于馆内阅览。

古罗马的公共图书馆大多与神庙毗连,富丽豪华,宏伟壮观。馆内设有阅览厅、柱廊,有的馆内开设有会堂和讲演厅。此时,馆藏有限,规模不大,藏阅一体,功能简单,却极度富丽豪华。公元前1世纪,古罗马著名建筑学家维特鲁威(Marcus Vitruvius pollio)在《建筑十书》一书中曾明确提出:"图书馆一要方便阅览,二要防潮,以利保管"。当时的图书馆为了符合视力和阅读心理要求,常铺设大理石地面。为了防潮防火,书库设有内外两层壁墙,在两墙之间有狭窄的小通道。图1-1为公元107年的罗马依佛塞斯(Ephesus)图

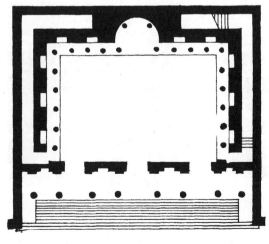

平面　　　　　　　　　　外观透视

图1-1　依弗塞斯图书馆

7

书馆,其大厅为10m×26m的长方形,从顶部采光,周围升高的柱廊地带是管理员工作的地方。大厅三面共有10个壁龛,每个壁龛又分为3层,平均每层深0.5m,宽1m,高近1m,用来放置陈列书籍的书柜。这座图书馆正立面为典型的古罗马建筑,有壮丽的柱廊。

中世纪的欧洲,神学统治一切,图书馆建筑和书籍被毁灭,只有神学在神权思想的庇护下保存着部分图书,修道院起了藏书处的作用。僧侣们在寺院拱券下和小窗边的单独座位上不受干扰地阅读和写作。西方图书馆史称这段时期为"小书斋(Carred)时期"。

13世纪到16世纪末,以意大利为中心的欧洲,兴起以人文主义思想为主体的文艺复兴运动,推动了社会的进步,促进了科学的发展。同时,源于我国的造纸术与印刷术传到了西方,促进了书籍出版事业的发展,西欧各国纷纷掀起了建造图书馆的热潮。继意大利威尼斯圣马可图书馆和著名的建筑师米开朗琪罗(Michelangelo)设计的佛罗伦萨的劳伦齐阿(Laurentian)图书馆之后,在西欧出现了许多皇家图书馆、公共图书馆、大学图书馆。当时由于书籍藏量不多,书籍和阅览场所都布置在同一房间内,形成了古老的"开架阅览"方式。同时,又因为当时书籍很珍贵,有些图书馆,是用链子将书籍拴在书架上,保存的书目贴在书桌的一端,读者只能站在书架旁边,把书同链子放在斜板上阅读,人们称之为"链子图书馆"(图1-2)。

图1-2 链子图书馆

当时皇家图书馆一般都显示豪华,而大学图书馆则比较讲究实用。例如14世纪英国牛津大学麦尔通(Merton)图书馆(图1-3),它把藏书和阅览室都布置在一个长房间内,中间走道,两边横列着一排排的书架,每两排书架中间夹放一排座位,两排书架间开一窗户,形成一个幽静隐蔽的空间。这种办法很受当时人们的喜爱,被沿用了好几个世纪。

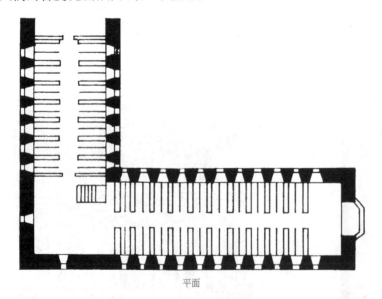

平面

阅览室内景

图1-3 牛津大学麦尔通图书馆

随着活字印刷术的发展,书籍大量普及,图书馆藏书倍增,图书馆向广大公众开放。由于读者与书籍的大量增加,促使图书馆管理方式及图书馆建筑的变革。出现了书架沿墙布置的大厅式的图书馆,实行

"藏阅合一"的开架式管理。最典型的大厅式图书馆是西班牙国王菲利普二世于 1567 年在马德里近郊建造的艾斯库略王宫(EL Escurial 或 Escorial)图书馆。这种大厅型图书馆被认为是走向开放型图书馆的一种过渡形式的代表。

19 世纪,经历了西方产业革命后科学技术开始发展起来。特别是滚筒印刷术的广泛应用,出版物迅速增加,在馆藏和读者增多的情况下,业务管理与服务工作也逐渐复杂,"藏阅合一"的大厅式图书馆已经不再适应新的发展需要。新的图书馆需要从规划设计上正确处理图书馆中三个基本工作领域——书籍典藏、读者阅览、服务管理三者关系、即如何处理好藏书、阅览、服务管理三者关系。从此出现了"藏阅分离"的方式,即藏书、阅览分别占用不同的建筑空间。此时,读者与读物开,需通过馆员服务使读者与读物发生联系,因此出现了借书出纳空间。它将阅览室和书库空间截然分开,形成"藏——借——阅"的三大部分。它是西方近代图书馆的传统形制。如 1854 年建筑师亨利·拉布鲁斯特设计改建的法国国家图书馆,第一次设计了一个真正的多层书库和单独的阅览大厅(图 1-4)。这时候的西方图书馆建筑,在内容上虽然有了新的变化、新的要求,也出现了新的结构和材料,但在建筑形式上仍依托于旧的形式,采用折衷主义手法,没有创造出具有自己时代性的风格,如美国国会图书馆(图 1-5)。

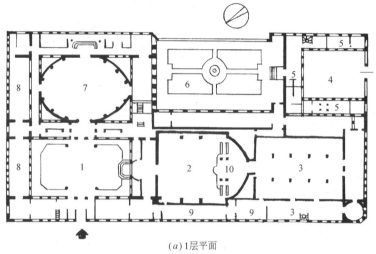

(a)1 层平面

1—内庭;2—阅览厅;3—主要书库;4—后院;5—办公室;6—花园;
7—期刊阅览室、讲演厅;8—手稿本;9—目录;10—出纳台

(b)阅览厅

(c)多层书库

图 1-4　法国国家图书馆(1854 年)

(a)外观

(b)入口外景

(c)八角形阅览大厅

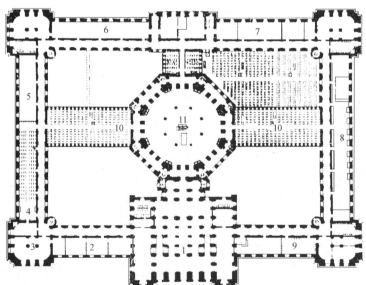
(d)门厅内景

(e)1层平面

1—门厅;2—秘书室;3—音乐部;4—音乐库;5—印刷;6—装订;7—暂存库;8—办公室;
9—盲人阅览室;10—书库;11—阅览大厅

图1-5 美国国会图书馆

第一次世界大战前后,欧洲资本主义国家开始了新建筑运动。这个运动主要是在建筑领域中摆脱传统形式的羁绊,摒弃折衷主义,注重功能,采用新材料、新技术,净化建筑形式。于是高大豪华的空间和繁琐的装饰被取消,厚重的墙身变为轻巧的结构,外形也由宏伟壮观而变得开朗朴实,反映内部的空间结构及使用的特点。例如,1931年建成于伯尔尼的瑞士国家图书馆(图1-6)可作为这方面的代表作。其特点是:读者主要的出入场所——目录厅、出纳台、阅览室等内部空间分隔都用玻璃隔墙,层次感鲜明,顶棚用遮阳的玻璃棚采光;其外观充分显示了钢筋混凝土的特征及内部不同用途的空间性格,显示了新建筑的生命力。

正面外观

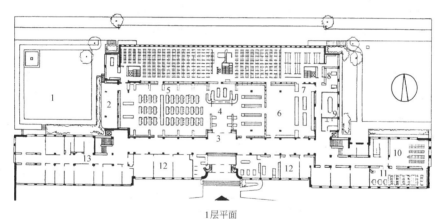

1层平面

1—花园;2—阅览平台;3—借书处;4—出纳台;5—阅览室;6—陈列室;7—地图室;8—工作室;9—会议室;
10—特藏室;11—特藏阅览室;12—办公室;13—分编室

图1-6 瑞士伯尔尼国家图书馆

1933年建的芬兰维普里市立图书馆是新建筑运动中又一个成功的杰作,(参见实例24),它是由著名建筑师阿尔瓦·阿尔托(Alvar Valto)设计的。整个建筑物包括两大部分,既是图书馆,又是一个社会文化活动场所,其中包括讲演厅,展览厅等。建筑物的外形也反映了内部使用不同的两方面内容。室内的布置也十分宜人,房间面积不大,但感觉宽敞,家具和建筑也和谐统一,色彩与装修力图创造一种宁静与舒适之感。内部各层地面高低错落,室内空间富于变化,在讲演厅里采用波浪曲线的平顶,运用了声学上的成就,从而获得了一个崭新的建筑形象。

现代图书馆是从19世纪末开始出现的,特别是20世纪50年代出现的计算机技术把人类文明推进到电子时代、信息时代,图书馆的功能与内容亦发生了根本性变化,不仅在规模上超越了以前的历史时代,更重要的是在空间布局上不断改进。其中尤以1933年建于美国巴尔的摩的伊诺克·普培特自由图书馆为代表的公共图书馆较为突出。其平面布局突破了空间的固定分隔,以大柱网、大空间适应了使用上的调整互换的灵活性;采用了"藏阅合一"的管理方式,大量实行开架借阅,促使传统的、截然分隔的"藏——借——阅"的三大空间解体;基本书库大大压缩或根本取消(图1-7)。在现代化技术、设备相继引入使用之后,更加显示出这种建筑模式的优越性而取得广泛的承认。以后经过逐步完善,形成了"模数化图书馆"的设计模式。

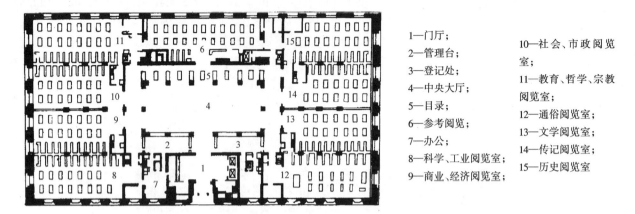

1—门厅;
2—管理台;
3—登记处;
4—中央大厅;
5—目录;
6—参考阅览;
7—办公;
8—科学、工业阅览室;
9—商业、经济阅览室;
10—社会、市政阅览室;
11—教育、哲学、宗教阅览室;
12—通俗阅览室;
13—文学阅览室;
14—传记阅览室;
15—历史阅览室

图 1-7　美国巴尔的摩市伊诺克·普培特自由图书馆平面

二、我国图书馆建筑的发展

　　四大古文明发源地的中国,远在殷商时期,用龟甲、牛骨刻文记事。据挖掘与考古研究,在河南安阳小屯村殷墟遗址下,发现了保存大量甲骨卜辞的库房,被认为是我国最早的皇家档案馆与图书馆。

　　漫长的封建社会,中国历代封建王朝均建立过皇家藏书机构,用以藏书或保管档案。现存最久的是建于明代嘉靖十三年(公元 1534 年)的北京皇史宬(图 1-8)。此外中国是诗书之邦,逐渐出现了由私人营建的藏书楼,宁波天一阁是我国现存最早的私家藏书楼(图 1-9),也是影响最深远的。它采用江南民居的形势,融合造园手法,开创了"园中有馆,馆中有园"的先例。这两处建筑物都采用了一系列的防火、防蛀、防潮等技术措施,并获得相当成功。如前者有"金匮石室"之意,全部为石、砖所建,连门窗都不用木质。墙身厚达 4m,内部是一个巨大的砖拱筒体。冬暖夏凉,能保持室内一定程度的恒温,内藏文档至今无霉迹和虫蛀现象。

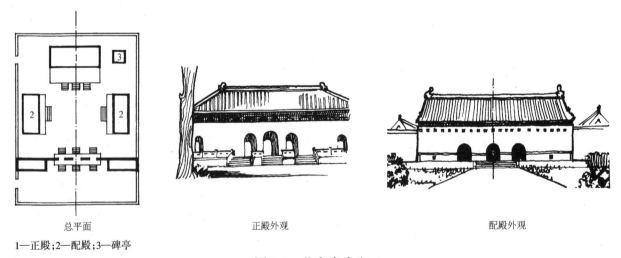

总平面　　　　　　　　　　正殿外观　　　　　　　　　　配殿外观

1—正殿;2—配殿;3—碑亭

图 1-8　北京皇史宬

　　直至 20 世纪初,我国各省才开始建设公共图书馆。当时正值西方近代图书馆形制已经成熟,我国初期建馆便广为移植、借鉴,成为我国图书馆建设的蓝本。如建于 1931 年的我国最大公共图书馆——国立北京图书馆(图 1-10)。当时的建筑面积是 8000m²。全幢建筑仿木结构形式,实际上是采用钢筋混凝土柱子、梁、椽子、屋面板现浇而成的宫殿式大屋顶,上铺绿色琉璃。前部共为 3 层(包括地下室),供读者使用。借书处设在 2 楼,后部为书库。这种借、阅、藏分开的方式正是当年盛行于国外的一种典型的图书馆建筑

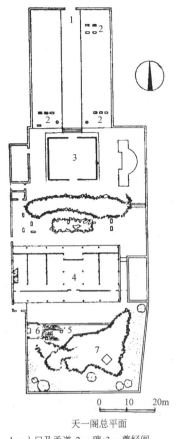

天一阁总平面

1—入口及甬道;2—碑;3—尊经阁;
4—天一阁;5—池;6—亭;7—假山

天一阁外观

图 1-9　浙江宁波天一阁

布局方法。我国以后所建的公共图书馆和大学图书馆,在平面布局上都属于这一类型。例如 1916 年建造的原清华学堂图书馆(图 1-11);1922 年初建和 1933 年扩建的东南大学原孟芳图书馆(图 1-12);1936 年建造的武汉大学图书馆。所有这些图书馆都深受西方一些大学图书馆的影响,已不再是天一阁的翻版了。

建筑外观

图 1-10　北京图书馆(1931 旧馆)(一)

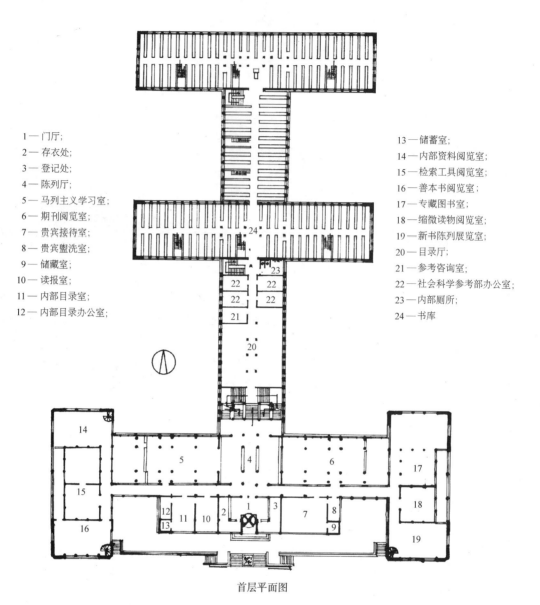

1—门厅;
2—存衣处;
3—登记处;
4—陈列厅;
5—马列主义学习室;
6—期刊阅览室;
7—贵宾接待室;
8—贵宾盥洗室;
9—储藏室;
10—读报室;
11—内部目录室;
12—内部目录办公室;

13—储蓄室;
14—内部资料阅览室;
15—检索工具阅览室;
16—善本书阅览室;
17—专藏图书室;
18—缩微读物阅览室;
19—新书陈列展览室;
20—目录厅;
21—参考咨询室;
22—社会科学参考部办公室;
23—内部厕所;
24—书库

首层平面图

科学阅览室内景

图 1-10 北京图书馆(1931旧馆)(二)

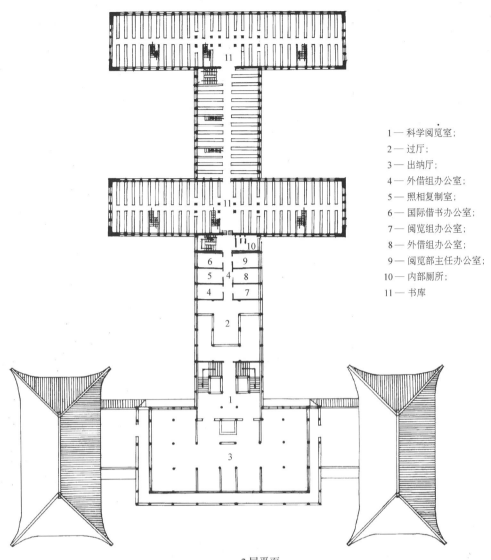

1 — 科学阅览室;

2 — 过厅;

3 — 出纳厅;

4 — 外借组办公室;

5 — 照相复制室;

6 — 国际借书办公室;

7 — 阅览组办公室;

8 — 外借组办公室;

9 — 阅览部主任办公室;

10 — 内部厕所;

11 — 书库

2层平面

图 1-10　北京图书馆(1931旧馆)(三)

外观

图 1-11　清华大学图书馆(1916旧馆)(一)

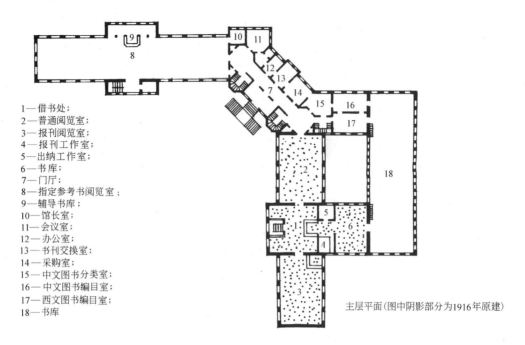

1—借书处；
2—普通阅览室；
3—报刊阅览室；
4—报刊工作室；
5—出纳工作室；
6—书库；
7—门厅；
8—指定参考书阅览室；
9—辅导书库；
10—馆长室；
11—会议室；
12—办公室；
13—书刊交换室；
14—采购室；
15—中文图书分类室；
16—中文图书编目室；
17—西文图书编目室；
18—书库

主层平面(图中阴影部分为1916年原建)

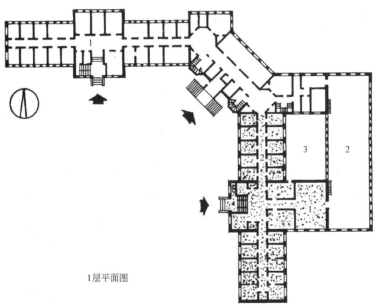

1层平面图

图 1-11　清华大学图书馆(1916 旧馆)(二)

(a)全景外观

图 1-12　东南大学图书馆(1922～1933 年原孟芳图书馆)(一)

(b)图书馆入口

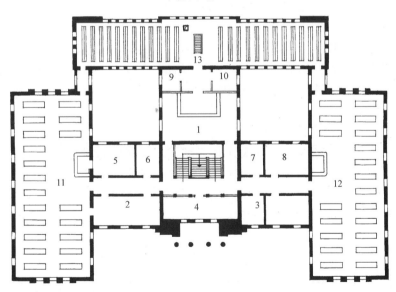

(c)主层平面

1—加长借书处;2—文艺借书处;3—外文科技书借书处;4—报库;5—美工室;6—盥洗室;
7—储藏室;8—内部参考书库;9—善本阅览室;10—出纳办公室(以上原建);11—政治学习
室;12—科技阅览室;13—书库

图 1-12 东南大学图书馆(1922~1933 年原孟芳图书馆)

原清华学堂图书馆系按当时流行的欧美图书馆建筑格局设计的,采用"⊥"字形平面,明确地将图书馆按不同的使用要求分开布置。如主层设于2楼,阅览室放在前部,位于主楼两侧;书库置于后方,采用铸铁固定式书架和3层堆架式结构,以改善书架下部的光线;借书处介于阅览室与书库之间,位于2层正中;采编部门及行政办公用房和研究室等设于前部底层作成小的房间,并自成一区,与大量活动区分开。这是我国按图书馆闭架管理要求,将借、阅、藏等部分明确分开布置的早期之例。

东南大学原孟芳图书馆也是按当时图书馆的使用要求,仿西方图书馆建筑的格局建造的。平面亦采用"⊥"形,书库在后,阅览室在前,借书处扼守中间,主层设于2楼,底层为办公业务用房。图书馆建筑外部形式也采用西方古典建筑样式,门廊采用了爱奥尼克式柱廊。1933年扩建后部书库,两侧扩建阅览室,平面变为目前这种形式。

建国以后,我国图书馆事业有了很大发展,已在全国建立起一个类型比较齐全、藏书比较丰富、服务方式多样的具有一定规模的现代化图书馆体系。特别是1978年实行改革开放政策以来,全国图书馆事业得到迅速发展,现在我国拥有县级以上公共图书馆2615个,高等学校图书馆1080个,科研系统中型以上图书馆8000多个,加上中小学图书馆、工会图书馆等已基本构成一个覆盖面较广的图书馆网。

三、我国当代图书馆建筑的发展趋势

我国图书馆建筑正处于继往开来发展变革的时期,即正处在由传统图书馆向现代图书馆的观念过渡与转变的阶段。在这个变革过程中,图书馆的内涵在不断变化,职能在不断更新,现代电子和计算机技术应用于图书馆在不断扩大,给图书馆的服务和管理都带来一系列的变化,直接影响到图书馆本身的结构及图书馆建筑。考察一下国外现代化图书馆,就可以发现,图书馆的内涵和外延都发生了巨大的变化,表现在以下诸方面:

1. 图书馆概念的发展

现代图书馆被称为"学术研究中心"、"情报信息中心",甚至有的学者把图书馆形象地称为"知识百货商店"。它意味着图书馆概念从强调图书馆典藏的系统性和保管的完整性发展到重视书籍的信息流通和信息服务,最大限度发挥书刊资料和信息的作用,即以藏为主,转向藏用结合,以用为主。

2. 知识载体的发展

由于科学技术应用于图书馆,出现了许多新的载体,不仅传统纸型印刷的书籍和文献,凡是可以传授知识和信息的一切载体,如文字、声、像、实物、图片、电子光盘等都成为图书馆收藏和为读者提供服务的手段。知识载体的多样化导致了藏、阅、管的多样化。这就产生了新的贮存信息手段和传递手段,它必然引起图书馆内部空间的变化。

3. 人和书(即读者和读物)关系的变化

以藏为主,闭架管理的传统图书馆书和人分离,二者通过出纳台工作人员的服务间接发生联系。现代图书馆则要求以用为主,读者要尽可能地接近读物,书与人的关系要密切、直接、自如,这就导致图书馆要从闭架管理走向开架管理,使读者由被动走向主动地索取所需要的一切资料。它导致了图书馆两大空间——藏书空间和阅览空间发生革命性的变化。

4. 阅读方式的发展

随着知识载体的多样化,广泛地应用视听资料和缩微读物,乃至模型、玩具等,阅读方式也就随之多样化,不仅仅是用眼睛来看书和图像,还常常用耳朵来听读物。新的阅读行为还常常借助阅读机、幻灯机、放映机、摄像机及各种电子设备,人机合作完成阅读行为。这些新的阅览行为对阅览的空间环境在声,光、热等物理性能方面都提出了一系列新的要求。

5. 图书馆服务管理方式的发展

以藏为主的传统图书馆实行闭架管理,以单一的工作人员服务来满足读者的需要。现代图书馆为了方便读者,为读者节省时间,提高效率,普遍推行开架式管理方式——自我检索、视听、复印等,服务方式已由单一的馆员服务走向馆员服务与读者自我服务相结合的双轨服务方式。这就导致"藏、借、阅"空间结合在一起的趋势,为读者接近读物,方便读者,自取自阅创造条件。

6．图书馆社会职能的发展

图书馆社会职能随着社会的开放与进步其外延在不断扩大,由单一的传统图书馆功能走向综合性的多功能,满足多方面的要求,以提高图书馆综合社会效益。现代化图书馆不仅有传统的静态阅览空间,而且设置多种供社会活动的动态空间,如电影厅、录像厅、各种会议室和文化活动的报告厅、展厅、陈列厅、教室等,为开展社会性的学术和社交活动提供必要的场所,甚至开设为读者生活服务的商店、小卖部、快餐店及书店等设施,形成了以图书馆为主兼容其他社会活动的新型图书馆。这一新特点增加了图书馆功能的复杂性及图书馆建筑设计的复杂性。

图书馆的这些变化,促进、影响现代图书馆建筑的发展。其发展趋势表现在以下几方面:

1．图书馆建筑体现了以人为主体的设计思想

现代图书馆改变了二战以前传统图书馆以藏为主、以书为主的观念,代之以人为主、以用为主的设计指导思想,为读者提供方便、高效、舒适的阅览环境。

2．图书馆的空间由封闭固定型走向开放灵活的空间

我国图书馆正处于过渡和转变阶段,社会职能、用户需求、组织管理和技术装备都在急剧的变化和发展,决定了馆舍使用功能具有动态性的特点。严格划分的借、阅、藏三大空间被打破,代之的是较灵活、紧凑而多样化的平面布局。这就要求统一开间、层高、荷载,以适应社会进步和科技发展而不断变换的图书馆工艺和功能的变换。

3．闭架管理与开架管理相结合

我国现阶段图书馆走向开架管理已成主流。图书馆实行开架管理还是闭架管理,直接关系到图书馆建筑的布局。现代图书馆要闭架与开架结合,立足于开架,以开架为发展方向,采用多种藏阅结合的方式,以适应新老交替时期的需要。

4．书库由单一集中型向分散的多线藏书形态发展

以藏为主的传统图书馆采用集中书库,面积非常大,约占整个图书馆面积的1/3,甚至更多,并占据图书馆建筑的重要位置,它与读者是完全隔开的。现代图书馆实行开放服务,变革了传统的书库模式,将集中的书库分解为多种形式的、适应不同使用要求的分散书库。由书库与阅览室完全分开的方式变为多种藏阅结合的方式。

5．新技术的应用

随着科学技术的发展,专业分工,跨地区协作,促进了资源共享。电子计算机在借阅、管理、采购、编目和书目文献检索上的应用;自动化程度的提高;缩微、照相、静电复印手段的普及;多媒体知识载体的应用和传送设备的改进等,使读者阅览和馆员工作效率大为提高。现代图书馆馆舍建筑空间必须与之相适应,一般要提供集体与个人阅读的视听室和缩微阅览室。特别是信息时代,技术日新月异,传统图书馆保藏着人类文化的记录,现在也面临着如何承担保藏电子记录的责任,承担起 internet 上的信息有序化的责任,并要揭示信息内容,提供使之成为易于了解的环境,提供认识和检索有关信息的导引工具,以供人们生成知识和了解文化。

6．图书馆建筑由设计的纪念性转变为设计的适用性

传统图书馆强调左右对称、空间高大及庄严宏伟,讲究装饰。现代图书馆以用为主,从功能出发进行设计,讲究实用,经济、高效;平面紧凑,空间舒适;重视节省能源,不追求高大空间,造型简洁。注重实用性、经济性、社会性和环境效益。同时,受到建筑多元化思潮的影响,现代图书馆形式多样,既有现代建筑特点,又有地方色彩,多元共存,不拘一格。

第二章　图书馆选址及场地设计

第一节　图书馆选址原则

图书馆选址是筹建一座新图书馆首先要解决的重要问题。好的选址,有利于充分发挥图书馆的作用和使用效率,方便读者,保护图书,降低造价;而不好的选址,可能会使建设费用增高,甚至留下后患,造成长期使用不便。馆址的选择应服从整个城市总体规划,贯彻节约用地的原则,又要兼顾图书馆建筑的功能、工艺等自身的要求及今后发展的余地。负责建筑设计的人员并非每次都有机会参加选址工作,往往在接到图书馆设计任务书之前,馆址就已由城市建设部门确定。即使如此,设计工作者面对已经确定的馆址也要实地踏看,作一番全面的了解和实事求是的分析,充分利用它的有利条件,克服不利因素。如果建馆基地的地理位置不具备最基本的使用要求,就应提出建议重新选址。有时,在进行图书馆建设可行性研究时,可能会有不同的基地供选择,高校建设图书馆经常会有这种情况。此时建筑师就应该了解和掌握选址的原则,提出自己的看法,积极参与决策。

在选择馆址时,一定要注意以下原则:

一、位置适中,交通方便

现代图书馆是为人们传播知识和信息的公共文化设施,因此必须体现以读者为中心的思想。选址要位置适中,交通方便,方便读者使用。将图书馆修建在为其服务的读者的中心地带,对读者来馆具有最大的方便性,易达性。

作为公共图书馆,面向社会公众开放,是本区域的藏书中心和重要文化设施。理想的馆址,最好坐落在城市交通方便的适中地区,不要偏于一隅,以便读者往返。南京图书馆(省馆)和南京市人民图书馆及南京图书馆的新址选定的位置是比较适中的(图2-1)。

此外,在选址时,位置的适中与否也要有发展的观点,因为今天看来是适中的地段,若干年后可能就会偏于一隅了。因此在选址时要紧密结合城市规划,尽可能使其具有合理的位置。

国外图书馆在选址时,也是以"位置适中,交通方便"为原则的。但是在西方发达国家,小汽车交通方便,所以在选择馆址时,他们更注重考虑地价是否便宜,交通是否方便,和是否有足够的停车场地。因此理想的馆址是靠近主要公路和有足够停车场的地方。他们认为:"这比在市内找一块代价很高的地段作为图书

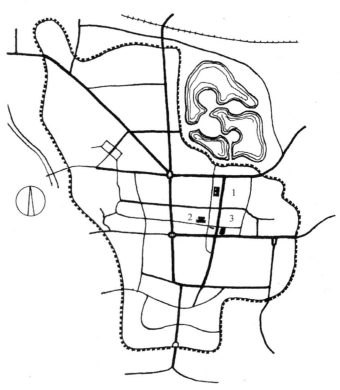

图 2-1　南京图书馆和南京市金陵图书馆的位置

1—南京图书馆;2—南京市人民图书馆;3—南京图书馆新址

馆读者的停车场更实际"。这也反映了国外选定馆址的一种趋向。

高等院校图书馆的主要服务对象是学校师生。特点是读者流量大,来馆频率高,应充分考虑读者来馆所需用的时间。因此在选址时,不仅要考虑馆址与教学区、生活区的距离问题,而且要具体地分析各类读者流向与流量,综合这些情况来选址。如果各类读者流向基本一致,合适的选址是位于教学区与宿舍区之间。如北京大学图书馆布置在校园中心位置,四周为教学区和生活区,并位于学校规划的主轴线上,成为学校建筑的主体(图2-2)。如果学生宿舍与教工居住区不在同一方向,根据学生读者流量大的特点,宜以学生流向为主,适当考虑教工读者的流向。

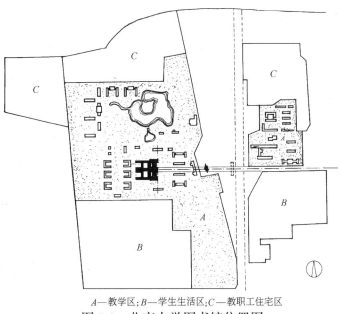

A—教学区;B—学生生活区;C—教职工住宅区

图2-2 北京大学图书馆位置图

由于学校教学区常处于学校的中心,图书馆又是教学区的重要建筑,因此将馆址选择在学校总体规划的中轴线上,或教学区建筑群中的重要位置,成为教学区的主体建筑之一,也是常见的布置方式。如:西安交通大学图书馆(图2-3)、同济大学图书馆(图2-4)、复旦大学图书馆及东南大学图书馆(图2-5)等。

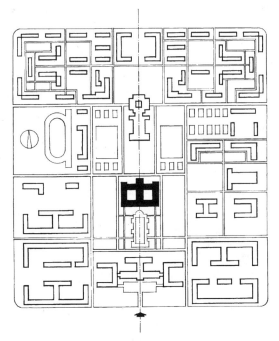

图2-3 西安交通大学图书馆位置图

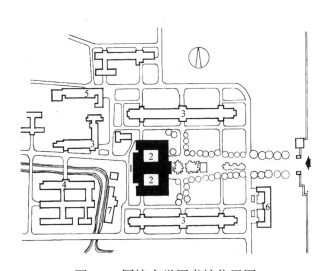

图2-4 同济大学图书馆位置图

1—原有图书馆;2—扩建塔楼;3—教学楼;
4—实验楼;5—化学楼;6—办公楼;7—食堂

二、环境安静

图书馆是为读者提供学习和研究的场所,只有创造一个安静的环境,才能保证读者达到读书、学习、研究的最佳效果。否则,即使馆内条件再好,而外界噪声干扰很大,其使用效果也不会理想。公共图书馆为了取得适中和方便的位置,一般将馆址选在城市的中心地带,但也不应忽视环境安静的问题,要注意避开噪声和噪声源,特别是交通噪声、工业噪声和人群噪声。适当的馆址是"闹中取静",既接近市中心区,环境又较安静的地方。

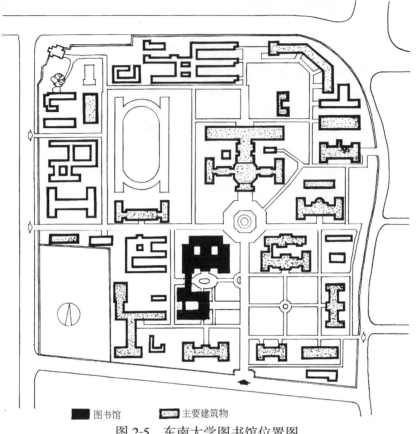

图书馆 ▨ 主要建筑物

图 2-5　东南大学图书馆位置图

公共图书馆馆址还应该远离工厂、铁路和公路,同时也要与人流密度大、噪声干扰大的大型商业服务设施、娱乐、体育类设施保持一定距离。确实无法避开时,则应通过建筑设计、环境设计及其他措施加以补救,以求"闹中取静"。

高校图书馆一般均建在校园内,与公共图书馆相比具有较好的环境,但也要注意避开城市的主要干道,同时要远离校内运动场、游泳池或噪声大的工厂车间及实验室。

三、适宜的自然环境及地质条件

藏书是图书馆的一大功能,也是为读者服务的物质基础。选址要有利于藏书保护,避免水淹潮湿、有害气体、火灾等。因此:

(1) 馆址应选在地势高,日照通风良好,空气清新的地段,忌在低洼潮湿地段建馆;

(2) 选址要远离易发生火灾的部门和易燃品、危险品的仓库;

(3) 选址要尽量避开各种有害气体的污染源,对产生强烈有害气体和有污染的工厂、化验室、医药室、锅炉房、食堂等均要保持一定的距离。

四、留有扩建余地

无论是公共图书馆还是学校图书馆,扩建任务都是不可避免的,在国外(如英国、美国等)也是如此。一般大专院校图书馆和研究单位的图书馆,图书的增长率一年为 4% ~ 5%,这意味着 16 ~ 17 年图书就要增加一倍。即使发展较完善的图书馆其增长率也达 2% 左右,即 35 ~ 40 年左右就要增加一倍。我国情况也基本如此。北京师范大学图书馆 1959 年新建,当时按 160 万册藏书量设计,建筑面积为 9300m²,但目前已不够使用,又在筹建 9000m² 的书库,建成后藏书可达 320 万册,时隔 20 多年,图书就增加了一倍。大型的公共图书馆图书的增长率更为可观,因此发展和扩建是图书馆建设事业中一个普遍性的问题。

所以,在选择馆址时,一定要充分注意发展和扩建的可能性,这是图书馆在开始规划和设计时就必须考虑的首要问题。同时还必须考虑基地是否有发展的余地,以便在规划设计时,预先保留将来需要扩建的用地。

第二节　图书馆场地设计

前面阐述了图书馆选址的基本原则,这是创造一个良好阅览环境的外部客观因素。但能否真正创造一个较好的阅览和工作环境,重要的还在于总体布置的合理与否。特别是在实际工作中,有些新建馆的基地往往不是全部能满足上述要求的,在这种情况下,更需要合理地进行场地规划设计。

一、场地设计的原则和要求

图书馆场地规划设计应符合以下基本要求:

1. 分区明确,布局合理,联系方便,互不干扰

图书馆建筑功能复杂,内容繁多。为了满足不同类型和层次读者的不同需要,需要把不同对象,不同工作内容的房间有机地组成一个整体。为了做到彼此联系方便,互不干扰,就要求在基地上进行合理的功能分区。

对于大、中型公共图书馆来说,一般可分为馆区和生活区两大部分。在馆区中,又分为对外工作区(包括一般读者阅览区;对外开放的公共区(如陈列室、报告厅等)和内部工作区(行政办公、业务办公及技术设备用房)。

要做到"内外有别",即首先把馆区及生活区划分开来,使二者应有明确的分隔,并且各设直通外部道路的出入口;其次把馆区中对外工作区和对内管理区分开,以免布局混杂,相互影响。

高校图书馆功能虽比公共图书馆简单,但亦需将不同功能的用房分开,尤其是将读者活动区与馆员工作区分开,各区设置单独的出入口,内部管理上自成一区。

2. 合理、高效地组织交通,使读者人流、书流和服务人流分开,互不干扰且又便捷

分别设置读者出入口与书籍出入口,道路布置应便于图书运送、装卸和消防疏散。读者出入口应满足无障碍设计要求。在有少年儿童阅览区的公共图书馆中,应为少年儿童阅览区设置单独的出入口。

3. 必要的室外场地

不论公共图书馆、高校图书馆或科学研究图书馆,在场地设计时,都应注意设置室外活动场地,休息、绿化用地及道路停车场用地。根据当地城市规划部门有关规定,满足其相应的建筑覆盖率和停车场的面积要求(包括机动车和自行车),同时达到对外联系方便,环境安静优雅的目的。

4. 朝向和自然通风条件良好

为了使读者、工作人员以及藏书均有一个舒适的环境,需要在总体布局和场地设计时,争取一个良好的朝向及自然通风条件,这也是节能及营造卫生环境及生态的需要。虽然朝向问题在选择馆址时已有考虑,但还必须在场地设计时落实到建筑物的总体布局上,为进一步深入进行建筑设计创造条件。

由于我国大多数地区南北向为好朝向,当基地坐南朝北时,主体形状可采用东西长、南北短,较容易将内部朝向、通风与外部造型相统一。但基地方位往往不尽人意,有时主立面常常朝向东面或西面,又面临城市干道,这时,建筑的朝向和通风要求就会与城市规划的街景要求发生矛盾,需要建筑师运用设计技巧解决这一矛盾。

5. 场地设计要因地制宜、集中紧凑、节约用地

一块基地要合理使用,就应因地制宜,紧凑布局,不宜将建筑物布置得太分散,以缩短馆内的交通路线和争取更多的室外绿化面积,并为今后的扩建留有充分余地,不要将基地全部塞满。建筑密度一般以不超过40%为宜。

6. 充分考虑基地客观自然条件及人文景观,做到与周围环境相协调,与环境共生共存。

在特殊的基地条件下,更应采取特殊的办法,做好场地设计。国外有些图书馆甚至向空中或地下发

展。在这方面,一个较突出的例子就是加拿大哥伦比亚大学扩建的图书馆(图2-6)。它建于校区中心,在这个中心的东西两端分别为现有的老图书馆及教学楼。广场中心是传统的林荫道,种植有40多年有名的橡树。新建图书馆如若按常规的方法将它建造在地面上的话,将完全破坏这个中心和林荫道。在这个特殊的基地上,设计师采用了地下布局的方式,巧妙地运用采光天井的办法,使建在中心广场的地下图书馆的2层和3层房屋仍能获得自然光线。这样的设计不但没有破坏原有的广场中心的林荫道和树木,而且还保留了原来的安静气氛和郁郁葱葱的绿化环境。

外观

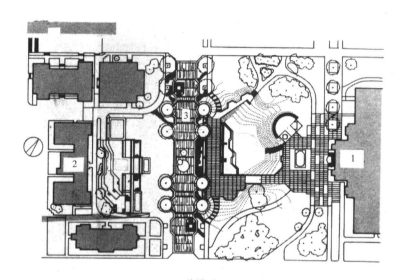

总平面

1—老图书馆;2—教学楼;3—林荫道

图2-6　加拿大哥伦比亚大学扩建图书馆

类似这样的布局方式在美国也屡见不鲜。如美国哈佛大学中心图书馆旁边的地下新图书馆(图2-7)及美国纽约哥伦比亚大学建筑系扩建的图书馆(图2-8)也是建在原有建筑物的内院中,地下图书馆的屋顶就成了新的绿化很好的内庭。

此外,还有的图书馆建设基地是山坡地或地形有高差的地段。总体布置就是要因地制宜地充分考虑地形的高差,以节约土方工程量,降低造价,并能较好地保护原有的自然环境。日本名古屋市立千叶图书馆在这方面更是别具一格,图书馆适应地形高差而采取跌落式的布局(图2-9)。

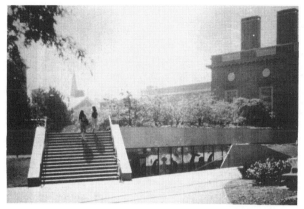

外观

入口

图 2-7　美国哈佛大学地下图书馆

新老馆连接处

地下阅览室内景

地下图书馆房顶(新的内庭)

图 2-8　美国哥伦比亚大学建筑系图书馆

(a)入口外观

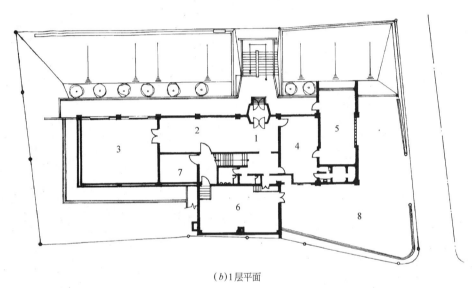

(b)1层平面

1—入口门厅;2—陈列室;3—大会议室;4—办公室;5—小会议室;6—机械室;7—闭架书库;8—停车场

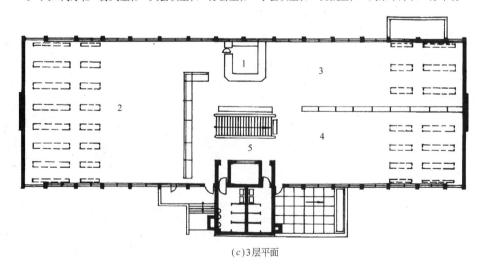

(c)3层平面

1—管理台;2—成人阅览室;3—儿童阅览室;4—学生阅览室;5—休息室

图2-9 日本名古屋市立千叶图书馆(一)

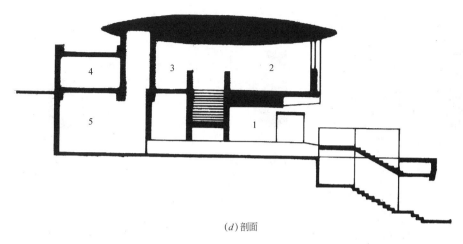

(d)剖面

1—入口及陈列室;2—阅览室;3—休息室;4—厕所;5—机械房

图2-9 日本名古屋市立千叶图书馆(二)

二、总体布局方式及实例

（一）总体布置方式

图书馆总体布置方式视基地条件、馆舍规模不同而异。归纳起来分为以下几种方式:

(1)集中式 这种方式是把书库、阅览、出纳、目录和内部办公管理等四大部分集中组合在一幢建筑物里。其优点是布局紧凑集中,工作联系方便,节约用地,管网经济。缺点是处理不好,易导致读者和工作人员之间相互干扰,自然采光、通风受到限制。

(2)分散式 它是把书库、阅览、出纳目录及采编办公等四个部分分别设在几幢建筑物里。采用这种方式虽然便于分期建造和扩建,但其缺点是占地大,辅助面积多,各部分之间的联系不紧密,并要通过室外,对图书馆内部使用诸多不便。

(3)混合式 上述两种方式的结合,称为混合式,即将图书馆功能的各部分用房独立设置,并用走廊相连接,其优点是又分又连,分区明确,组合灵活,便于分期建造和扩建。缺点是走廊多,辅助面积大,占地也较多,书库与阅览室联系不够方便。它适用于较大型图书馆的总体布置。

（二）总体布置的实例

前面已论述了对选择馆址及场地设计的一些基本要求,现在再介绍一些图书馆工程设计实例,进一步阐明如何在设计中运用上述原则和要求。

1. 南京图书馆的总体规划设计

南京图书馆是江苏省省级公共图书馆,馆址在南京市成贤街和太平北路之间。这个馆的前身叫"中央图书馆",当时由于没有认真地进行总体规划和设计,因而馆舍没有一幢像样的建筑物。解放后,虽然对书库和阅览室进行过多次的整修和扩建,但还是赶不上形势发展的需要。1974年,国家决定对该馆进行改造,计划建设12000多平方米的新馆。

新馆决定建在原来的馆址上。就其位置而言,当时还是比较适中的,交通也方便。但基地比较狭窄,南北长160m,东西宽仅50m,而且基地四周均无扩建的可能(图2-10)。

在进行总平面设计时,有两种意见:一种意见主张完全按照主干道的街景要求,将建筑物面向太平北路主干道"一"字摆开;另一种意见主张功能要求是主要的,不能简单地采用"一"字排列的形式来单纯地满足街景要求,而应把两者结合起来综合考虑。按照第二种意见,经过反复比较、分析设计出了方案 B 和方案 C,又通过详细比较最后才选用了方案 C。其理由是:

(1)阅览室和书库的朝向好,避免了大量房间朝向西东;

(2)平面布置合理,比方案 B 更集中紧凑;

(3)从街景的角度看,仍然有一个很好的透视效果,能满足城市规划的要求;

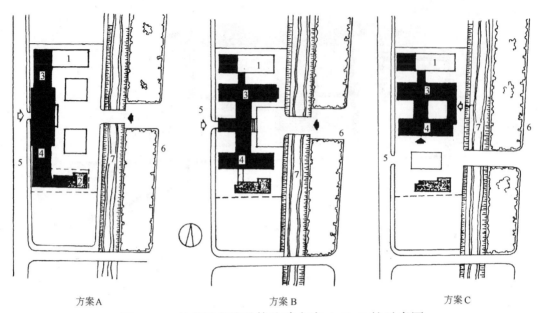

方案A　　　　　　　　　　方案B　　　　　　　　　　方案C

图 2-10　南京图书馆总体改建方案 A、B、C 的示意图

1—原有书库;2—原有阅览室;3—新建书库;4—新建阅览室;5—成贤街;6—太平北路;7—珍珠河

(4) 还有一点可取之处是,可与目前尚需保留的 2 号楼建筑相呼应、彼此无干扰,今后在此楼的基地上可以再建一幢新楼,左右对峙,仍不失为一个良好的总体布局。

从南京图书馆的设计过程可以看出,在总平面布置时首先要为阅览和藏书创造良好的朝向和通风条件,这是图书馆建筑极为重要的问题。不要单纯为了美观要求,而轻易牺牲功能和实用要求。

2. 南京医科大学(原南京医学院)图书馆

该馆馆址是经过对校园内三处不同地段的反复调查研究、详细比较才确定下来的(图 2-11)。

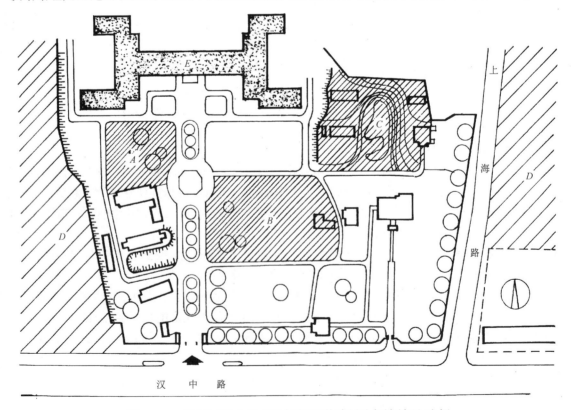

图 2-11　南京医科大学(原南京医学院)图书馆馆址选择

这个学院的教学区正处在两条交叉路口,西边是一个高起的台地,上部为居民住宅。学生、教师的宿舍均在教学区北面,因此,绝大部分师生是从北面进入教学区的,只有少数教职工是从汉中路大门进入(见图2-11中黑箭头所示的地方)。该校可供选择建造图书馆的基地有三处,即图上所示 A、B、C 三种方案。

基地 A 这个基地的主要缺点是与西边的居民区 D 的台地靠得太近,居民区内的喧闹将会对图书馆的安静造成干扰。此外,下雨季节,雨水从台地上往下流,基地附近积水多,对书籍的防潮保护不利。

基地 B 这个基地平坦开阔,面积较大,与基地 A 比较,优点较多,但是建的图书馆规模不大,只有3000m²,占用这块基地有点"大材小用"。又因基地靠近汉中路干道,噪声影响,师生宿舍区又在北部,故位置不够适中。

基地 C 这个基地是在教学区的东侧坡地上,地势高爽,紧靠教学楼,师生来馆比较方便;又离汉中路较远,避免了汽车的噪声干扰,环境安静;又有足够的场地,并可适当发展。因此经过多方面的讨论研究,反复比较,最后一致选择这块基地作为建新馆的馆址。

从图书馆选址中可以看出,在设计图书馆的总平面时,不但要注意位置适中,环境安静,地势高等问题,还要从全局观点出发,注意合理利用土地,不能只顾眼前而不考虑整体的长远发展。

3. 南京铁道医学院图书馆

南京铁道医学院于1974年新建了一幢3000m²的图书馆。设计人员对该馆的选址也是经过一番推敲的(图2-12)。

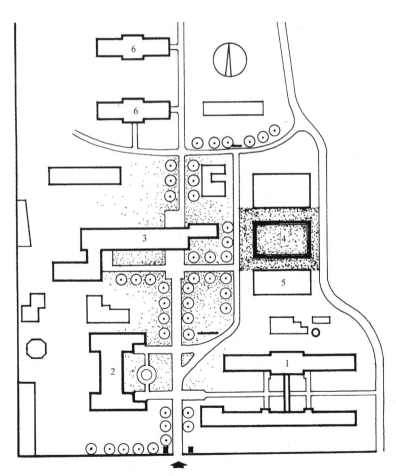

图 2-12 南京铁道医学院总平面

1—医院;2—检验室;3—教学楼;4—新建图书馆;5—原图书馆;6—学生宿舍

由于该学院的校园比较狭窄,几乎找不出一块合适的空地供建新馆之用。开始校方在不得已的情况下,将检验科拆除建造图书馆。这样不但要增加拆迁工程量,而且位置也不够适中。在教学楼的东侧,原图书馆的北面还有一块空地,但面积只有 35m×40m,按照传统的设计方法显然是不够的。设计人员因地制宜地在这块基地上设计了一个 26m×35m 的矩形平面的图书馆楼。这个设计不但避免了拆迁问题,而且平面简洁、紧凑,使用方便。新图书馆的位置又在教学楼、附属医院和学生宿舍区三者之间,比建在检验科的地段上更为适中。

从南京铁道医学院图书馆的选址经过来看,在选择馆址和平面布置上,机动灵活和因地制宜是非常重要的。

三、图书馆与其他建筑合建问题

在图书馆的建设中,还有一个建造方式的问题。除了独立地建造一个图书馆外,一些小型图书馆或专业图书馆还常常采用与其他建筑合建的方式。合建一般为垂直合建与水平合建两种(图 2-13)。如台湾元智大学图书资讯大楼包括三个部分,即图书馆、资讯系所、国际会议厅。资讯系所与图书馆紧密结合,功能上更加便捷(参见实例 23);江苏如皋市图书馆与新华书店建在一起,使相近功能类型的建筑互相补充,给予了读者更大的方便(参见图 8-11)。这是由于这些图书馆的面积和体量小,用地紧或投资等因素所造成不是任何性质的建筑都可与图书馆合建的,它应以不影响图书馆的使用、图书的保护和不妨碍读者学习为原则。那些有污染,有火源,人流过于集中及噪声大的房屋不宜与图书馆建造在一起。

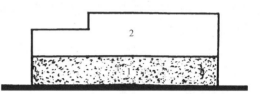

(a)垂直合建 1—非图书馆建筑队;2—图书馆建筑队

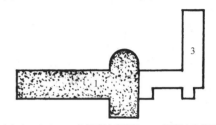

(b)水平合建 1—非图书馆建筑队;2—图书馆建筑队

图 2-13　图书馆与其他建筑合建方式

这种合建方式在现今国外的建筑中越来越流行了。主要是将具有各种不同功能要求的公共建筑组合在一起,形成一个综合体——城市文化中心,使之具有吸引观者(读者)的力量(图 2-14)。这些文化中心常常包括图书馆、博物馆、档案馆、音乐厅及剧院、礼堂等。它们布置在一起,彼此起着互相补充的作用。可以说,这种综合性的组合方式是当今公共建筑发展的一个重要特征。它直接关系着图书馆建筑的选址和布局。这一类建筑是以文化中心为主,图书馆只是其中的一部分,而不是以图书馆为主的建筑物。它与专门的图书馆还是有区别的。

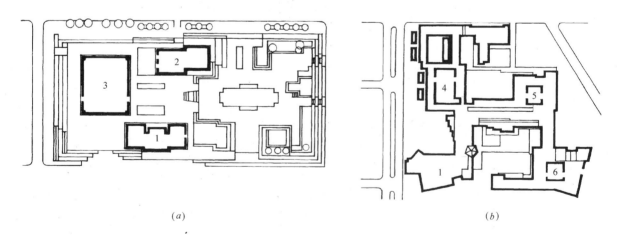

(a)　　　　　　　　　　　　　　(b)

图 2-14　文化活动综合体——城市文化中心

(a)分散布局;(b)集中式布局

1—图书馆;2—档案馆;3—博物馆;4—音乐厅;5—档案馆;6—博物馆

第三章　图书馆建筑功能构成及空间组织

第一节　图书馆建筑功能构成及其关系

一、功能构成

图书馆的发展依赖于社会的进步,它的功能也随社会发展而变化。传统图书馆功能固定,藏、借、阅、管四个部分彼此分隔,各成一体。现代图书馆随着社会进步和高科技发展,社会化、信息化、网络化成为现代化图书馆的主要特点。因此存贮文献、生产知识、传递情报的图书馆的传统功能在现代社会需求竞争的强大动力推动下,内涵不断变化扩大,呈现出多层次、灵活可变与综合性的特征。其功能构成也发生了明显变化。现代图书馆一般可以分为以下几个部分(图3-1)。

(1) 入口区——包括入口、存物、出入口的控制台及指示性的标记区;

(2) 情报服务中心区——好比传统图书馆的目录厅与出纳台,承担信息检索与提供服务。现代的情报服务区利用计算机、自动输送设备等高技术手段,使服务内容、服务范围和服务效率都大大超过传统的服务工作,在现代图书馆中承担着越来越重要的作用。

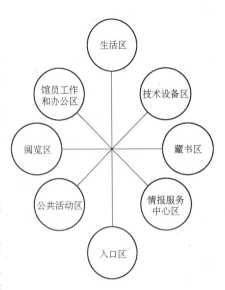

图3-1　图书馆功能空间构成

(3) 阅览区——是图书馆最重要的部分。现代图书馆的阅览区不是传统图书馆的阅览室(Reading Room)的概念,而是阅览区(Reading Area)的新概念,它要为读者提供可选择的、舒适的阅览环境。它应是适应于现代化图书馆功能需要的一个开敞的空间,融阅、藏、借、管于一体。它应是读者最容易、最方便的到达之地。

(4) 藏书区——包括基本书库、辅助书库、储备书库及各种特藏书库。基本书库既要独立,也要保证与开架阅览区和半开架阅览区(含辅助书库)有直接联系,不要穿越公共活动区或阅览区。

(5) 馆员工作和办公区——包括行政办公和业务用房两部分。业务用房包括采编、加工用房及技术服务和研究用房。

(6) 公共活动区——现代图书馆尤其是现代公共图书馆都设有报告厅、展览厅、书店等,以作为读者开展学术交流等多种形式活动的空间,体现了现代图书馆功能的综合性。

(7) 技术设备区——随着图书馆的逐步现代化,计算机与通讯系统等现代技术的普遍使用,对图书馆的物理环境与技术环境质量提出越来越高的要求,需设空调机房、电话机房及电子计算机房等技术设备用房。

(8) 生活区——在某些公共图书馆,一般也要求建造职工食堂乃至职工住宅,它们必须独立设置出入口,自成一区。

二、功能关系

图书馆各部分间的功能关系是以读者、书籍和工作人员之间的合理流程及相互关系为特征的。传统的图书馆,采用闭架管理方式,功能固定,藏书区与阅览区分开,用借书厅来联系借、阅、藏各部分,它们空间固定且相互分开。现代图书馆从闭架走向开架的变化不仅是管理方式的改变,而且是图书馆职能的变革,即图书馆职能由封闭式的借阅图书的服务类型向开放式的社会信息咨询类型的转变。即由传统单一图书馆而成为一个开放的多功能的综合文献信息中心。开架管理的实现,传统图书馆功能固定的刚性空间已不适应,要求代之以一个灵活可变的富有弹性的空间体和动态的功能分区,以适应不断增长和变化的功能要求。图 3-2 表示几种不同类型图书馆的组成及功能关系。

现代图书馆各分区之间的关系:

(1)入口区——功能是相对稳定的,它的使用功能是不会改变的。但是它需要能方便地与其他区联系,尤其是要让读者能直接方便地到达情报服务中心区及阅览区中。

(2)信息服务区——读者要能直接到达,并又能方便地通到各种阅览区域。它含传统的出纳、目录室。

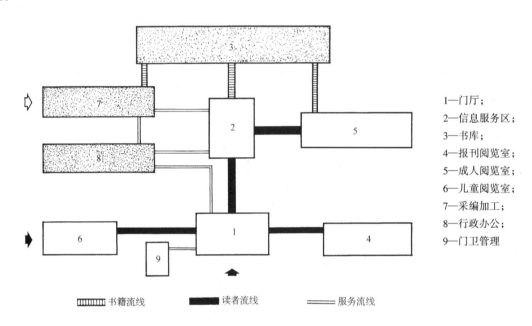

1—门厅;
2—信息服务区;
3—书库;
4—报刊阅览室;
5—成人阅览室;
6—儿童阅览室;
7—采编加工;
8—行政办公;
9—门卫管理

(a)中、小型公共图书馆组成及功能关系

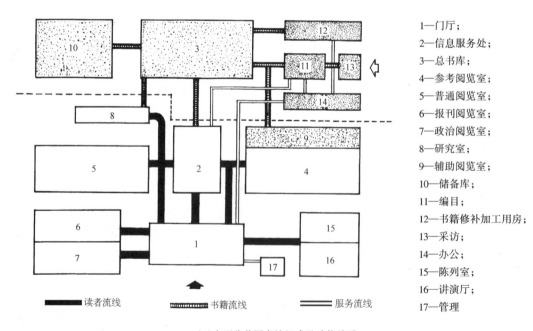

1—门厅;
2—信息服务处;
3—总书库;
4—参考阅览室;
5—普通阅览室;
6—报刊阅览室;
7—政治阅览室;
8—研究室;
9—辅助阅览室;
10—储备库;
11—编目;
12—书籍修补加工用房;
13—采访;
14—办公;
15—陈列室;
16—讲演厅;
17—管理

(b)大型公共图书馆组成及功能关系

图 3-2 图书馆的功能关系图(一)

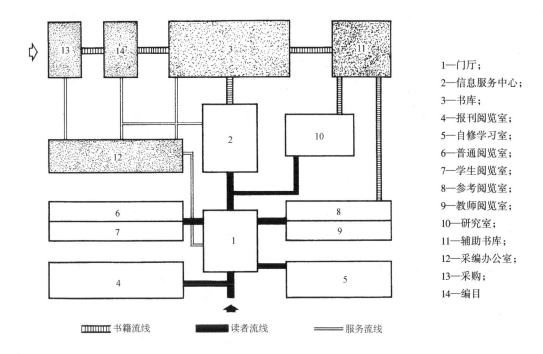

1—门厅；
2—信息服务中心；
3—书库；
4—报刊阅览室；
5—自修学习室；
6—普通阅览室；
7—学生阅览室；
8—参考阅览室；
9—教师阅览室；
10—研究室；
11—辅助书库；
12—采编办公室；
13—采购；
14—编目

▨▨▨▨ 书籍流线　■■■ 读者流线　══ 服务流线

（c）大学图书馆组成及功能关系
图 3-2　图书馆的功能关系图（二）

（3）公共活动区——因其动态性与开放性的特点,既要与图书馆有关空间相连,但又有自己的独立性,便于独立开放,不干扰图书馆的正常使用。

（4）阅览区——是图书馆功能的重要组成之一。它要求能使读者容易通达,并与基本书库能有方便的联系。这部分空间是最活跃的、易变的,要能满足开架的需要,空间需要较大的灵活性,并能提供不同特点的空间环境供读者选择。

（5）藏书区——也是图书馆主要组成之一。它与阅览区要分隔又要有联系,便于书藏、运送,要求有自己单独出入口,中小型图书馆可与管理人员出入口合一,大型图书馆宜设置专门的图书出入口,让运书车方便通达。

（6）技术设备区——因为管线安排与技术要求较为复杂,且不易变动,又为避免其噪声及振动对其他区域的干扰,该区一般较为独立,常设于地下室或于顶层。

（7）馆员工作办公区——要与馆内各区能方便联系,又便于对外交往。大型图书馆须独立设置出入口。

目前我国图书馆正处于由传统向现代化的过渡时期,图书馆功能具有兼容性,其功能关系已不是传统图书馆的单一模式,而是融借、阅、藏、管为一体,阅中有藏,藏中有阅,阅管结合,呈网络状关系。

第二节　图书馆建筑基本功能要求

现代图书馆应该是一个为读者高效率服务的、开放的信息中心,而一个高效率的图书馆除与管理方式和服务效率有关外,同建筑布局更有着密切的关系。为此,在进行图书馆方案设计时,必须要了解并解决好图书馆设计的基本功能要求。

一、合理地安排借、阅、藏三者的关系

借、阅、藏仍是现代化图书馆三个最基本的部分。三者间的关系构成了图书馆内读者和图书的基本路线(又称基本流线),见图 3-3。它们的布局方式,决定着建筑的平面形式。在进行平面布局时,必须使书籍、读者和服务之间路线畅通,避免交叉干扰,简化和加速书籍流通,最大限度地缩短工作人员的取书和运书距离,减少读者借书的等候时间,并使读者尽量接近书籍,缩短编、借、阅、藏之间的运行距离,以节省时间,提高效率,特别是基本藏书区与阅览区的联系要直接简便,不与读者流线交叉或相混。现代图书馆"借、阅、藏"一体化,在同一空间中,进行合理分区与组织就更为重要。既要进行必要而合理的划分,同时也应具备适时调整,重新组织的灵活性。

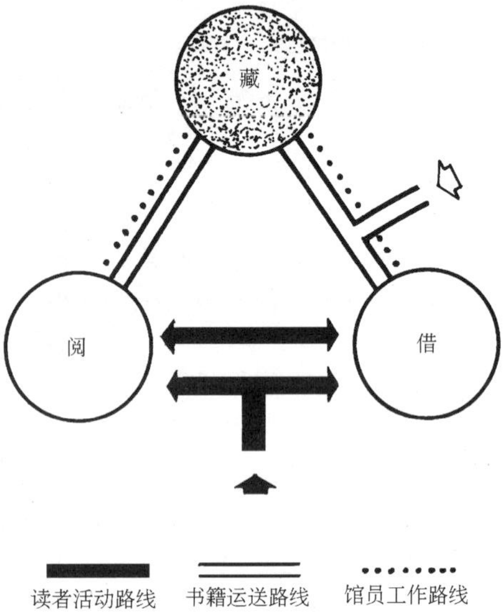

在借、阅、藏三部分中,"阅和藏"又是主要的,即书籍与读者的关系是最基本的。图书馆的每次变革通常表现在这两者的关系上。因此在平面布局中,尤其要注意藏书区与阅览区的关系,借阅部分通常是布置于这两者之间。

图 3-3 图书馆内读者和图书的基本流线

读者活动路线　　书籍运送路线　　馆员工作路线

二、分区布置和分层布置

(一) 分区布置

在建筑布局时,考虑上述要求以外,就要具体考虑图书馆内各部分空间的组织。哪些联系密切? 哪些次之? 哪些需要分开? 应按它们的使用特点、要求划分为不同的区域,进行合理的分区。使各区之间既有联系,又有分隔。在分区时,还应考虑必要的灵活性,为未来图书馆的发展留有余地。

图书馆建筑一般应将对内和对外两大部分分开,闹区和静区分开,以及将不同对象的读者阅览室分开,从而为图书馆的高效性创造条件。

1. 内外分区

内外分区即是将读者活动路线、工作人员的工作路线和书籍的加工运送路线合理地加以组织区分,使流线简捷明确,避免彼此穿行、迂回曲折和互相干扰。

内部区域主要是工作人员活动的区域,包括藏书区、办公区、内部作业及加工区等等。外部区域主要是读者的活动区域,包括阅览区、公共活动的报告厅和展厅以及为读者服务的餐厅、书店等商业用房。这两个区域既要区分明确,又要联系方便。

内外分区是现代图书馆合理使用的最主要的要求。如果处理不好,必将带来管理上、使用上的不便和紊乱。图书馆设计在方案构思阶段就要对这个问题进行认真的分析和安排。一个好的图书馆设计方案无不是内外区域分明,这方面的例子是很多的,特别是一些大型的图书馆对此要求更为严格。它们不但工作区域划分清楚,甚至连楼梯、电梯、厕所、走道都是泾渭分明。如美国达拉斯公共图书馆(图 3-4)。它位于达拉斯市中心地带,设有 2900 个读者座位,从早到晚开放。设计时特别注意内外分区,如将基本书库置于地下层,与上部各层阅览分开;将各层内部工作服务用房集中成组布置,自成一区;并设有单独的馆员电梯、楼梯等,与读者使用区完全分开。

但是,内外分区并不意味着这两个区域截然分开。现代图书馆的开放性和高效性的特点以及新的技术、新的管理方式的采用,要求内外区域联系密切,交通便捷。如现代图书馆通过信息交流迅速地将知识转化为生产力,要求读者尽可能地接近书籍。于是传统的外向型的阅览空间成了以阅为主,藏阅结合;而内向型的藏书库在一定程度上对外服务,成为以藏为主、藏阅结合的藏书区。

2. 闹静分区

图书馆设计在内外分区的同时,还需进一步考虑闹与静的分区,以创造一个良好的室内空间环境。图书馆建筑的一些用房在操作过程中会产生噪声,如装订室、印刷间、打字室等。有的在使用过程中人多嘈杂,如报告厅、展览厅及对外商业用房等。而有的房间则需要高度安静,如采编部门业务办公室及阅览区。就阅览区而言,一般的阅览室都应宁静,尤其是研究室、参考阅览室及视听阅览室等要求更为突出;而报刊

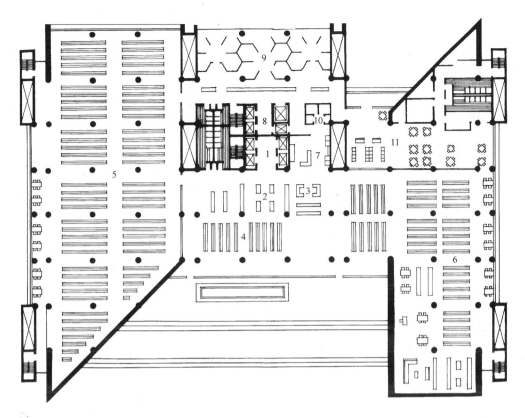

图 3-4　美国达拉斯公共图书馆平面(5 层)

1—读者电梯;2—目录;3—服务台;4—一般图书;5—限制图书;6—特藏图书;

7—缩微读物;8—馆员电梯;9—办公室;10—打字;11—馆员休息处

阅览室、儿童阅览室相对就嘈杂一些,因此需要将它们分开布置,以便减少干扰。从"闹"和"静"的角度分析,图书馆设计一般将内部加工区与读者使用区分开,阅览区和公共活动区分开,而各区内部也应进行一些必要的分区,如在公共图书馆中,要将成人阅览区与儿童阅览区分开。

分区方式一般采用水平分区与垂直分区或者两者兼用。水平分区,就是将各种不同性质、不同要求的部分布置于同一平面的不同区域。一般总是将内部用房布置在后,读者用房布置在前,"闹"区布置在前,"静"区布置在后,即前后分区;此外,还有左右分区的布局方法(即将内部用房、读者用房左右分开布置)。除水平分区外还有垂直分区的布置方法。通常单一分区方法不能完全解决问题,更多的是将水平分区与垂直分区结合的布置方法。

在进行分区时,一方面要将图书馆本身的"闹"、"静"分开,另一方面也要注意减少来自外部噪声的干扰。例如:上海图书馆,它位于高安路和淮海路的十字路口,外界噪声干扰大,基地入口朝北,南面是较安静的低层住宅区,东侧则是目前日本国总领事馆驻地的成片绿地。为了避开城市干道的噪声干扰以及争取良好的朝向和景观,上海图书馆在总体布局时打破了传统图书馆的书库设在阅览区后部或者中部的布局,而是将总书库设在马路的转角一侧,阅览区后退至距淮海中路 26m 处。这样既有高层书库作为高安路一侧的隔声屏障,还能远离锅炉房,使古籍和近代史资料部门的专用阅览室处于最宁静的东南角,并可借得东侧良好的景观。基地东北的斜角地块布置着声像资料部门及演讲厅,位置突出,分合两便,闹静隔离,疏散直接(图 3-5)。

又如,德国波恩大学图书馆,位于学校附近的考布仑兹大街和莱茵河之间的空地上。这一地段沿河环境幽静,沿街却噪声很大。因此,单体设计时,在沿大街一面设置了一个 3 层的条形建筑,安排各种辅助房间,使它成为与大街隔离的屏障,既减少了噪声对读者的干扰,又使读者能从阅览室看到莱茵河景色(图 3-6)。

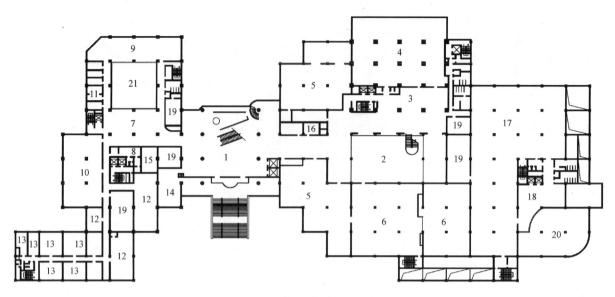

图 3-5　上海图书馆 1 层平面

1—门厅；2—中庭目录大厅；3—总出纳台；4—综合阅览室；5—阅览室；6—外借书库；7—近代目录；8—近代出纳；
9—近代阅览；10—地方文献阅览；11—研究室；12—近代工作室；13—办公用房；14—存物；15—接待室；16—复印；
17—展览；18—展览前厅；19—空调机房；20—门厅上空；21—中式庭园

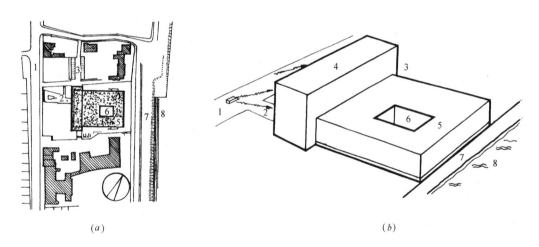

(a)　　　　　　　　　　　　　　　　　　　(b)

图 3-6　德国波恩大学图书馆的布局

(a)总平面；(b)空间组合分析

1—街道；2—入口；3—停车场；4—行政办公用房；5—阅览室；6—院子；7—河岸；8—莱茵河

为了创造图书馆安静的阅览环境，图书馆要尽量远离噪声源，与它保持一定的防护距离，详见表 3-1。

图书馆与噪声源防护距离　　　　　　　　　　　　　　　　表 3-1

声源种类及其平均噪声级 [dB(A)]	城市干道 80	运动场 77	实习工厂 78	音乐考试 75
与图书馆距离(m)	60～100	45～70	45～80	35～60

另外，图书馆内不同的使用空间，对声音有不同的要求，有不同的允许噪声级标准，详见表 3-2。

分 区	允许噪声级[dB(A)]	房 间 名 称
Ⅰ	40	研究室、专业阅览室、缩微、善本阅览室、普通阅览室、报刊阅览室
Ⅱ	50	少年儿童阅览室、电子阅览室、集体视听室、目录厅、出纳厅、办公室
Ⅲ	55	陈列厅(室)、读者休息区、门厅、洗手间、走廊、其他公共活动区

(二) 分层布置

现代图书馆由于信息容量的要求,规模往往较大,加之垂直运输工具的发展,一般为多层甚至高层。图书馆建筑设计时,必须考虑图书馆建筑的分层布置问题,即决定哪些用途的空间必须布置在底部,哪些可布置在上层,哪些空间必需靠近并布置于同一层。

分层布置就是垂直分区,其分区的基础就是将功能关系密切的用房布置于同一层,或上下相同的层面上,而将不同性质的房间置于不同的层上,并根据使用情况及技术条件确定其垂直方向的位置。

首先,考虑是主层的设置。主层是图书馆的一个主要部分,是全馆服务的中心。目录厅、总出纳台、信息情报中心以及主要的阅览室和交通枢纽一般都设在这一层。主层服务频繁,读者活动多,流线复杂,是全馆交通处理的重点。主层究竟设在哪一层合适,要根据图书馆的地形、环境、层数和规模等因素综合考虑。一般在中小型图书馆中常设在底层,在中型和大型图书馆中常设在2层,而某些大型图书馆甚至将2、3层都作为主层,而底层则作为浏览性读者用房,如报刊阅览、内部业务用房及设备用房或作为对外的公共活动用房。

其次,在分层布置时,还应考虑到各部分不同服务对象的特点。图书馆的服务对象一般分为浏览读者,阅览读者和研究读者三类。在垂直分区时,一般将无一定借阅目的、逗留时间短的浏览读者的活动区,如报刊阅览、期刊阅览等布置在底层;将大量读者所使用的普通阅览设在主层上。至于人数少,工作时间长的研究读者的阅览用房,如珍本阅览室及专题研究等,则可布置在更高的楼层处,从而减少不同人流的交叉迂回,以创造安静的环境。以上的分层办法可以说是一般图书馆的布局方式(图3-7)。

在高校图书馆中,又常常根据不同的专业设立各种阅览室;按照不同对象分层设立教师阅览室和学生阅览室。如云南大学图书馆,按垂直原则进行功能分区,实行分层分科管理出纳。底层入口大厅作为文艺图书馆的出纳、陈列宣传等多功能使用;2层为报刊出纳阅览;3层为理科出纳阅览;4层为文科出纳阅览;5层为教师、研究生及特藏书阅览,并设有若干间大小研究室(图3-8)。

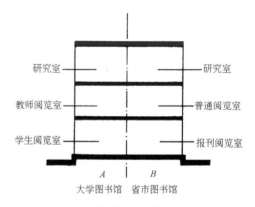

图3-7 图书馆一般分层布置方式

另外,像善本、缩微读物、期刊文献等特藏专业的用房有自己的独立性,分层布置时,可以灵活一些。

三、层数、层高及层高配合

1. 层数

图书馆的层数应根据它的任务、性质、规模、用地条件、管理方式、机械设备条件及总体规划的要求来决定。国内外图书馆低层建筑占多数,其中,又以3~5层为多见。低层图书馆结构简单,方便读者,节省管理人员。近年来,由于信息容量的飞速增长,图书馆的规模越来越大,功能也越来越多,而且常常因其所处位置重要,要求造型必须有一定的体量,提出建造高层图书馆的要求;又由于城市建设用地越来越紧,地价越来越昂贵,因此要提高图书馆建筑层数甚至有建造高层图书馆的要求,对此要特别慎重。即如果一定要建高层,一般也宜将阅览区放在下部,最好4~5层以下。

2. 层高

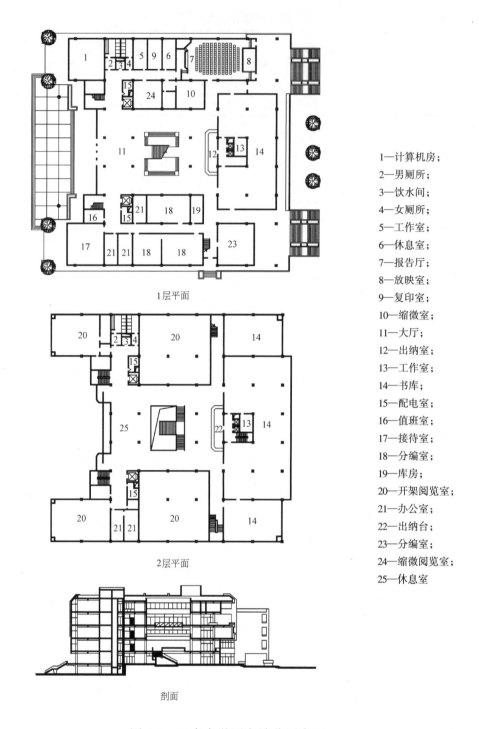

1层平面

2层平面

剖面

1—计算机房；
2—男厕所；
3—饮水间；
4—女厕所；
5—工作室；
6—休息室；
7—报告厅；
8—放映室；
9—复印室；
10—缩微室；
11—大厅；
12—出纳室；
13—工作室；
14—书库；
15—配电室；
16—值班室；
17—接待室；
18—分编室；
19—库房；
20—开架阅览室；
21—办公室；
22—出纳台；
23—分编室；
24—缩微阅览室；
25—休息室

图3-8　云南大学图书馆分层布置

　　层高是图书馆建筑布局设计中的一个重要问题，它关系到图书馆的使用和经济效果。因为图书馆的阅览区、书库和业务行政用房及公共活动用房，都有着不同的空间特点及空间高度要求。

　　一百多年前的图书馆阅览区追求高大宏伟，阅览大厅高至几十米，如英国不列颠博物馆图书馆阅览大厅高35m，美国国会图书馆阅览大厅高50m。我国传统的图书馆的阅览大厅层高也多采用4.8m以上，给人以宏伟感；又有利于空气流通，降温和自然采光；同时也消除人们的闭塞感和压抑感。

　　长期的使用证明，传统图书馆的层高偏高。阅览空间太高并无多大实用价值，不仅浪费空间和投资，而且顶灯耗能很大，电扇效果差，使用空调热损耗增加，消耗能源。现代化图书馆的开放式藏阅合一的管理方式对阅览区的空间有了新的要求——藏、阅、管融于一间,加之空调的使用,层高不便太高,如国外模数式图书馆、书库与阅览区的层高是统一的,但为了使用全人工照明和全空调时节约能源,最低的每层楼的净高只有2.3m~2.5m。近几年国内建成的开间、层高、荷载三统一的图书馆略高一些,但净高均未超过3m,如深圳大学图书馆每层净高为2.7m;北京农业大学图书馆每层净高也不超过3m。这种低层高有益于节约电能、减少开支,既符合经费短缺的国情,也符合可持续发展的原则。所以我国现代化图书馆阅览区的层高应该从我国目前的国情出发,要有利于通风、采光、采暖,并且适应具有空间互换的灵活性的要求。实践表明,阅览区采用3.6~4.2m左右的层高较合适,没有空调时,自然通风尚好;有空调时,净高降至2.5~3.0m,可减少能耗,故也能二者兼顾。阅览区净高在3~3.3m是节约、合理、适用的最佳选择,而且有利于"三统"。浙江师范大学图书馆阅览区净高3.1m,使用结果表明,450m²的大阅览室并不显得压抑,通风、采光也很好。辽宁省图书馆主楼1、2层净高3.6m,3层以上净高3.2m,效果良好。四川大学新图书馆书库内设阅览区,近窗处设教师研究桌,净高仅2.8m,也无不适感。

传统图书馆书库的层高是以书架的高度加上结构的厚度来确定的,普通书架高一般为2.1~2.2m,钢书架高2.5m,依据书库的结构方式的不同,书库的常用层高一般为2.4~2.8m,这种层高只宜闭架,不能开架。现代图书馆提出的灵活性的要求,使得图书馆建筑应能适应各种使用情况的布置要求,闭架书库能调整为开架书库,阅览室内可增加藏书。藏书区的层高可考虑与阅览区的层高一致,以适应灵活性的要求;同时图书馆还应保留一定的基本书库,这部分书库由于功能固定,出于经济性考虑,其层高可采用传统图书馆的层高处理方式。另外,像特藏书库、保存本书库等如采用空调或机械通风方式,则应考虑设备、管道的安装高度。

此外,图书馆中还有一部分办公及业务用房。这一部分用房的层高一般在3m左右,能满足使用要求,无工艺要求者,也可与阅览区、藏书区的层高结合考虑。

3. 层高配合

图书馆内各部分用房,空间高度不一,藏书空间层高一般高为2.4~2.8m,阅览区层高一般为4~5m,业务办公用房则处于二者之间,而公共活动区(如讲演厅、展览厅等)不仅空间要求较高,而且空间内部要求无柱或少柱。这些不同的空间高度要求,如何统一协调就成为图书馆设计中一个较突出的问题。设计的原则是:既要使不同用途的房间有适宜而经济的高度,又要使各功能区之间联系密切,具有使用的灵活性,同时避免因地面或楼面有较大的高低差(出现台阶)而带来运书工作上的不便和安装传送机械的困难。因此,为了解决图书馆的不同用房层高差的问题,在传统图书馆的设计中,阅览区与藏书区层高配合一般采用以下几种方式(图3-9)。

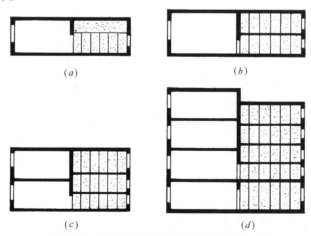

图3-9　传统图书馆层高差处理方式

(a)阅览室与书库层高之比为1:1;(b)阅览室与书库层高之比为1:2;

(c)阅览室与书库层高之比为2:3;(d)仅在主层楼面相平

(1)二者层高比为1:1,即阅览室和书库二者层高相同;

(2)二者层高比为1:2,即1层阅览室层高等于2层书库层高。它保证各层阅览室都能与相应的一个

书库层水平互相相连;

(3) 二者层高比为2:3,即2层阅览室高度等于3层书库高度。

(4) 有的仅主层地面与书库地面相平,主层以上的阅览室与书库按各自实际需要确定层高。

上述四种处理的方式在实践中都有例证。如西南师范大学图书馆(图3-10)采用1:2的处理方式。图书馆建筑采用框架结构,书库层高为2.4m;阅览室层高为4.8m;1层阅览室等于2层书库的高度。这种方式使各层阅览室层高偏高,既不宜布置中小型阅览室,又使人工照明的照度利用率降低,浪费电能,同时,这种方式使两种空间缺乏互换性,两空间功能固定,不能灵活安排。因而这种方式只适应闭架管理方式。

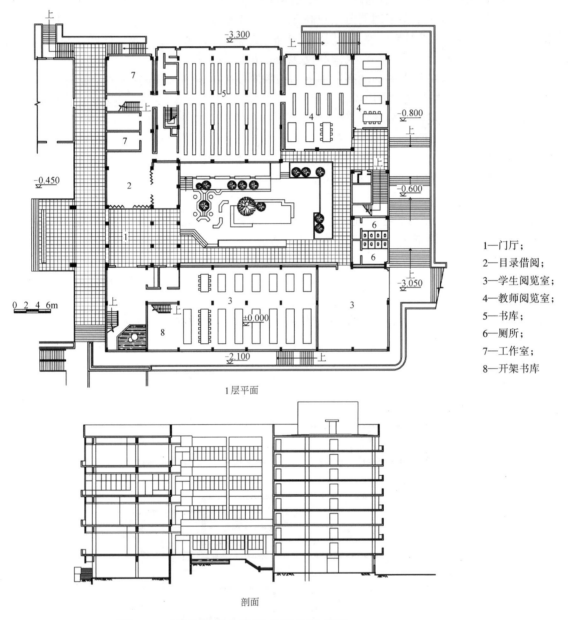

1—门厅;
2—目录借阅;
3—学生阅览室;
4—教师阅览室;
5—书库;
6—厕所;
7—工作室;
8—开架书库

1层平面

剖面

图3-10 西南师范大学图书馆分层布置

浙江大学图书馆(图3-11)基本上采用2:3的比例处理。这种方式虽然使书库和阅览室的层高较合适(当书库层高为2.6~2.7m时,阅览区的层高均为4m左右),但它不能保证每层阅览室都能与书库水平直接相连,使得大量书籍水平运送极为不便,费时费力。浙江大学图书馆虽然在建筑上为藏书区、阅览区、办公及内部业务用房这三种复杂的层高作了巧妙的处理,但层高复杂这一致命的弱点使得平面无任何灵活性可言。因此,现代图书馆采用以上层高处理方式的越来越少,更多的是在同一层高中安排藏书区和阅览

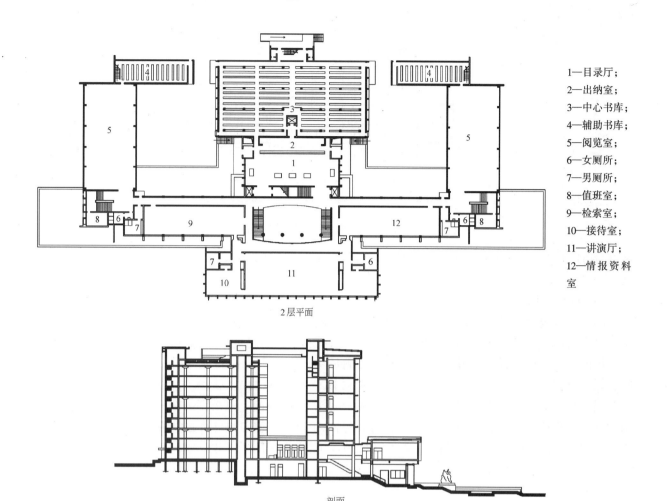

1—目录厅；
2—出纳室；
3—中心书库；
4—辅助书库；
5—阅览室；
6—女厕所；
7—男厕所；
8—值班室；
9—检索室；
10—接待室；
11—讲演厅；
12—情报资料室

2层平面

剖面

图 3-11　浙江大学图书馆分层

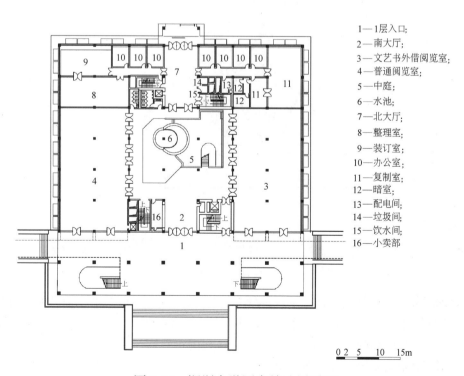

1—1层入口；
2—南大厅；
3—文艺书外借阅览室；
4—普通阅览室；
5—中庭；
6—水池；
7—北大厅；
8—整理室；
9—装订室；
10—办公室；
11—复制室；
12—暗室；
13—配电间；
14—垃圾间；
15—饮水间；
16—小卖部

0 2 5　10　15m

图 3-12　深圳大学图书馆 1 层平面

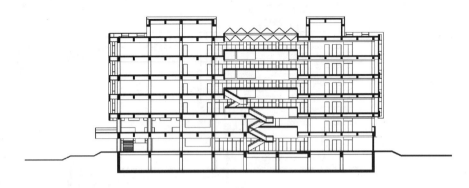

图 3-12　深圳大学图书馆剖面

区,以适应开架阅览方式的需要。如深圳大学图书馆(图 3-12)就采用同层高、同荷载、同柱网,使得现代图书馆的灵魂——灵活性成为可能。

四、朝向、采光和通风

图书馆建筑对采光通风要求较高。考虑我国的现状和可持续发展战略的需要,现代图书馆应坚持以自然采光通风为主,以充分利用自然资源,节约能源,有利于人的健康。因此在进行建筑布局时,应结合基地具体的日照、方位条件,采用多样化的布局,在满足功能的前提下,尽可能使图书馆的各部分有良好的朝向、自然通风和自然采光条件。特别是阅览区和藏书区。否则就会造成极大的能源消耗。

根据我国的自然条件,图书馆以坐北朝南为最理想,忌东西向。但是有的图书馆基地方位不理想,采用常规布局难免有东西晒,这就要求设计者巧妙构思,争取好的朝向和自然通风条件。如安徽省铜陵市图书馆,在基地方位偏西 45°和主导风向偏西 15°的情况下,平面采用了等边三角形布局,就较好地解决了这一矛盾。(图 3-13)。而某些图书馆虽占据坐北朝南的有利位置,却将主要阅览室布置在不利的东西朝向。

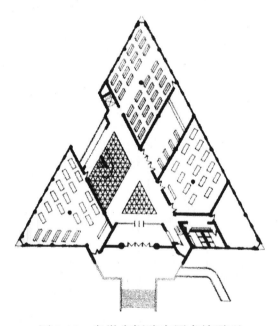

图 3-13　安徽省铜陵市图书馆平面

从朝向,自然采光和自然通风的角度来看,采用"一"字形及其变体的条形平面较好,可以避免东西向,各主要房间都可朝向南北,如江西师范大学图书馆即属此例(图 3-14)。

北京农业大学图书馆是现代化大空间图书馆,它是利用自然通风和自然采光较好的一例(图 3-15)。平面设计成"L"形,最大进深 30m,可双面采光。沿四周外墙布置阅览区。在不用人工照明,全靠天然采光

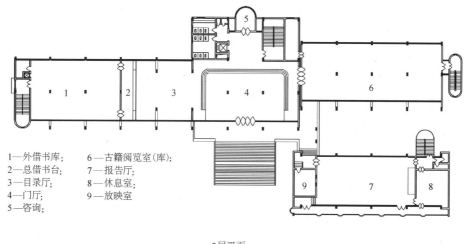

1—外借书库;   6—古籍阅览室(库);
2—总借书台;   7—报告厅;
3—目录厅;   8—休息室;
4—门厅;   9—放映室
5—咨询;

2层平面

立面

图 3-14 江西师范大学图书馆

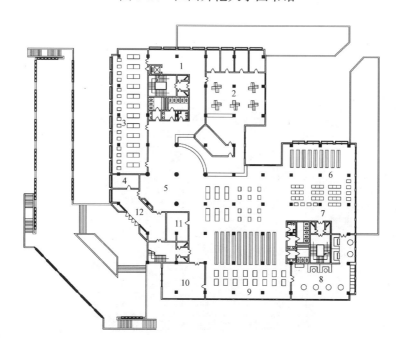

图 3-15 北京农业大学图书馆 2 层平面

1—书站;2—编目室;3—外国教材中心;4—值班;5—计算机终端;6—教学参考书借阅处;7—声像
资料阅览区;8—读者休息室;9—参考工具书阅览区;10—参考咨询;11—复印;12—门厅

的情况下,能保证阅览桌的所需照度。中间书架区,最宽 15m,可附加人工照明。较好地解决了在我国现实许可的条件下,大空间图书馆节能与使用之间的矛盾。

图 3-16 为法国鲁昂(Rouen)法律文艺学院图书馆。平面采用六角形的结构单元,拼接而成。根据阳光的照射方向,决定开窗位置,这种处理方式很有特点,它将遮阳处理与平面和结构形式结合起来。

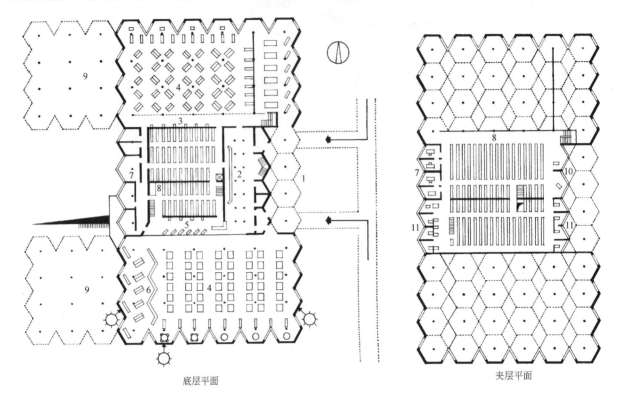

底层平面 　　　　　　　　　　　　　　　　　　夹层平面

内景

1—入口柱廊;
2—卡片大厅;
3—目录室;
4—阅览室;
5—期刊室;
6—专业室;
7—服务办公室;
8—书库;
9—扩建;
10—指导室;
11—研究小间

图 3-16　法国鲁昂法律文艺学院图书馆

　　一般来讲,中小型图书馆更应努力争取各个部分都有良好的朝向、自然采光和通风条件。这就要求打破老一套的布局方式,从功能出发,不要追求形式,采用较为灵活自由的布局方式,以满足这一要求。

　　大型图书馆内容较多,往往平面较为复杂,各部分用房如果都要求有较好的朝向、自然采光和自然通风条件,实际上有一定的困难。设计时应力求图书馆的主要部分有良好的朝向、自然采光和自然通风,同时可以辅人工照明、机械通风。

在自然采光方面,目前我国有两个值得注意的问题。一个是阅览室的窗户开得都很大,甚至有的图书馆追求所谓"现代化"的造型,把整个墙面都做成玻璃窗,致使阅览室采光过度而耀眼;同时过大的玻璃面对于隔声和空调不利,也不利于书籍的保存。根据采光要求,窗与地板面积比在1:4左右即可,而现实设计中有不少阅览室窗与地板面积比高达1:2,光线过强,有碍于读者阅览。深圳大学图书馆,3~6层四面外墙均采取墙凸出、落地窗凹进的手法,形成"U"字形三面采光,较好地克服了阳光的直射,以各种漫反射面将光变成柔和、稳定的间接光,既能充分利用光能,增强采光效果,又能提高并改善视觉环境质量(参见实例2)。

另外,书库的窗户一般都开得较少,致使光线感到不够。这可能是因袭传统的书库开设窄而小的窗户的做法,甚至认为,窄长的小窗在立面上容易体现出图书馆馆的"性格"。其实,在进深较大,采用框架结构的书库,不一定局限于这种窄而小的老式窗子,完全有可能将窗户开得大一些,以满足采光的需要。尤其是现代化图书馆,在采用"三同",求得灵活性的同时,也应注意采光设计,使藏书区与阅览区有同样的灵活性。

国外图书馆一般是以人工照明、机械通风为主。但是,近年来由于能源危机,一方面改进设备(如回转式全热交换器,热回收型热泵冷动机、可变风量送风机等),以减少能源消耗。另一方面为了一旦停电尚能完全疏散,在建筑平面设计上大多增设两个采光院落,甚至建在地下也开设采光天井。加拿大哥伦比亚大学图书馆及美国哈佛大学图书馆扩建后的地下图书馆即如此(参见图2-6及图2-7)。有的图书馆在春秋季节温度适宜时,停止空调,利用窗户采光和自然通风。目前,低能源消耗的图书馆设计越来越成气候,新英格兰威廉斯大学沙威尔(Sawyer)图书馆就是一个自然采光、自然通风和不用空调的低能源设计。

第三节　图书馆建筑布局

建筑布局就是建筑平面和空间的组织。图书馆的建筑布局要根据图书馆的性质、要求及管理方式来确定藏、借、阅、管的使用空间,高效、合理地组织书刊、读者、工作人员的活动流线,提高有效使用面积,使之联系方便,互不干扰,有利于节省时间和提高工作效率。

一、图书馆的传统布局

一个图书馆要求充分发挥它所收藏的图书作用,应该是读者越多,服务面越广和书籍流通越快越好。要达到这一点,当然主要是依靠图书馆工作人员的服务质量,而不是主要依靠房屋的条件。但是布局合理与否,其影响也是不可忽视的。如前所述,图书馆设计,主要的注意力应该放在书库、借书处和阅览室三者关系上,特别是按照传统的管理方式设计的图书馆,各部分都是固定而不能灵活变动的居多。因此,通常介绍图书馆平面布局类型都是以书库和阅览的相对位置来分类,并以读者是否方便,借书是否迅速和书籍的流程是否简短通畅,作为评论的主要标准。

综观图书馆的演变史,在适应传统管理方式(以闭架管理为主)的情况下,阅览与书库的相对关系有以下几种布局类型。

1. 阅览室在前,书库在后

这种办法创始于1854年巴黎国家图书馆,是自19世纪末到第二次世界大战前,世界各国的图书馆最广泛流行的一种布局方法,直到目前仍为许多国家所大量采用。(图3-17)其主要优点为:

(1)分区明确、便于管理;

(2)容易获得良好的朝向和自然采光与通风;

(3)结构比较简单,造价比较便宜;

(4)便于书库和阅览室今后的扩充。

但是,这种方式由于把书库和阅览分开,布置在建筑物前后两部分,二者之间又置以目录厅和出纳室,因此彼此关系比较松散,无论是阅览室与书库之间、阅览室与阅览室之间,还是采编办公等用房各部分的联系都不够直接。其最大的问题是把藏书和读者隔开,增加了内部流线的距离,降低了工作效率。这些缺点随着图书馆规模的扩大,更为明显地表现出来。

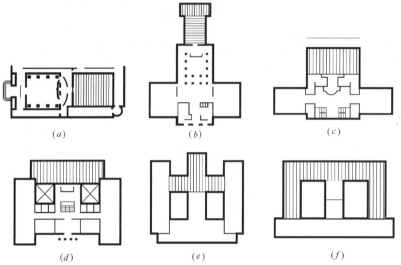

图 3-17   阅览在前,书库在后常见的几种布置方式

(a)法国国家图书馆;(b)美国普洛菲腾公共图书馆;(c)美国华盛顿公共图书馆;
(d)东南大学图书馆;(e)北京大学图书馆;(f)云南省图书馆

我国采用这种方式的图书馆屡见不鲜,从本世纪 20 年代建筑的北京图书馆、东南大学图书馆(原孟芳图书馆),直到 70 年代兴建的云南省图书馆和北京大学图书馆都一直沿用着这种方式。

2.阅览室在四周,书库在中央

这种办法是将各种阅览室围绕着书库四周布置,书库居于中央。其基本想法是书库可以不需要采取自然光线,用人工照明。这样,书籍少受外界阳光的直射和气候的影响,对防晒、防尘、防潮都有利。因此,可以把书库放在中央核心部分,对外不开窗,而把需要自然光线的阅览室和工作室放在外围。图 3-18 就是书库置于中央的几个实例。这样的布置方法可以使书库与各个阅览室和工作室的关系较为紧密,甚至每一层的阅览室都可以与书库取得直接联系。例如,1930 年在美国建造的里奇满公共图书馆,就是这种类型最早的实例之一。

这种方式平面紧凑,借阅方便,管理集中,造价经济。它的缺点是:馆内交通组织困难,前后两部分难以联系。通常是在书库四周或在书库中间布置走道,前者使书库与阅览室的直接联系被走道所隔。后者穿行书库,更不合理。此外,这种方式要求书库必须设置空调设备,需要人工通风、照明,设备和维护费用相当高,在实际应用上有一定的局限性。四周房间只能单面采光,光线和通风受到影响,工作人员长期在人工照明下工作,对健康也不利。这种布局的图书馆在扩建时,书库只能向上发展,因此,在设计基础时必须留有余地。为此,后来的图书馆在选用这种布局时,有的将书库做成高塔式或增加内天井来改善通风和采光条件。

我国采用这种方式比较典型的有北京民族文化宫图书馆(图 3-19)。它的书库位于中央,采用人工照明。前部为目录室、出纳台,东西两侧分别为阅览室和研究室,后部为采编办公,这是一种较传统的布置方法。北京师范大学图书馆也属此例,它的书库虽居中央,但因设有内院,故并不封闭,书库仍采用自然采光与自然通风。

日本战后新建的国会图书馆,也属上述类型。平面为"回"字形,中央部位是 45m×45m 的书库,在书库的四周留有天井。一个边长 90m 的阅览楼把书库包围起来,成为一个正四方形。阅览楼各层的每一边对书库都有一个等距离的联系。

3.阅览室在中央,书库在四周

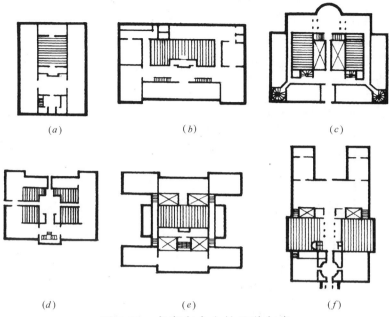

图 3-18 书库在中央的几种方式

(a)美国里奇满公共图书馆;(b)美国某大学图书馆;(c)美国约翰霍普金斯大学图书馆;
(d)美国洛杉矶公共图书馆;(e)北京师范大学图书馆;(f)古巴国立何塞·马蒂图书馆

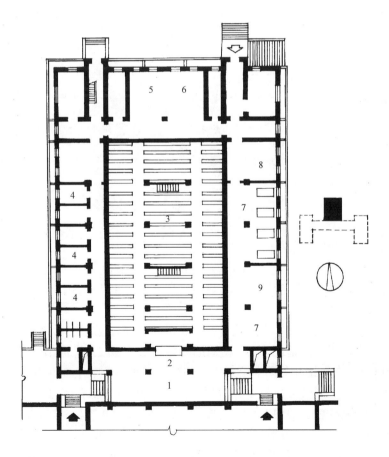

图 3-19 北京民族文化宫图书馆

1—目录室;2—出纳台;3—书库;4—研究室;5—采访室;
6—编目室;7—办公室;8—阅览室;9—期刊室

这是欧美各国从 19 世纪中叶起,所采用的图书馆平面布局的又一古典手法。早在 1835 年,巴黎法国国家图书馆设计有过这种方案,但未能按该方案建造。最早按此种布局建成的是 1854 年英国伦敦大不列颠博物院图书馆,随后又有很多国家的重要图书馆都模仿它。例如,1897 年建成的美国国会图书馆、美国早期的一些大型公共图书馆以及一些大学图书馆等(图 3-20)。在英国,直到 1936 年落成的黎芝大学图书馆还具有这种布局的特点。

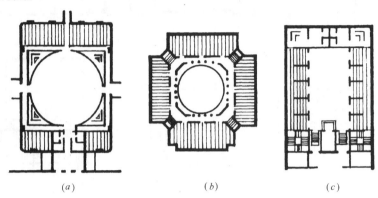

图 3-20　阅览室在中央的几种方式
(a)伦敦大不列颠博物院图书馆;(b)美国哥伦比亚大学图书馆;
(c)美国辛辛那提公共图书馆

这种布局的特征是:位于中部的阅览室又高又大,借助抬高空间来争取自然光线和通风,平面形式大多为圆形和八角形。借书处往往在大厅的中心,便于照管放射形或环形的阅览桌(图 3-21)。

此外,采用这种布局,四周的书库应是开架的。其优点是,读者到各个方向的书架距离大致一样。如果是闭架,读者必须通过借书处才能接触到书籍,那么借书处无论是设在中央或是设在旁边,与书库的联系都不够紧密。前述伦敦大不列颠博物院图书馆,读者借书往往要等候较长的时间,不能说与这种布局无关。

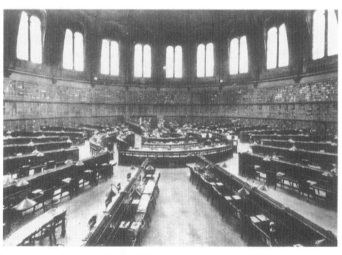

图 3-21　伦敦大不列颠图书馆阅览大厅

这种布局方式有种种缺点。首先是书库分散,取书不便,书籍传送也很困难;其次是阅览大厅高大,空间浪费,冷气或热量消耗大,造价昂贵;此外,圆形的阅览大厅在排列座位上也不经济。因此,目前世界各国已很少采用这种布局方法了。

4.阅览室在上,书库在下

这是一种使阅览室、借书处与书库采用垂直方向联系的布局方法(图 3-22)。早期,这种方式通常应用在图书馆规模不大、藏书量不多的情况下,一般是把阅览室放在第 2 层,把书库放在第 1 层(图 3-22a)。1843 年设计建造的巴黎圣杰尼维叶芙图书馆开创了这种方式的先例。它的阅览室在第 2 层,可容 600 多座位,书库单独设在底层。如果藏书量较多、规模较大时,这种办法就有困难,因为仅仅把第 1 层作为书库,面积有限,不敷应用,这样就要增加书库的层数,把阅览室抬得更高。例如,1911 年美国建成的纽约公共图书馆(图 3-22d),藏书量为 300 万册,就是在 7 层书库顶上布置借书处和大阅览室的。这个图书馆固然有它的独特长处,但主要阅览室离大门入口,既远又高,是其缺点。后来,采用这种布局方式的图书馆,认为主要阅览室还是应该放在第 2 层,使之方便读者,于是书库便从第 1 层向下发展到地下,有的深入地下达 3、4 层(图 3-22b、c)。

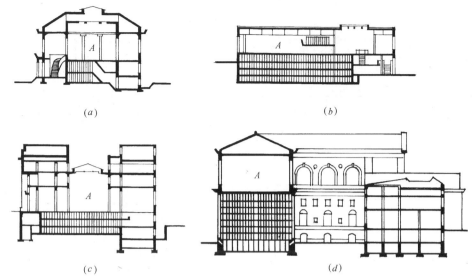

图 3-22　阅览室在上,书库在下的几种方式(图中 A 为阅览室)

(a)美国圣麦维尔公共图书馆;　　　　(b)英国谢菲尔德大学图书馆;
(c)美国巴尔的摩公共图书馆;　　　　(d)美国纽约公共图书馆

这种布局的最大优点是:借书处与书库为上下联系,图书在出借过程中减少了水平运送距离,从而加快了提调速度,缩短了读者候书时间。按这种布局建成的上述纽约公共图书馆在借书等候上就要比其他同规模的公共图书馆快些。此外,向下发展,深入地下的书库,因不受阳光的照射和少受外界气温变化的影响,对图书的保护也较有利。但是必须在工程上做到严格防水和增加空调设备。如果在水位较高的地区,或者在无良好的升降设备条件下都不宜这样建造。

图 3-22 是属于这种类型的几个国外图书馆实例的剖面。表明了组成方式的几种不同处理方法,从建成的年代先后可以看出,随着图书馆事业的发展,书库的容量在膨胀,所需面积在增加,层数在增多,因此,书库则由地上转入地下。1977 年新建成的日本同志社女子大学图书馆,从布局上讲也属这种类型,它甚至连同阅览室都一起建于地下,而在屋顶上种植花草。

5.书库在上,阅览室在下

这是与上述布局相反,道理相同的又一种方法。在人们传统的概念中,总认为书库是荷重很大的一部分,不宜把它放在建筑物的上部,以免造成头重脚轻的缺点。但是,自从图书馆建筑采用了钢筋混凝土的有规则的柱网框架结构以后,这条戒律就被突破了。书库放在上面与书库放在下面的情况相似,藏书仍然是沿着垂直方向送到借书处。书库放在上部比放在地下还有更多的有利之处:它可以不依赖机械通风,也可避免地下防水处理。这种布局方法的最显著优点就是它的主层部分没有书库,全部主层面积上都可以用来安排阅览和为读者服务的其他房间,使得平面布置紧凑,管理集中,灵活自由,方便读者。书籍的传送时间比水平面方式的布局大大缩短。

国外很多现代图书馆的平面都是采用这种布局方式(图 3-23)。例如,1962 年建成的英国爱丁堡大学图书馆共 8 层,地上 7 层,4、5、6、7 是标准层,基本上是书库(图 3-23a)。1978 年落成的日本甲南大学图书馆也是这种平面,它把书库放在最上面的两层(图 3-23b)。还有法国的一所图卢兹朗奎尔大学图书馆,7层书库置于上部,读者活动范围主要在底层(图 3-23c)。

6.书库分布在阅览室之内

这种布局的基本思想是:反对把书库和阅览室截然分开,认为一般大型图书馆的读者必须通过中心出纳台才能借到图书的管理方法不够理想。主张图书馆的阅览室应按学科分别设立,各种书籍经过仔细分类后,即可归入它所属的专业阅览室内,读者可径自到各个专业阅览室去查阅图书,图书管理人员也固定在各个专业阅览室内进行管理和指导。

这种图书馆的借阅顺序是:读者进入图书馆后,首先到达一个设有总目录和咨询处的大厅,读者可以

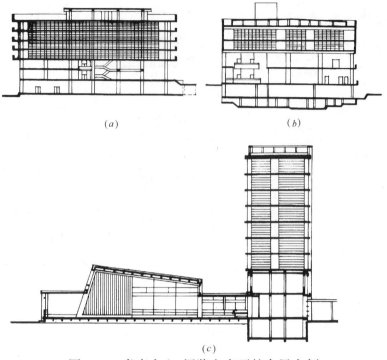

图 3-23　书库在上,阅览室在下的布局实例

(a)英国爱丁堡大学图书馆;(b)日本甲南大学图书馆;(c)法国图卢兹朗奎尔大学图书馆

从总目录中查出所需书目属于那一专业,然后便可到该专业阅览室向管理人员借阅或直接从开架上取阅。看过之后,有的图书馆是规定要带到总的还书台归还;有的图书馆则直接还给各室的管理员。

实行这种管理方法的图书馆,在设计上所遇到的困难是:很难掌握各专业的阅览面积和藏书数量。往往使用一段时间之后,某些专业阅览室的藏书增加到一定限度,就发生挤占阅览面积的现象。

目前这种类型的图书馆有两种:一种是把所有的图书都分别放在各专业阅览室内,不再设总的书库;另一种则考虑到发展的需要,图书会不断地增补和更换,还另外设有总书库以资调剂(图 3-24)。

苏联莫斯科大学新图书馆可以认为是这种类型的进一步发展,它把专业阅览室扩大为专业阅览区。每一个专业阅览区都设有学生阅览室、教师阅览室、专业目录和辅助书库,另外还设有 3 层地下总书库。总书库内设有 9 部电梯,它们与各个专业阅览区内的辅助书库保持着垂直的联系,保证了书籍能够及时调拨。

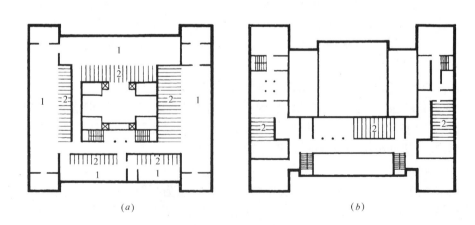

图 3-24　书库分散在阅览室内(一)

(a)美国克利夫兰公共图书馆;(b)俄国莫斯科大学图书馆

1—阅览室;2—辅助书库

50

二、现代图书馆的建筑特点与要求

（一）立足于开架设计，实行开、闭结合

我国现阶段图书馆走向开架管理已成为主流，但也不能照搬国外完全开架的模数制布局方法，而是要立足于开架，闭架与开架结合进行设计。采用多种阅藏结合的方式，把近、远期的要求有机地结合起来，按照藏、阅有分，可合、可分的方式进行设计，以适应过渡时期的图书馆的需要。因此，在设计中要实现开架阅览、半开架阅览和闭架阅览相结合，基本书库、辅助书库和开架书库相结合的方式，也就是所说的"三线"藏书的管理方法。开架阅览室称为第一线藏书，将常用的和最新书刊资料放在开架阅览室内，读者看书借书自取。开架阅览是目前图书馆的主要发展趋势。图3-25即表明了随着管理方式的改变图书馆建筑布局方式的变化。第二线藏书，即将一定年限过期书刊在辅助书库内，靠近开架阅览室，读者通过服务人员可以进入书库，读物是向读者开放的，但不是完全直接自取，而是半开架的管理方式。第三线藏书即基本书库，主要起藏书作用，对于出版时间较久，借阅较少的呆滞书以及珍善本书，藏于基本书库中，采用闭架管理，少数读者可以进库阅览。按照这种原则设计，可以满足开架

图 3-24　书库分散在阅览室内（二）
（c）美国克利夫兰公共图书馆内景

和闭架两种不同管理方式的要求，同时做好两方面的服务工作，使基本书库主要为闭架阅览服务，辅助书库和开架书库分别为开架或半开架阅览室服务。

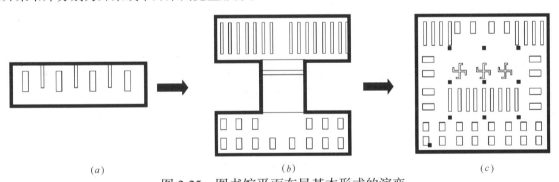

（a）　　　　　　　　　　（b）　　　　　　　　　　（c）

图 3-25　图书馆平面布局基本形式的演变
（a）藏、阅结合（开架）；（b）藏、阅分开（闭架）；（c）藏、阅再结合（再开架）

（二）图书馆建筑使用的灵活性

图书馆使用要求的灵活性促使图书馆建筑设计需要在平面布局、空间布局和结构方式等方面探索和采用新的方法。归纳起来可有以下几种方式：

1. 变分散的条状体型为集中的块状体形

首先在布局方式和空间体形上，宜将传统分散的条状体形改为较为集中的块状体形。传统图书馆建筑的布局方式都是以条状体形为基础进行组合的（如前节所述），它所提供的空间通常都是进深不大、长度较长的长条形空间。这种长条形空间相互以承重墙分隔，各房间的相互关系松散，工作流线长，联系不便，易与读者隔离开来，工作效率低。如果将原来分散的条状体量组合形成"口"、"回"或"田"等块状形式的平面，则中间都有内院，平面也较简洁、完整，如图3-26所示。国外图书馆一般趋于方形、矩形或其他规则的多边形。矩形有利于图书馆的使用，因为这种体形空间紧凑，便于灵活分隔，同时也节约能源和土地，但如

果进深过大,它往往需要采用人工照明和空调设施。

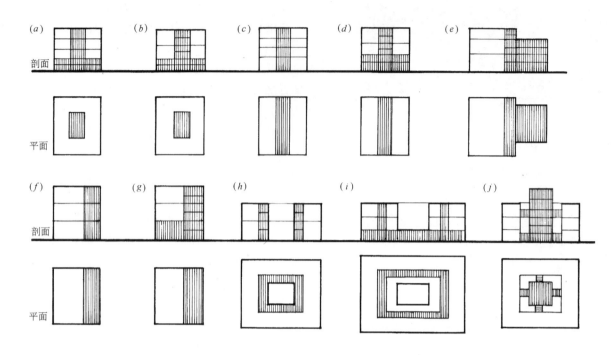

图 3-26　图书馆平面新布局——块状集中式布局

2. 变分割固定的小空间为开敞连贯的大空间

在建筑空间上,宜将分割固定的小空间尽可能地设计为开敞而连贯的大空间。这样可以提高使用的灵活性。为此,要采用开间和跨度较大的柱网,避免室内固定的结构墙体,避免因交通、辅助、服务用房布置不当而分隔了大空间,要使室内空间布置更加灵活。为了适应阅览、藏书和服务用房三个部分互换和面积变化的需要,内部空间可以用轻质隔音板墙或书架等灵活分隔,较少采用固定不变的承重隔墙。

3. 变小开间为大开间

在结构上,尤其是在多层的建筑布局中,其灵活性在很大程度上决定于楼面层结构的设计。为了争取较大的灵活性,支撑系统宜增大开间,扩大进深和柱网,以减少室内过多过密的柱子。英国伦敦市艺术馆馆长兼图书馆馆长汤普逊在他的著作中对英国四所大学的图书馆进行了分析,表明柱网间距大的图书馆,使用中适应性指标就高,反之则小(表 3-3)。

柱网与灵活性关系分析表(mm)　　　　　　　　　　　表 3-3

柱　　　网	3600	3900	5100	6000	7500	8100
使用方式	1200×3 1800×2	1300×3 1950×2	1275×4 1700×3	1200×5 1500×4 2000×3	1250×3 1500×5 1857×4	1157×7 1350×6 1620×5 2025×4
适应性指标	50	50	50	75	75	100

我国传统图书馆建筑设计,最大开间为 5m 左右,如果将开间增大到 6～8.1m,则可提高图书馆的适应性,增加图书馆空间使用的灵活性,这在现今结构施工的条件下是完全可能的。表 3-3 也表明,在不同大小的开间中,开间大适应性大,开间小的适应性小。如果以 8.1m 开间的适应指标为 100% 的话,开间为 6m～7.5m 者则为 75%,而 5.1m 以下的开间,适应性仅为 50%,见图 3-27。

当然,扩大开间不是任意扩大,越大越好,而是要进行分析比较。如果阅览桌最小的使用空间之中距

52

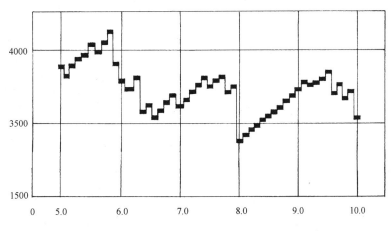

图 3-27　柱间大小对藏书空间面积的影响

是 2m,选 7m 柱间还是 8m 柱间呢? 分析比较:柱子间距为 8m 时,在两柱之间就可布置阅览桌 4 排,而 7m 柱间只能放 3 排,平均排距为 2.33m。这意味着,为了安排相同数量的阅览座位就得多增加 15% 的面积。根据研究认为:5~10m 的柱间范围内,最有效的柱间是 8m,效率最低的是 5.8m。因为,若二者阅览坐位或藏书量相同时,面积要相差 22%。

由于柱网的选定要同时考虑藏书、阅览和服务管理三方面的适应性,因此柱网的选择是设计中最关键性的问题之一,它不仅关系到当前能否方便地使用,而且也关系到未来的发展是否能适用和经济地利用面积。

4. 变多种柱网为统一柱网

在楼层结构方面,最好采用统一开间、统一柱网、统一层高和统一荷载,并按最大的书库荷载来计算,以保证内部空间能任意调整和灵活安排。但在经济上可能花的代价较大,需要仔细研究,寻求较经济的楼层结构方式。例如,统一荷载必然会使用钢量增大,因而会增加造价。为此,有的采用升板法施工,因为适应施工要求所具有的强度足以满足书库的使用荷载。有的将楼层结构区别对待,按使用要求提高局部楼面的承载力,满足承放开架书架的需要,以提供开架、半开架的阅览条件。这种方法虽然较经济、现实,但书架的位置受到一定的限制,灵活性欠佳。南京医科大学(原南京医学院)图书馆就是采用这种方法。它将 2、3 层楼上的大阅览室东端一开间的楼面荷载提高,有意将开架书架布置在此,如图 3-28 所示。该阅览室楼面一般荷载 300kg/m²,放书架处提高为 500kg/m²。

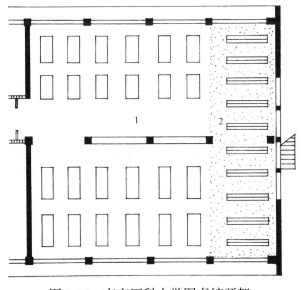

图 3-28　南京医科大学图书馆开架阅览室楼面荷载的处理

1—300kg/m²;2—500kg/m²

(三) 坚持自然采光与通风的块状布局

空间较为集中的块状体型内部采光和通风是需要加以认真解决的问题。国外,多采用人工照明和空调设施。对于我国现阶段来讲,要考虑我国目前的经济水平。在设计图书馆建筑时,必须坚持采用以自然采光和自然通风为主,辅之以人工照明和机械通风。除了某些特殊要求外,一般都应遵循这一原则。从建筑可持续发展的观点来看,也是必须这样做的。否则,不仅浪费能源,其结果往往是建得起而用不起,因为每月电费负担太重。

为了解决块状体形自然采光与通风问题,下面介绍几种布局方式,以资参考。

1. 扩大进深的矩形布局

这是在条状体形基础上,通过扩大进深而获得较大空间。条状体形的进深一般为 9 ~ 12m,最大达 18m,扩大进深可使它达到 24 ~ 27m。当规模不大时,可以采用单层,若规模较大时,可采用多层的方式,以获得简洁的体形。扩大进深给使用上带来了较大的空间灵活性,但要注意中部的光线、通风问题。就通风而言,只要空间开敞,完全能自然对流,是不会感到闷热的。相反,由于增大进深,反而会感到阴凉。为了满足和保证合理的自然采光要求,一般可有以下的几种处理方法,如图 3-29 所示。

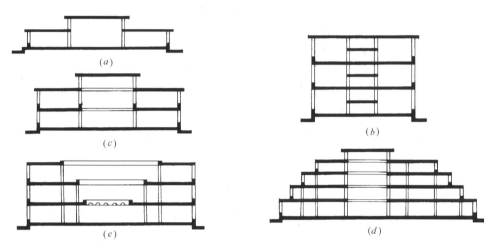

图 3-29 扩大进深的几种设计方式

(a)设计方式之一;(b)设计方式之二;(c)设计方式之三;(d)设计方式之四;(e)设计方式之五

其一是开设屋顶天窗,增加中部的光线,不论是单层的、两层的或两层以上的多层图书馆都可如此处理,如图 3-29(a)、(b)、(d),多层时,能形成一个中央大厅式的空间。其二在中部放置书架,如图 3-29(b)或设内庭,如图 3-29(e)。

图 3-30 为美国密歇根州利沃尼亚郊区图书馆。它服务范围为 5 万人,藏书 3 万册,设置 150 个座位。属于一种小型图书馆。它采用了单层大进深的布局。平面紧凑,内部空间开敞灵活,利用天窗改进阅览室中部的自然光线。图 3-31 为英国埃塞克斯大学图书馆,其阅览室的进深达 23.62m,中部为开架书库,四周则布置阅览室。

外观

成人阅览室内景

图 3-30 美国密歇根州利沃尼亚郊区图书馆

图 3-32 为法国雷恩(Nennes)文学图书馆。其阅览室为三跨。中部一跨光线较暗,布置开架书架,两边则布置阅览座位。这是扩大进深后结合开架合理使用的一种好的方法。这样,不仅保证了阅览室的照度要求,而且也可以根据需要,利用中部开架的排列,划分出不同大小的阅览空间,使两边阅览室有分,有合,

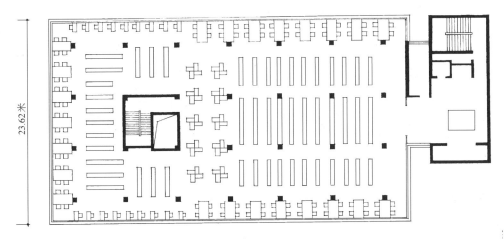

图 3-31　英国埃塞克斯大学图书馆楼层平面

而不影响自然通风。

图 3-32　法国雷恩大学图书馆外观

2. 带内天井的块状布局

这是为了空间灵活又保证自然采光与通风形成的一种图书馆布局。这种布局内设天井,外形方整简洁。它初看起来像"口"字形的条形布局,但实际上二者却有原则区别。一般传统"口"字形条状布局,房间进深不大,天井作内院之用;而这种天井四周的室内空间敞开连贯,进深较大,不用承重墙分隔空间。天井主要做自然采光通风之用。图 3-33 所示,可作为这种块状布局的代表。

当图书馆规模较大、层数较多时,过小的天井不利于改善下部的光线。因此,有的设计将天井逐层向上扩大,一方面减少光线的遮挡,另一方面也使楼上的各层阅览室都有了通长的室外活动场地。该馆沿着天井及外墙四周布置为阅览区,开架书架布置在阅览室的中部地带。

图 3-34 为加拿大多伦多图书馆。它是加拿大最大的公共图书馆。藏书 125 万册,共有 800 多个阅览座位。平面较为方整,中央部分为五层高的四周敞开的中庭——作为公共大厅,上有顶光。各部分用房分层围绕中庭布置,并且逐层向内缩小,使得大部分房间都有天然采光,同时空气也很流畅。这种设计也提供了很好的内部空间效果。

3. 块状的垂直布局

在图书馆传统的布局中,为了达到天然采光与通风,总是将书库与阅览用房分设为两个体量独立设置。在块状布局中,这种方式就不适应了。为了方便开架,尽量使书籍和读者接近,使二者尽可能置于同一体量中。但若只是简单地将二者毗邻布置,必然导致房间跨度较大,自然采光和通风条件较差。因此,

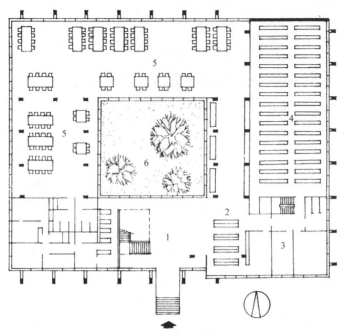

图 3-33 带天井的块状布局之例
1—门厅；2—目录室；3—办公室；4—书库；5—阅览室；6—内庭

(a)外观

(b)内景

图 3-34 多伦多图书馆

可以使基本书库与阅览室上下垂直布置,并将开架书架布置在每层阅览室的中部。这种方式,使阅览室和基本书库的天然采光和通风条件都得到改善,而且也使基本书库与开架书库以最简捷地垂直方式相联系,并与读者流线明确地分开。

(四)新技术、新设备的应用

新技术、新设备在图书馆中广泛应用是现代图书馆的主要标志之一。很难设想,用手工操作的图书馆可以成为现代图书馆。新技术设备,诸如电子计算机系统、书刊传递系统、文献复制系统、文献防护系统(温湿度控制技术设备)、文献监控防盗设备及自动报警消防设备等新技术设备在图书馆中的应用,对图书馆建筑的设计产生了广泛的影响。当然,我国在今后相当长的时期内,仍将会以纸型文献服务为主,传统的典藏与工作方式仍将保留与并存。但从建筑设计角度,对于各类现代技术设备,除要考虑当前的用房与设计要求外,还要考虑到以后新技术设备的广泛应用及其必备条件,应尽可能使房间设计具有较大的灵活性和适应性,以满足多样技术设备发展的需要。基于以上因素考虑,现代图书馆在进行布局设计时,一般将内部空间划分为两个部分:可变的工作区和不变的服务区。服务区主要是指电梯、机房、管道井以及楼梯和卫生间等,从而形成一个节点,而工作区的空间可以根据需要随意划分。布局主要根据环境等要求通过"节点"将各工作区组织起来。

三、"模数式"图书馆设计

模数式图书馆是针对传统式图书馆缺乏灵活性这一弊端而产生的一种现代图书馆的布局模式。早在20世纪20年代初,美国便出现了模数式图书馆设计思想。第一座模数式图书馆是于1943年开始设计、1952年建成并开放的美国依阿华州立大学图书馆。在该馆建成之后不久,模数式图书馆就开始在全世界范围内广为流行,并已成为现代图书馆建筑设计的一个主流,至今方兴未艾。

"模数式设计"(Modular Planning)是指不带天井、形状方整、柱网统一的块状布局。美国著名图书馆建筑专家梅特卡夫(Matcalf.K.D)为模数式图书馆设计所下的定义是:模数式建筑物是以按固定间距设计的柱子做支撑,除掉柱子,在建筑物内就没有任何支撑重量的东西。"在模数式图书馆里,用四根柱子围成的矩形或正方形的方格是基本单元,在其中任何基本单元布置阅览桌椅都可以作阅览区域使用,安上书架就可以作书库使用,摆上办公桌椅还可以作办公室使用。而且,今天为某种目的使用的单元,再想转用于其他目的而进行改变时,在结构上没有任何困难"。

模数式图书馆设计,是从以下两点着眼:一是使读者和书籍的关系更密切,实行开架;二是为了适应未来发展的需要,空间具有使用的灵活性。设计力求解决水平和垂直两个方向的灵活使用问题。在使用产生变化时,除了电梯、楼梯、厕所、风道、竖向管道井位置不易改变外,其他都可以根据需要对空间的用途和布置予以调整。这种模数式图书馆一般是建筑平面方整,由整齐的方格柱网组成,其楼梯、电梯等垂直交通枢纽及厕所和竖向管道都力求集中。楼板荷载统统按书库要求设计,这样就能适应变化的要求,灵活地安排各个房间,又能保证各个房间布局的紧凑。例如英国罗基保罗夫理工大学图书馆,就是按模数设计的。平面采用了55m×55m的模数大空间,按方格柱网整齐布置,除了三个核心筒体是固定的以外,其他空间都可随意分隔,具有很大的灵活性。

模数式图书馆建筑都采用框架结构。因此,柱网尺寸的选择是个关键问题。选择柱网的尺寸是根据书架的排列中距和阅览桌的排列尺寸,在不同性质的图书馆中也应有所不同。例如,科研图书馆要比高等院校图书馆的读者人数少,它的书架的排列尺寸就可以小一点,但是阅览桌的尺寸则要大一些。因此,柱网尺寸的选择要考虑到某一特定图书馆的具体情况。

至于垂直方向的灵活性,解决的办法是采取统一层高,使之既可以放书架,又可以做阅览区及办公室。为了考虑经济节约,尽量压低层高,国外的模数式图书馆采用空调设施,楼层净高多为2.55m或者2.7m,也有人认为这样的尺度对于阅览空间来讲感到过低。从我国探索的实践情况来讲,一般认为净高在3.0m左右较合适。如若是自然采光和通风,净高需要高一些。模数式图书馆的通风和照明也作了灵活性使用的考虑。照明多选用中距为1.35m左右的嵌入平顶内的条状灯光。这种形状的灯光对书库和阅览都可以通用。

模数式平面柱网整齐,层高、柱网、楼面荷载三统一,使用灵活、可变性大,室内空间流动畅通,并结合人流路线和使用要求,灵活安排,保证了大空间的弹性使用。结构系统简单规整,施工方便,适应图书馆建设工业化的要求。"模数式"图书馆已经成了西方、特别是美国图书馆设计普通应用的一种方法,但在我国图书馆建筑设计中的应用,仍有其局限性。

1. 模数式图书馆建设和使用费用高昂

模数式图书馆的一次性投资与维持费用都很高。这种方式必须采用人工照明和空调设备,在结构方面又必须全部按书库荷载来计算,只有这样才能保证其高度灵活性的优越性。全空调及大量人工采光的建筑能耗太大,运行费用太高,即使在西方发达国家的使用过程中,也发现了较多的问题,尤其对我国这样的发展中国家来说,更不具备现实的可行性。如上海交通大学包兆龙图书馆采用模数式设计,但因承担不起高额的运行费用,被迫停止使用空调设备,不但造成现阶段使用的不便,而且由于长期的闲置,空调设备与管道出现锈蚀,造成了更大的浪费。目前,在我国只有深圳大学图书馆采用此种模式,这也是与其身处特区这一特殊的经济环境分不开的。因此,模数式图书馆不完全适合我国目前逐步实现图书馆现代化的发展过程。

2．模数式图书馆空间使用的局限性

"灵活性"既是模数式图书馆的优点,又是它的缺点。因为按照灵活性要求,模数式图书馆的任何空间都可以做阅览室、书库或办公室使用,这也就必然会出现做任何用房使用时都将缺乏充分的适用性。这是矛盾统一的两个方面。例如,为了统一阅览室和书库的层高,就要尽量降低阅览室的层高和尽量提高书库的层高,其结果,必然会使人感到阅览室有些压抑,而书库顶部却不能充分利用。

3．对模数式图书馆高效性价值的怀疑

模数式图书馆在统一的大空间内实行全开架管理,其初衷是利于读者与书的接近,提高读者用书效率。而通常在几十万甚至几百万册图书中,借阅比较频繁的读物只是其中极少数,大多数图书一年当中甚至连一次也没有被借阅过,更有一些图书是多年无人问津。像这类书籍没有开架的必要,即使开架也不会提高它的出借率。而且这种开架借阅方式意味着"读者个人手工操作",读者若想在这"书的海洋"中找到自己所需的书籍,其效率是可想而知的,甚至连开架管理本身原有的一点积极意义也给冲淡了。

4．空间组织的无序性

"三统一"的模数化设计虽然保证了模数式图书馆的灵活性,但这统一的大空间常给其空间组织及功能安排带来诸多不利。例如前文提到的英国罗基保罗夫理工大学图书馆,平面是一个55m×55m的模数制的大空间,其入口区安排了图书馆的大多数服务内容,如检索、短期借阅、馆际互借等。建筑师通过降低顶棚的处理手法强调这一片区域,结合主要的交通核心体构成了一个便捷和枢纽性空间。但紧靠入口区

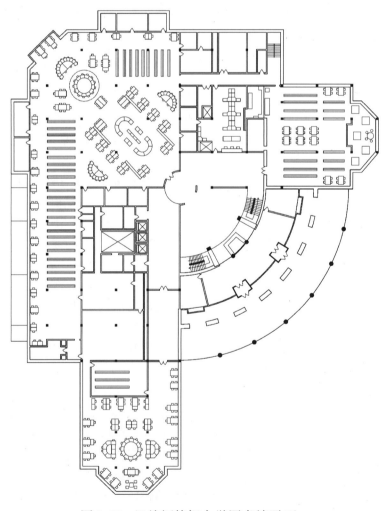

图 3-35　纽约福特姆大学图书馆平面

的周围,布置了当代作品、音像品及缩微制品的借阅区,另外还包括科学技术及管理学方面的收藏。如此繁杂的内容都集中在这一个方形平面中,难免不令人对其布局的合理性与清晰性表示怀疑。再如图 3-35 所示的纽约福特姆大学图书馆,它是按"模数"概念设计的平面形态,但由于没有进行必要的功能分区,虽然"三统一"的模数化设计保证了它的灵活性,但仍使其在空间组织及功能安排上处于一片混沌,空间组织及功能组织的无序性也是模数式图书馆难以保证其使用高效性的一个原因。

5. 模数式图书馆缺乏空间的多样性

现代化图书馆的职能正在逐步扩展,图书馆的工作不再局限于藏、借、阅等传统服务,还开展教育、培训、学术交流、情报检索及声像资料等多项服务。因而,模数式图书馆单一的、统一的大空间难以满足读者多方面的需求。例如,现代图书馆大多数考虑有一个报告厅或演讲厅,这类用房一般希望有较高的空间,并尽量不设柱子,以免视线遮挡,同时要有较高要求的音质设计;而在模数式空间内,显然很难容下这个异端。因此,模数式图书馆的"灵活使用"带来的另外一个负面影响就是内部空间的单一性。

6. 缺乏与环境的有机关系

首先模数式图书馆的室内环境问题也许是模数式设计的最大的难题之一。为了取得使用上的灵活性、适应性,模数式图书馆通常平面布局方整,中间不设天井,这就带来了建筑物中心部位光线暗、通风差等问题。尽管人工照明和空调可以解决基本的采光与通风等问题,但是人工环境不能取代自然环境,读者希望接近自然、接触自然的要求并不能指望现代技术来解决。

另外,模数式图书馆建筑设计"三统一"不容易体现出图书馆建筑的多样化和环境的融合,易导致新一轮的"国际式"的方盒子。

模数式图书馆曾给图书馆建筑设计思想带来了革命性的变革,灵活性使其具有强大的生命力,也给正处于向现代化迈进的我国图书馆建筑设计提供了良好的思路与方向。我们应该在此基础上进一步研究与完善,探索符合目前阶段我国国情的现代化图书馆的布局模式。

四、"模块式"图书馆设计

(一)"模块式"图书馆及其设计原则

在传统图书馆与模数式图书馆的基础上,我们试图扬利去弊,提出另一种图书馆建筑模式,称之为"模块式图书馆"。"模"是指模数设计;"块"是指功能块,即按不同职能的空间进行分区。模块式图书馆设计就是把"模"与"块"两者结合起来,不同的功能块可以按其空间需要设计不同的结构柱网。即主张按功能分区进行模数式设计。这是"模块式"图书馆最有别于前两种模式的特点,便以此为名。现就其主要设计原则阐述如下:

1. 必要的功能分区

"模块式"图书馆相对于"模数式"图书馆的最大区别在于"模块式"图书馆按不同的职能空间进行必要的功能分区,即所谓"功能块"的组织。它是在传统式图书馆和模数式图书馆的基础上对图书馆按最基本的、必要的功能及空间组成进行新的划分与组合。这些分区之间都有其相对的独立性和稳定性。具体分区见图 3-36。

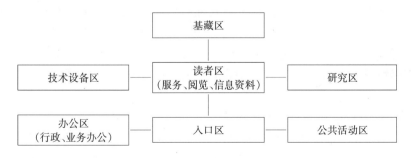

图 3-36　模块式图书馆功能块图

(1) 入口区

图书馆的出入一般都是根据周围自然环境、道路及建筑环境决定的。

无论怎样灵活的图书馆，入口区域的位置总是相对稳定的。一般入口区包括入口、咨询台、入口的控制台、存包间、新书展览地及标示性的标记区。它是整个图书馆人流交通组织的枢纽。

(2) 读者区

它是图书馆最主要的部分，根据不同的管理方式与技术条件，可以进行多种功能组合。我们可以将读者区适时划分为：咨询服务区、阅览区及信息资源区（开架书库等）。

• 咨询服务区好比传统图书馆的目录厅与出纳台，承担信息检索并提供服务。现代的情报服务区利用计算机、自动输送设备等高技术手段，服务的内容、范围和效率自然不是传统出纳工作所能比拟的。它在现代图书馆中将承担着越来越重要的作用。

• 阅览区包括多种阅读方式的阅览空间，除书籍报刊阅览室外，还有缩微读物、电子读物、视听资料等新载体的视听阅览，而且将日趋多样化。

• 信息资源区，可以理解为"现代的开架书库"，只是它不单储存书籍资料，又保持数据库、光盘、磁带等多种载体形式的信息资源，并且与阅览在同一空间内，方便读者使用。

读者区的概念使图书馆的主要功能分而不死，既能合理分区，又保持相当的灵活性。

(3) 研究区

大学图书馆和公共图书馆这方面的要求越来越多，它有自身的管理和使用要求，与一般阅览有所不同。

(4) 基藏区

图书馆的藏书，不可能全部开架，尤其是大、中型图书馆。因此基本藏书空间对于绝大多数图书馆来讲，仍然是必备的，因其空间形态与阅览室是不完全一样的，故可自成一区，但与读者区、研究区要有方便的联系。

(5) 办公区

馆员业务办公和行政办公区具有相对的独立性，他们对空间容量的要求通常比读者区要小得多。在模数式图书馆中，办公用房通常是由大空间分隔而成。这种作法很难保证办公区有一个良好的内部空间尺度和环境。同时，业务办公区也将会根据图书馆业务的扩展与改变而产生不同的使用要求。因此传统式图书馆中分隔固定的办公区也不能适应变化发展的要求。

在公共图书馆中，业务办公用房将会更多，有辅导培训空间甚至还有研究用房，图书修复工厂等。它们具有相对的独立性和稳定性，也有着与阅览室不同的空间要求。

(6) 公共活动区

图书馆是一个多功能、开放型、综合性的文献信息中心。作为文献和读者的"中介"，要满足社会和读者的多方面要求，促使图书馆更加走向综合性。报告（讲演）厅、展览厅、录像厅，甚至为读者生活服务的商店、小卖部、快餐厅及书店等设施，都可能纳入图书馆的使用功能要求，从而形成了一个动态的、开放的公共活动区。公共活动区因其动态性与开放性的特点，而需较强的独立性，便于独立开放而不干扰图书馆的正常使用。独立开放的出入口受城市环境，如道路、地形、地貌及周边建筑环境的制约，因而需要相对稳定的位置。同时，它们的空间多半与阅览室、书库所要求的空间形态不一，使用特点不一，有的容量大，人流多，会有噪声，与图书馆要求安静矛盾，因此更要求它与其他区分开。

(7) 技术设备区

随着图书馆的加速现代化，计算机与通讯系统等现代技术的普遍使用，对图书馆的物理环境与技术环境质量提出越来越高的要求。计算机房、空调机房、电话机房及监控室等技术设备用房也是必不可少。技术设备区因为管线安排与技术要求较为复杂，而不易变动，又为避免其噪声、振动对其他区域的干扰，这些用房应尽量远离其他分区。

2. 分区模数化设计

模数式图书馆实行"三统一"，即图书馆内所有空间都实行统一柱网(统一开间,统一柱跨),统一层高和统一荷载。它虽有很大的空间使用灵活性,但是以部分空间浪费和结构的浪费为代价换来的"灵活性",可以说是不尽合理。模块式图书馆采取实事求是、具体分析,区别对待的较为灵活的方式来满足各自的内在要求,采用在不同分区内实行不同的模数化设计原则。即采用不同的柱网设计是模块式图书馆的又一重要设计原则。分区模数化设计具体方法是:

(1) 分区确定荷载

显而易见,读者区、办公区、公共活动区及设备区因各自的功能不同,对设计荷载的要求也不同,如读者区要考虑"书库"的荷载,设备区要考虑设备的要求。因此,根据不同的功能要求,实行分区确定荷载,既可避免不必要的浪费,又能在分区内获得最大的灵活性。

(2) 分区设计柱网

读者区希望较大的柱网尺寸,以满足较大的灵活性。公共活动区往往要求更大跨度的无柱空间。如录像厅、报告厅,它们一般要求在四、五百平方米的空间内无柱子,以免视线遮挡,同时室内空间也较高,以免空间压抑;而对于办公区,由于馆员工作及行政办公通常需要较小的空间,因而柱网可视情况适当取小。因此,分区设计柱网可以更好地满足不同的使用功能。

(3) 分区确定层高

统一层高,对于图书馆能否具有灵活性、适应性起着很大的作用,所以在强调分区确定层高的基础上,要做好联系较紧密的各分区之间的联系问题,以减少由于高差带来的流线组织上的麻烦。有时相差较大,可以利用层高差,利用空间微变原则尽可能按各取所需的原则进行剖面设计,而不像模数式图书馆那样大小空间一样高。这样可以避免空间浪费,取得空间设计的合理性和高效性。对于某些分区的层高调整是获得空间多样性与适用性的一条途径,如公共活动区,由于要求较大的空间容量,往往需要较大的层高,分区以后,就取得了设计的自由度。

(4) 统一规划设备分区实施

图书馆各区中的现代化设备要求将越来越多,越来越高。因此,需要对图书馆的各个分区统一规划设备要求,统一布线设计。但同时考虑到图书馆现代化的过程性及现实的适用性,可分区实施。可以先根据目前的财力与需要,对某些分区先行实施,将来有能力再逐步完成。

3. "服务功能块"的设置

为保证各主要使用空间的相对灵活性与完整性,模块式图书馆将楼梯、电梯、厕所等服务性空间组成"服务功能块",位置相对独立,尽量避免对主要使用空间的切割或插入,以提供空间使用最大的灵活性。服务功能块不仅是各区之间的纽带,还可以设计成今后图书馆扩建与发展的"活接口",为今后的扩建提供新增长点,并保证图书馆的有机增长。

服务功能块一般布置于主体空间(读者空间)的外缘或内环。根据图书馆规模的大小和交通、防火疏散的要求决定其服务功能块的多少及大小。其设计原则是尽量集中或均匀布置,并考虑今后利用它作为扩建发展的"接口",其方式如图3-37所示。

4. 主要功能分区由"空间单元"组合构成

对于较大规模的图书馆,其主要功能分区需由若干"空间单元"组合构成。适宜的"空间单元"一般控制在 $500 \sim 1000 m^2$。这样既能兼顾利用自然通风和采光,又符合我国防火规范的要求。该单元实行"三统一"的模数化设计,可以使这么大小的使用空间具有相当的灵活性。这种灵活空间与相应的"服务功能块"结合成"灵活空间单元"。根据使用要求,这种"灵活空间单元"可以具体作为不同的"阅览空间单元"或其他分区使用。由于单元之间有较强的互换性及单元内相当的灵活性,所以这种单元组合而成的功能分区同样具备很大的灵活性。这种单元式的组合使图书馆内较大的分区利用自然采光和通风成为可能。

(二) 模块式图书馆的组织方式

模块式图书馆的功能块的组织有以下几种典型的方式,如图3-38所示。

1. 平面并联组织

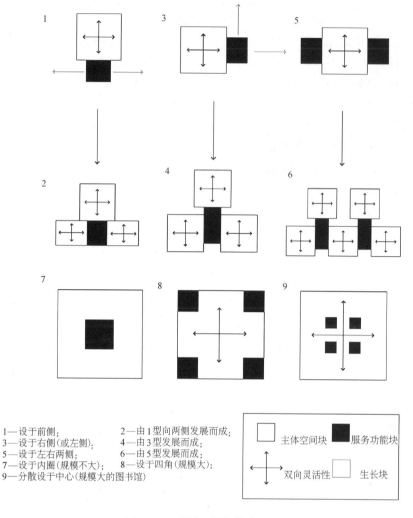

1—设于前侧;   2—由1型向两侧发展而成;
3—设于右侧(或左侧);   4—由3型发展而成;
5—设于左右两侧;   6—由5型发展而成;
7—设于内圈(规模不大);   8—设于四角(规模大);
9—分散设于中心(规模大的图书馆)

主体空间块   服务功能块

双向灵活性   生长块

图 3-37　服务功能块布置

　　平面并联组织就是图书馆的不同功能块主要在水平方向上并联组织。在每个分区内,统一柱网、统一荷载及统一层高,以实现最大的灵活性。各区之间通过"服务功能块"相联。这种组织方式占地面积大,适用于基地面积富裕的工程。当建筑规模巨大时,采用这种形式可化解巨大的建筑形体,易于与城市环境及各种复杂的地形地貌相协调。当然,平面并联组织的最大优势在于它是一个渐进"未完"形态,极便于建筑历时性生长,见图3-38(a)。

　　2.垂直串联组织

　　垂直串联组织就是将各功能分区按垂直方向安排在不同的层上,某一个层面或几个层面即为一个功能分区。各楼层统一柱网,但视各自功能要求,采用不同的设计荷载及层高,这样在每个楼层内,都具有相当的灵活性和适用性。各个功能分区垂直方向上重叠排列,通过服务功能块中的垂直交通枢纽联系。这种组织方式占地小,较为紧凑,见图3-38(b)。

　　3.混合式空间组织

　　这是上两种形式的结合。根据建筑环境的实际状态和建筑内部运作特点的要求,灵活地对两种形式进行取舍融合。它可以吸取各自的优势,互为修正。这种组织方式较为灵活,因而具有较强的适应性,见图3-38(c)。深圳高等职业技术学院图书馆就采用了这种组织方式,如图3-39。

　　(三)"模块式"图书馆的效益评估

　　1.具有更大的空间使用灵活性

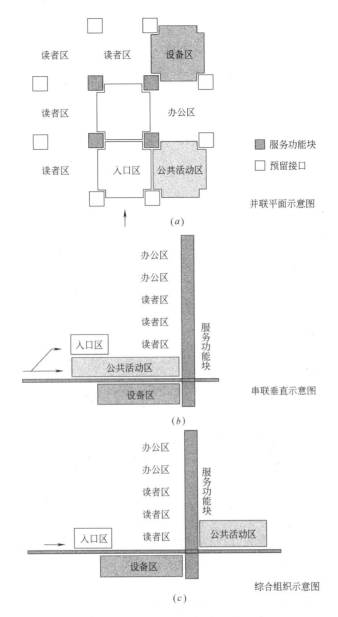

图 3-38　模块式图书馆空间组织

(a)并联平面组织;(b)串联垂直组织;(c)综合组织

从某种意义上说,现代图书馆应是高效的图书馆;图书馆一定要注意效率和效益的设计,它应包括设计—建造—使用—维修的全过程。可以说,模块式图书馆的效率和效益方面一般比传统图书馆和模数式图书馆会更好一些。其效益表现在:必要的功能分区为图书馆的发展提供了比模数式统一化设计更大的灵活性。模数式设计只提供了一种可变的空间形态,任何用房的发展都被限制在同样的层高、同样的柱网、同样的设备条件内。而模块式图书馆为自身的发展提供了多样的可变途径:藏、借、阅空间在读者区内灵活调整;多种文教、娱乐活动在公共活动区内得到满足;技术设备区可以适应技术革新所带来的变化。

模块式图书馆通过功能的合理分区,也有利于空间的有机组织。

分区模数化设计保证了模块式图书馆空间的多样性与适用性。

2. 模块式图书馆有利于自然光线及自然通风

模块式图书馆利用自然光线及自然通风成为可能,为创造良好的室内环境提供了基本保证,可以节省能源,减少使用中的能源开支,建得起,也用得起。节约开支,具有经济意义。

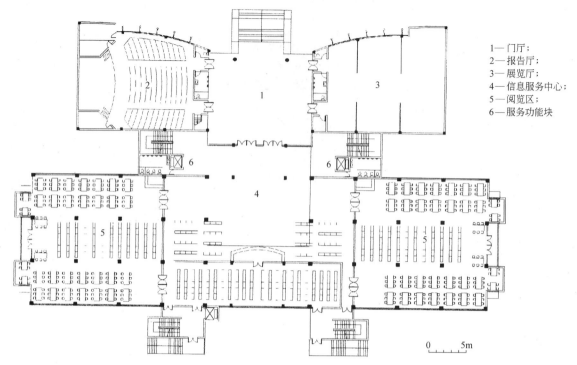

1—门厅；
2—报告厅；
3—展览厅；
4—信息服务中心；
5—阅览区；
6—服务功能块

0 _____ 5m

图 3-39　深圳高等职业技术学院图书馆 2 层平面

模块式图书馆一改模数式图书馆呆板的外形,其不同的空间组织方式可适应不同的环境条件与基地状况,并易创造出丰富多样的建筑形象。

分区确定柱网、荷载及层高,在保证区内足够的灵活性的同时,减少了许多不必要的空间和结构上的浪费。

由于分区采用了模数式设计,所以在很大程度上方便了建筑施工,有利于提高工程质量和施工速度,降低建筑造价。

3.有利于扩建和增长

模块式图书馆宜于分期建设,在满足规模发展和功能更新的前提下,滚动发展,使建设图书馆的起动投资控制在低限,随规模扩展和功能更新的要求而逐步投入资金,使阶段性投入的建筑资金获得最大的效益。

模块式图书馆采用分区模数化意味着各大分区基本固定,但这些分区是按最基本的、必要的功能来划分的,与传统的琐碎的"功能固定论"有本质的不同。事实上,从某种意义上说,必要的功能分区为图书馆发展提供了比模数式的统一化设计更大的灵活性。模数式设计只提供了一种可变的空间形态——任何用房的发展都被限制在同样的层高、同样的柱网、同样的设备条件内。而模块式图书馆为自身的发展提供各自多样的可变途径。如前所述,藏、借、阅空间在读者区内灵活调整;多种文化、娱乐活动在公共活动区内得到满足;技术设备区可以适应技术革新所带来的变化等等。

模块式图书馆通过对功能的合理分区,有利于空间的有机组织。分区模数化设计保证了模块式图书馆空间的多样性与适用性。模块式图书馆有条件尽量利用自然光线及自然通风,摆脱了模数式图书馆对空调的依赖,可根据现代化的进程而逐步实现,满足我国现代化图书馆的过渡兼容性。其扩建也可以通过新的功能块的组合与原来的图书馆联为一个整体,成为一个有机的生长机制。另外,模块式图书馆一改模数式图书馆呆板的外形,其不同的空间组织方式可适应不同的环境条件与基地状况,并易创造出丰富多样的建筑形象。综上所述,"模块式"图书馆的设计模式在我国目前是切实可行的,有着很大的优越性。当然,仍需在实践中不断地充实与完善。

第四节　图书馆的扩建

一、扩建的必然性

图书馆藏书量的增长是不可避免的,尤其是在今天的信息社会中,藏书量的增长势必引起图书馆规模的扩展,这是图书馆进行扩建的根本原因。今后,即使是藏书逐步完善,缩微复制技术被广泛应用以后,根据国外的经验,要想完全控制藏书的增长也是很难办到的(其实应用电子技术和光盘技术进行文献高密度存贮与自动化提取,改变与取代现今形式的图书馆,尚需有待实践)。我国现代化图书馆正处于高速发展阶段,图书馆职能在不断地扩大,服务内容在逐步深化,尤其是藏书量仍在高速增长,这就要求图书馆在建馆时同时考虑以后的扩建问题。

二、扩建方式

目前,图书馆的扩建一般有两种途径:一是在原址上扩建;二是选择新地点建立新馆、分馆或储备书库。在原址上考虑扩建方式时,有水平方向和垂直方向,以及垂直和水平两者结合等方式,见图 3-40 及图 3-41。一般认为水平方向扩建为好,因为水平方向的扩建便于施工,图书馆的原有建筑不致因为施工而中断正常业务工作。垂直方向扩建的工程难度较大,只有在地基和结构允许条件下,才可能采用这种方式。扩建后的图书馆必须保持功能上的合理和使用上的方便。

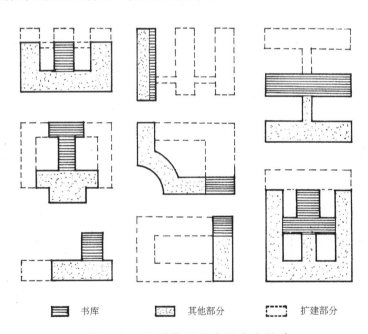

书库　　　其他部分　　　扩建部分

图 3-40　几种常见的水平方向扩建

下面介绍几个图书馆扩建方式的设想与实例,以便进一步分析研究,吸取有益之经验作为设计时的参考。

国内图书馆建设极为重视未来的发展扩建问题,近年来设计的扩建方式有如下几种:

图 3-42(a)、(b)是两个图书馆扩建的实例。其中北京图书馆(原老馆)在原来后排书库的基础上,采用水平方向向后扩建的方式,而成为"工"字形的书库。扩建后,就其内部使用和大的功能分区来讲并未遭到破坏,也无损于原有图书馆外貌的整体性。但是扩建后的书库到出纳台的距离则大大加长,书库与出纳台的距离无疑是过远了。同样,广东省中山图书馆原来采用"田"字形的布局,借书处(目录室及出纳室)置于中心,后面与书库相通,两边与阅览室相接,书库与阅览室也紧紧相连,使用方便。但在"田"字形后部扩建书库后,却使原有布局的优点大大逊色了。

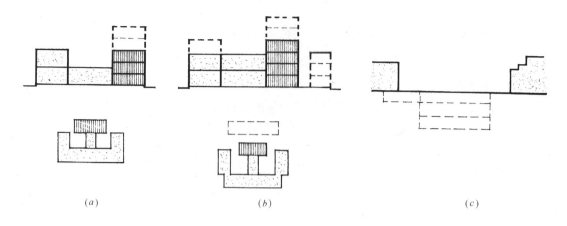

图 3-41　几种常见的垂直方向扩建

(a)书库向上发展；(b)书库与阅览室同时向上发展；(c)向地下发展

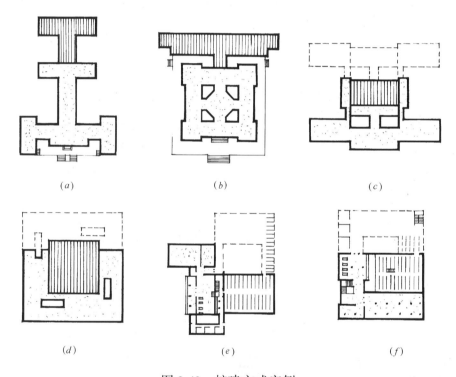

图 3-42　扩建方式实例

(a)北京图书馆扩建的书库；(b)广东省中山图书馆扩建的书库；(c)北京师范大学二期工程(书库向
上发展,见虚线所示)；(d)日本国会图书馆二期工程(书库向上发展,见虚线所示)；(e)南京医科大学
图书馆扩建部分(见虚线所示)；(f)南京铁道医学院图书馆扩建部分(见虚线所示)

　　图 3-42(c)、(d)两例是按一次设计、分期建造的方式考虑发展的实例。其中,北京师范大学图书馆
1959 年建造,原设计总建筑面积为 12680m² 。中间为书库,四周为阅览室,书库与各阅览室相互联系比较
紧密,后部阅览室考虑为第二期工程,书库拟向上发展。如果全部按此计划建成,其最后的效果还是不错
的。

　　图 3-42(e)、(f)为两个图书馆的扩建设想方案。它们都考虑为水平方向扩建,并使书库和阅览室同时
发展,扩建部分为开架阅览。

1．单元式图书馆的扩建

单元式图书馆是一种"生长体系"（Growth System）的设计。它的精华和设计特点是：采用一个个单元拼接方式，而每个单元的结构、设备管道、照明等都是一体化的，可向任一方向扩大和发展，以满足图书馆有机增长的要求，它既可保证每期建成的馆舍都有独立的完整性和内部使用的有机性，又不因扩建增长而影响图书馆的使用功能，如图3-43所示。

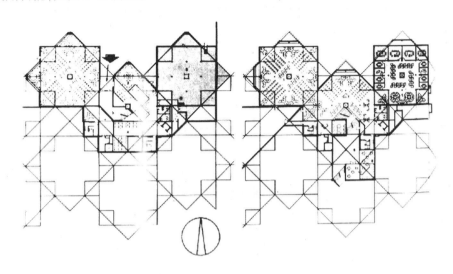

图3-43　单元式图书馆扩建生长体系

2．模数式图书馆的扩建

模数式图书馆采用"三统设计"，这种单一的结构体系可以根据具体条件从各个方向进行，摆脱了传统式图书馆以书库为中心的局限。扩建方向不再限于书库方向，扩建部分也不只是书库。届时，可根据当时的诸多因素重新安排统一使用，以达到新、旧建筑功能的有机协调。前述法国鲁昂法律文艺学院图书馆则是利用六角形的结构拼接而成的。阅览室为一层，中间设一甲板层即为书库。这种方式扩建时能向任一方向舒展，参见图3-16。

3．在用地紧张而又需扩建图书馆时，除了易地另建外，也有采用向地下或高空扩散的方式

如前章所示，加拿大哥伦比亚大学原来老图书馆位置是在校园中心处，内有传统的林荫道，要扩建的图书馆只有建在这一地块上。为了不破坏林荫道，保护名贵的树木和原来的校园气氛，便将扩建部分建在林荫道下，并巧妙地为图书馆争取了自然采光。

同济大学图书馆则采用了在旧馆基础上向高空发展的扩建方式。由于旧馆建设时没有考虑到扩建余地，新馆扩建只有利用旧馆的两个内院，拆除夹在两个天井之间的目录厅，向高空以及地下发展，整个方案独具匠心，是解决扩建难题的一个很好的办法，见图3-44。当然，它不可避免地带来施工复杂、造价高、施工干扰大等问题。所以图书馆在设计之初就必须考虑到它的可发展性，这是很重要的。

目前，我国大部分图书馆尤其是高校图书馆都面临着扩建或建新馆的问题，主要是图书的增长较快而引起的。所以，许多馆舍主要是进行了书库部分的扩建，这是不够完备的。从长远的角度看，随着缩微读物、光盘读物及计算机、网络技术的应用，文献将采用高密度存贮的方式，这将大大缩小书库的空间。所以只有以发展的眼光来看待图书馆的扩建问题，并以高科技的手段来解决，才是标本兼治。例如美国哥伦比亚大学原计划用2000万元修建新的法律图书馆，后来经比较，改用一套电脑装置，一年之内还能扫描万本已经开始霉坏的旧书，变之为可以网络提取的电子信息，所以，技术是实现图书馆"零增长"的有效途径。

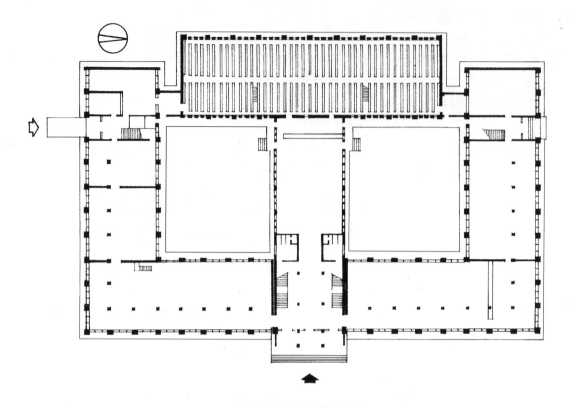

(a)图书馆扩建前平面

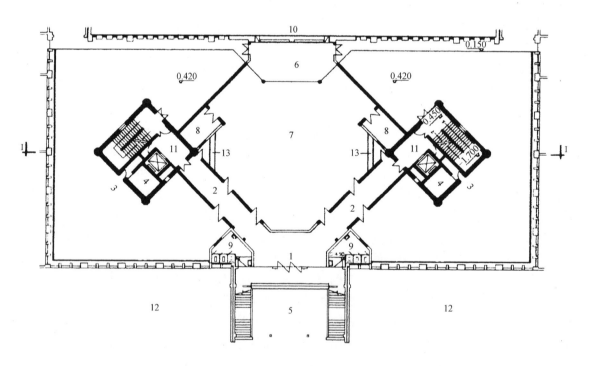

(b)在院内扩建的平面

1—过厅；2—环廊；3—内院；4—配电；5—进厅；6—借书；7—目录厅；8—办公室；
9—厕所；10—原书库；11—电梯厅；12—原阅览室；13—新书展览

图 3-44　同济大学图书馆扩建(一)

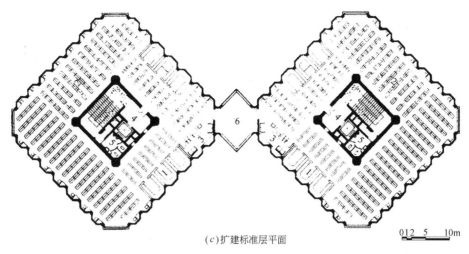

(c)扩建标准层平面

1—阅览室;2—期刊室;3—工作室;4—电梯厅;5—厕所;6—目录厅

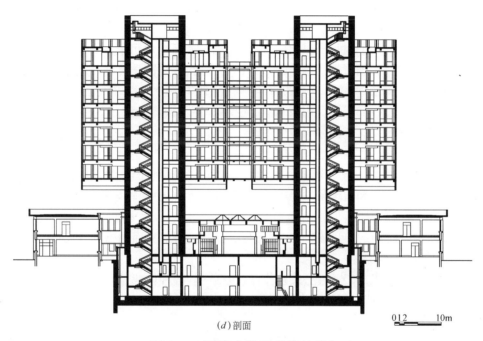

(d)剖面

图 3-44 同济大学图书馆扩建(二)

第四章　阅览空间设计

阅览空间是图书馆的主要部分,与读者的活动关系最为密切,即使以后图书馆网络化,普及了终端设备,阅览空间仍将是图书馆的重要组成部分。随着现代图书馆的功能从以藏为主转向以阅为主,阅藏结合以后,这一部分的比重还在继续增加。

一个好图书馆设计,就要为读者创造方便舒适的阅读环境。在各类图书馆设计中,必须根据不同的具体条件满足上述要求。但在实际建造的图书馆中,往往却顾此失彼。本章将阐述有关阅览空间设计时必须综合考虑的一些问题。

第一节　阅　览　空　间　分　类

阅览室内应备有丰富的书刊资料,书目索引和各种工具书,还要尽可能地为读者创造宜于学习、研究的各种条件,提供必要的设备。随着现代科学技术的不断发展,一方面学科越分越细,专业越来越多,而且各学科之间相互交叉,相互渗透,产生了许多边缘学科和新兴学科;另一方面,信息的载体不断发展,阅读的工具和方式也与传统的方式不同,不仅用眼来看,还要用耳听,或者借助于各种机器。因而阅览室的种类日益增多,并对图书馆建筑设计产生影响。

一、按学科划分的阅览室

按学科划分的阅览室,即是不同知识门类的专业阅览室。它有利于读者集中查阅某些门类的书刊资料,也有助于图书馆工作者熟悉和管理某一门类的藏书,开展宣传图书、辅导阅读和解答咨询等工作。

1. 哲学、社会科学阅览室

提供哲学、政治、经济、法律、军事、语言、文化教育、历史、地理等方面的书刊,供读者学习和研究参考。

2. 文艺书刊阅览室

提供文艺理论著作、文学史、文艺评论、文艺作品(包括中外各种体裁、各种流派、各种艺术风格)、文艺期刊等。无论是在公共图书馆或是高校图书馆,这一部分的读者往往是最多的。

3. 自然科学阅览室

提供自然科学的各学科、应用技术的各部门领域内的书刊文献资料以及有关的工具书、参考书。在较大的图书馆中,有的按专业门类或按书刊类型再分为若干专业阅览室。

二、按读者对象划分的阅览室

不同的读者对象其特点和需要也不同。阅览空间设计应满足不同读者的要求,并体现各自的特点。

1. 普通阅览室

亦称综合阅览室,是供一般读者使用的阅览室,该室藏书是综合性的,一般选择那些较普及常用的书刊和常用工具书。其主要任务是对读者进行一般文化教育,普及科学技术常识,培养读者自学能力。高校的普通阅览室亦称基础阅览室或学生阅览室,内设有低年级学生所需的各种普通基础课以及专业基础课的参考书。

2. 教师阅览室

高等学校为了满足教学、科研的需要,普遍设置了教师阅览室。除了陈列专业性强、信息及时的资料与文献外,还有各种教材和教学参考资料。有些高等院校图书馆还根据需要,划分成若干相近专业的教师阅览室。综合性大学的图书馆常常分别设置文科教师阅览室和理科教师阅览室。

教师阅览室常布置在建筑的上层,以求获得更为安静的环境。由于教师参考资料量大、工作时间长,教师阅览空间内还划分一些供研究小组活动的小间或个人使用的研究厢。但国外一些大学不主张设立教师专用阅览室,而把教师阅览(包括研究厢)分散到各专业阅览空间,这样可以避免图书的大量重复,值得借鉴。

3.科技人员阅览室

公共图书馆除设普通(综合)阅览室外,还设有科技人员阅览室。这是供专家、学者、科学工作者、科技人员等研究参考时使用的阅览室。配备有较新、较全的有关科技方面的中外文书刊、资料和文献、专刊、书目索引等检索工具。这类阅览空间环境要求安静,不受干扰,它和教师阅览一样,也多设在图书馆的上层。

4.少年儿童阅览室

在公共图书馆中,少年儿童阅览室的读者是初中以下的少年儿童。但是,设置独立的少年儿童图书馆也越来越提到议事日程,许多市、县、区的公共图书馆,常设置少年儿童阅览室,收藏有适合少年儿童年龄特点的通俗读物、文字故事书,科学常识、文艺书、连环画、画报等,供少年儿童阅览。

少年儿童阅览室的位置最好放在底层,并应有单独的出入口,免得干扰成人阅读。规模较大的少年儿童图书馆或大型公共图书馆的少年儿童部,可按高、中、低年级的儿童特点,分设几个阅览区。有的还要设活动室,供讲故事,朗读儿歌或作读者辅导等用。如条件允许,还应设室外活动庭院,在天晴日暖时作室外阅览。另外还要有单独的管理人员工作室和专给儿童使用的厕所或盥洗室。

少年儿童阅览室的设计,要有与儿童特点相适应的轻快、活泼、明朗的气氛,室内色调明快、桌椅书架等设备应符合少年儿童的心理特征和身体条件要求。儿童活动室应考虑多功能利用。少年儿童阅读的载体也不仅仅是传统的文字出版物,也常利用实物玩具或科技成果作为阅读载体,有的还单独设计情景阅览室。

5.研究室

为了使从事教学、科学研究工作的教授、专家、学者能够不受干扰地进行工作,并在一定时期内为了某种研究目的不间断地使用某些资料,高校、科研和公共等图书馆可根据需要设置研究室。研究室在平面布置上,应邻近相关的辅助书库,要求环境安静,不受干扰,最好能直通阳台或者屋顶花园,借以稍事休息,缓解疲劳。

研究室根据使用的需要,有大小不同的类型,大的称为集体研究室,可同时容纳几个人,每座占使用面积不应小于 $4m^2$,最小房间不宜小于 $10m^2$。小的亦称个人研究室,是供读者单独使用。还有一种个人使用的研究厢,一般设于书库和阅览室内,即利用隔板或书架隔成不受干扰的小空间,每间亦都可锁闭管理,每厢使用面积不应少于 $3.6m^2$。

6.参考阅览室(专业阅览室)

参考阅览室一般是综合的,也有按知识门类设置的,叫做专业阅览室。它多为研究性读者服务,应有较安静的阅览环境。

参考阅览室提供较丰富的各种专门的书刊资料、工具书以及必要的声像资料,应有足够的藏书面积。随着现代技术在图书馆的应用,在参考阅览室里可设研究厢,并应备有计算机终端及视听设备,以便读者检索查询以及利用有关声像资料。一个完善的参考阅览室,尽管配备较多的书刊,但亦不可能满足多种多样的需要。因此,参考阅览室应该靠近检索室,以便进一步利用其他有关文献资料。

三、按出版物类型划分的阅览室

出版物的类型有多种多样。尤其是在迅速发展的高新技术的支持下,非传统纸型的出版物的种类和数量在迅猛增长。而这些非纸型出版物的阅读往往要借用某些专门的设备,将某一种类型的出版物集中于某一专门阅览室内,不仅有利于发挥这些专门设备的作用,而且也便于读者使用和工作人员的科学管理。

1.缩微资料阅览室

向读者提供缩微胶卷,缩微卡片等,读者需借助于缩微阅读机等设备进行阅读。

缩微胶卷和胶片对温湿度变化较敏感,故对室内温湿度要求较高。其存放柜不应靠近蒸汽管,散热器及其他热源。另外,一般煤烟中含硫化氢及二氧化硫,对胶卷胶片都有危害,故阅览室及缩微资料库均应远离锅炉房。

缩微阅览室集中管理时,宜和缩微资料库相连通,所在位置以北向为宜,避免西晒和直射阳光,窗上应设遮光装置(如窗帘、百叶窗等),还应避免设在地下室及房屋的最上层,并注意防火设计。

2.视听资料阅览室

室内备有包括幻灯片、科技影片、录音录像磁带等视觉资料,录音带、唱片等听觉资料,并且设置放映机、摄影机、幻灯放映机、电视机、放大投影机、收音机、录音机、高速录音复制装置、磁带录像机、电视摄影机等设备,为读者提供使用视听资料的方便。视听资料室根据使用情况可分为集体使用和个人使用两种,集体使用的视听室包括视听阅览室、演播室、声像控制室、器材存放室、维修间等。存放资料的库房应设空调,以保证资料的安全存放,并有防火措施。

视听室宜自成单元,便于独立使用和管理。

3.光盘阅览室

主要为读者提供各类光盘读物,读者通过光盘机或者多媒体装置,可以方便地使用光盘资料。

光盘因其信息存量大、价格低,使用过程中毫无磨损,故日渐被广泛使用。在图书馆中,其数量也越来越多。在现代图书馆设计中,这一部分阅览所占的比重也会越来越大。光盘阅览除集中设置外,也可以分散至各专业阅览室中,并配置相应的设备。

4.报刊阅览室

包括普通报刊阅览室、阅报室、期刊室,自然科学期刊阅览室、社会科学期刊阅览室和外文报刊阅览室等,不同的图书馆应根据各自的具体条件与读者需要,分别设置其中一个或若干个阅览室。

5.参考工具书阅览室

室内提供各种中外文的字典辞典、手册、百科全书等参考工具书,是读者学习和参考有关资料的不可缺少的工具。由于读者经常需要查阅,而往往复本量又不大,除在各种类型阅览室内配备一定范围与数量的工具书外,许多图书馆都单独设置工具书室,以供读者使用。

6.古籍善本阅览室

古籍善本指线装书、史料、革命文献或艺术价值高、年代久远、流传较少的珍品、善本、孤本,以及珍贵的手稿抄本和批校本。对善本书应尽量减少供阅原本,而代之以缩微复制品或复制本。古籍善本阅览室应靠近特藏书库布置。

7.舆图阅览室

提供舆图阅读以及地球仪和地理模型等设备和资料。并设计有大片墙面和悬挂大幅舆图的固定设施。

除上述各种阅览室外,还有很多其他阅览室,如音乐、美术作品阅览室、检索工具阅览室等,这里不再一一列举。各种阅览室都有其特定的作用和功能。一个图书馆究竟应设置哪些阅览室,其规模如何,都应从实际出发,视需要与可能而定,而且也会变化的。

四、按管理方式划分阅览室

目前我国图书馆阅览室按管理方式可划分为三种阅览室。

1.开架阅览室

开架阅览室实行开架管理,读者和读物融于一间,读者在阅览室内可以自由选书阅读,这种方式方便读者,深受读者欢迎,是现代图书馆的发展趋势。

2.半开架阅览室

所谓半开架式,就是在阅览室旁设置辅助书库,以柜台隔断与阅览室相分隔。读者可以入库选书,并通过管理人员办理借书手续后,拿到阅览座位上阅读。半开架阅览比开架阅览容易管理,又称安全开架的管理方式。

3.闭架阅览室

闭架阅览室,就是阅览室内不设开架书,也不设辅助书库,读者是自己带书或通过基本书库借书来阅读。有的也设若干工具书架。

第二节　阅览空间设计基本要求

从读者阅览和内部管理工作的两方面的需要来考虑,阅览室的设计应满足以下各种要求:

一、良好的朝向

阅览室要有良好的朝向,它是设计中需要解决的一个主要问题。一般阅览室要朝向南北,北面光线柔和均匀,较为理想。但是在没有取暖设备的图书馆内,如在江南一带,冬季寒冷,朝南的阅览室更比朝北的受欢迎。因此,一般总是将图书馆的主要阅览区南向布置,特别注意应避免东西向。因为直射阳光刺眼,易引起眩光,对书籍保护也不利。东西向的阅览室必须注意通风,加大进深,做一些遮阳板,搞好环境绿化。遮阳板要讲究实效和注意观瞻。

二、自然采光与通风

阅览室是读者主要的使用场所。这一空间的环境质量极为重要。良好的自然采光与自然通风条件,不仅能够提高阅读效率,保护视力,有益身体健康,还能节约大量能源,减少环境污染,有助于可持续发展。因此,自然采光与通风条件的好坏是衡量现代图书馆建筑质量与使用效果的重要标准之一。

我国国情要求现代图书馆阅览室要以自然采光为主(除缩微阅览外)。一般以阅览室的窗子面积和阅览室地面面积比(称之为采光系数)来作为衡量的标准。一般认为,窗户面积占阅览室地板面积的1/4~1/6较为合适,见表4-1。阅览室除要求光线充足外,还要照度均匀,并避免眩光。阅览室桌位的布置应考虑光线的投射方向,最好使自然光线从左侧射入。

此外,阅览室照明要求有足够的照度,而且要均匀。《图书馆建筑设计规范》规定阅览室的人工照明一般照度为100~200lx。由于荧光灯耗电量低,光线柔和,光色接近自然光,因此,在阅览室中被大量采用。

图书馆各类用房天然采光标准值　　　　　　　　　　　　　　　　　　　　表4-1

序号	房间名称	采光等级	室内天然光照度(lx)	采光系数最低值(Cmin%)	窗、地面积比 Ac/Ad				备注
					侧面采光	顶部采光			
					侧窗	矩形天窗	锯齿形天窗	平天窗	
1 2 3 4 5 6 7 8 9 10	少年儿童阅览室 普通阅览室 善本舆图阅览室 开架书库 行政办公、业务用房 会议室(厅) 目录厅 出纳厅 研究室 装裱整修、美工	Ⅲ	18	2	1/5	1/6	1/8	1/11	
11 12 13 14 15 16 17	陈列室 视听室 电子阅览室 缩微阅览室 报告厅(多功能厅) 复印室 读者休息	Ⅳ	50	1	1/7	1/10	1/12	1/18	陈列室系指展示面的照度,电子阅览室、视听室、舆图室的描图台需设遮光设施
18 19 20 21	闭架书库 门厅,走廊,楼梯间 厕所 其他	Ⅴ	25	0.5	1/12	1/14	1/19	1/27	

注:此表为Ⅲ类光气候区的单层普通钢窗的采光标准,其他光气候区和窗型者应按《建筑采光标准》GB—X中的有关规定修正。

目前我国图书馆提倡采取自然通风。因此,阅览室的设计需要安排良好的穿堂风,以防止夏季闷热。它与采光方式密切相关。单侧开窗容易造成通风不良,可在内墙开设高窗以解决自然通风问题。双面开窗,自然通风良好,在必要的时候,可以采取有效的机械通风,甚至空调。通风换气问题倘若解决得不好,不仅会影响读者阅读效率,而且会有害于读者的身体健康,应引起高度重视。

三、安静的阅览环境

安静的阅览环境是读者能够集中思想,专心致志地从事学习和研究的必要条件。在设计中,必须从总体布局到细部处理都要仔细研究,使之设计合理,以达安静的要求。

保证阅览室的安静,首先要防止外部噪声的干扰。这就要慎重地选择图书馆的馆址,使其有一个安静的外部环境。但有时因受种种条件限制,基地附近常有外界噪声的干扰。为此,在布局中就应特别考虑这一不利因素,并通过一定的建筑处理,使阅览室尽量避开外部噪声的干扰,以求闹中取静的效果。

其次,要注意内部噪声的消音处理。这就要求在平面布局中,注意防止图书馆内部的噪声对阅览室的干扰。图书馆内部的各类房间,从声响程度可分为安静区(阅览区)、不安静区(借书处、办公室)、嘈杂区(入口、门厅、楼梯、休息室等)、噪声区(各种机房)。因此在平面布置上,应将这几类房间有所分隔,特别是应将后三类房间与阅览区隔开,防止声响对阅览室的干扰,这是非常重要的。

我国图书馆建筑设计规范规定,图书馆的各类阅览室一般允许噪声级 A 为 40 分贝(dB),少年儿童阅览室、电子阅览室、集体视听室允许噪声级 A 为 50 分贝(dB)。

四、灵活的阅览空间

图书馆是在不断向前发展的,必然要引起空间使用的变化。故在设计时须考虑适应发展变化的灵活性及相对的适应性,对阅览室设计来说尤为重要。其具体要求可归纳如下:

(1) 各类阅览室之间具有互换性;

(2) 各类阅览室房间的大小具有可变性;

(3) 各类阅览室在管理方式上具有可变性;

(4) 各类阅览室的收藏数量及藏书布置方式具有可变性。

因此,阅览室设计应从灵活使用着眼,考虑大开间设计,尽量提供大而开敞的平面,尽可能不设承重隔墙,而用轻质的便于调整的灵活隔断乃至书柜、书架;加大阅览室荷载,采用能够承受书刊重量的统一荷载,以便可以灵活布置藏书和阅览空间。

五、合适的交通流线组织

为保证馆内环境安静,流线设计时要避免读者在阅览室之间相互穿行,或工作人员进出行政办公业务用房穿过阅览区。要妥善处理好大阅览室的位置,要易于读者寻找,且路线简捷,以减少馆内的互相干扰,更要避免公共人流穿过阅览区,将书籍进出流线与读者进出路线分开,但又要保持阅览区与书库方便的联系。

对阅览空间的布局,既要求平面紧凑,又应保持各个阅览室的独立使用和单独管理,切忌把两个(或两个以上)不同学科的阅览室设计成相互穿通或内外套间走道,严重影响阅览室的安静,造成管理上的混乱。

第三节　阅览空间设计

一、阅览空间面积

在图书馆规模一章中,阐明了如何确定图书馆的规模及读者数量,从而可以决定全馆应该提供的读者座位总数及全馆总的用于阅览的使用面积,这里将进一步阐述阅览室面积的确定。

首先确定各个阅览空间将要提供的读者座位数,其次要明确阅览室的性质及管理方式。在此前提下,再研究每个读者所需要的面积,阅览家具的形式及排列方式。

1. 单个读者的阅览空间

一个读者所需的阅览空间,决定于阅览行为和阅览桌椅的形式和大小。单从阅读行为分析,单人阅读所需的空间是:读者阅读空间所需的阅览桌的宽度为850mm,深度为650mm,如图4-1所示。但一个读者所需阅览桌桌面的面积除读者手臂摊开所占的面积外,还要考虑阅览桌上读者放置参考书的位置,故通常每位读者所需阅览桌长度为700~1000mm,深度为500~700mm。

图 4-1 一个读者所需的阅览空间

2. 阅览桌的形式及排列方式

分析了一个读者所需的阅览空间后就需确定阅览桌的形式及排列方式。一般来讲,它有单面单座,单面联座和双面联座等。每张双面桌所容人数一般为4~6人,有的也达8~10人。目前,多数图书馆喜用双面阅览桌。阅览形式及布置方式见图4-2。

阅览桌的排列还要考虑合适的桌间距离,一般至少为600mm或1200mm。若是开架阅览室,阅览室内还需布置书架,书架前会站有读者或有其他读者通行,因此阅览桌与书架之间的距离就要适当加宽。阅览桌排列的最小间隔尺寸如表4-2所示。

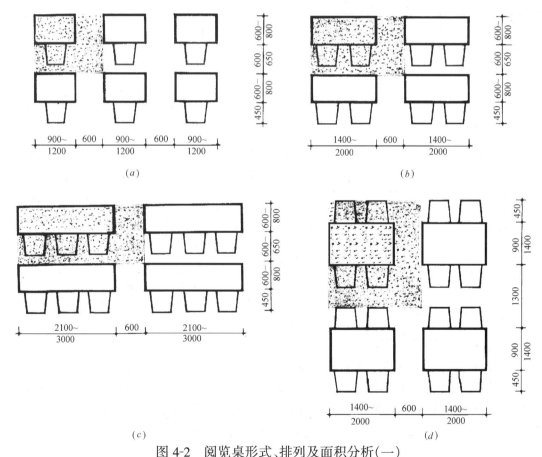

图 4-2 阅览桌形式、排列及面积分析(一)

(a)单人桌(1.8~2.61m²/座);(b)双人单面桌(1.2~1.98m²/座);(c)3人单面桌(1.4~2.16m²/座);

(d)4人双面桌(1.1~1.76m²/座)

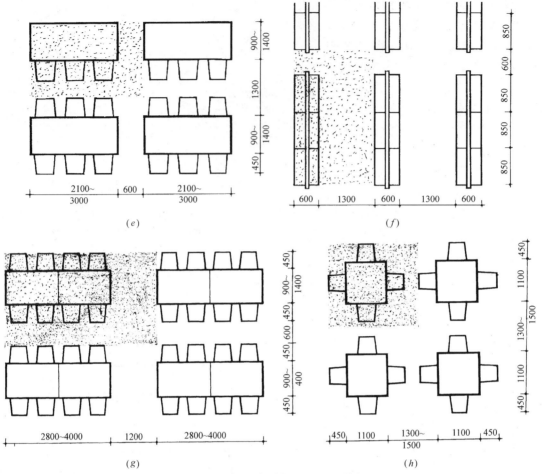

图 4-2　阅览桌形式、排列及面积分析(二)

(e)6人双面桌(1.08～1.74m²/座);(f)站式阅览台(1.0m²/座);(g)8人双面桌(1.2～1.88m²/座);(h)4人方桌(1.44～1.6m²/座)

阅览桌椅布置的最小尺寸(mm)　　　　　　　　　　　　　　　　　　　　　表 4-2

条　件	a	b	c	d
一般步行	1500	1100	600	500
半侧行	1300	900	500	400
侧　行	1200	800	400	300
推一推椅背就可以侧行	1100	700		
需挪动椅子才可以侧行	1050	600		
椅子背靠背不能通行				

　　根据以上分析，确定每位读者所需要的使用面积,再加上阅览室内部必需的交通面积、结构面积(柱、墙等),按照设计要求需提供的读者座位数,就可确定阅览室的建筑使用面积。不同性质的图书馆和不同类型的阅览室所需使用面积可根据国家制定的《图书馆建筑设计规范》查阅,见表 4-3。

阅览室面积参考指标　　　　　　　　　　　　　　　　　　　　　　　　表 4-3

各类阅览室名称		面积指标(m²/人)
阅　览　室	布置单面阅览桌时	2.5～3.5
	布置2～3座单面阅览桌时	2～3
	布置4～6座双面阅览桌时	1.8～2
	布置8～12座双面阅览桌时	1.7～2.2

各类阅览室名称		面积指标(m²/人)
值班工作人员办公面积	100 座以上	5~10
	100 座以下	2~4
研究室	6~10 人	3~4
	1~2 人	8.5~15
书库阅览单间		1.2~1.5
阅报室		1.5
善本、地图阅览室		6~15
显微阅览室		4~6
教师阅览室		3.5~4
儿童阅览室		1.8~2.5

阅览桌的排列还应注意方向性,一般是垂直于外墙窗子布置。以获良好的光线,并使光线从左边来,同时要避免眩光和反光。在单面采光阅览室内理想的布置方式是采用单面排列,读者面向一致,视线干扰少。有的图书馆出于管理方便,将阅览桌平行于外墙布置。以便管理人员的视线不被遮挡,但读者背光看书是不舒适的,不宜效仿。

二、阅览室的三维尺度

1．开间——柱网

阅览室的开间大小关系着阅览室的有效使用率及建筑的经济性、合理性。因此开间的大小需通过具体的分析进行优化选择,如图 4-3 所示。

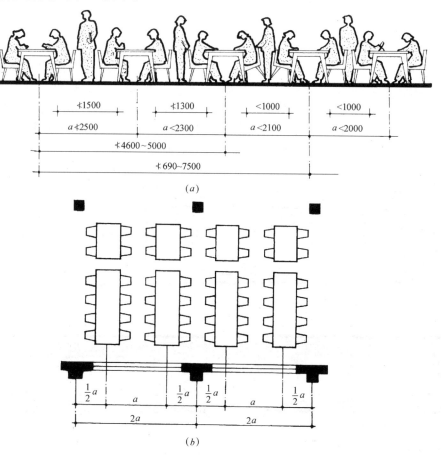

图 4-3　阅览室开间尺寸分析(一)
(a)使用空间分析;　(b)阅览室开间与阅览桌布置关系

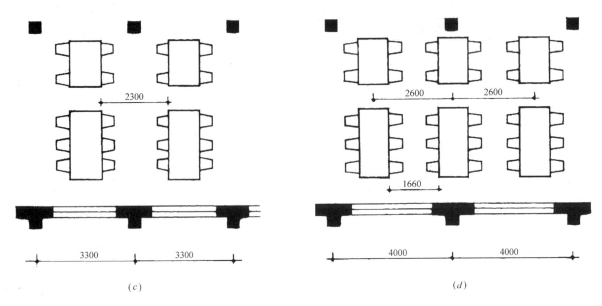

图 4-3 阅览室开间尺寸分析(二)

(c)开间小,每开间内布置一排阅览桌;　(d)两开间内布置三排阅览桌

阅览室开间大小取决于阅览桌的大小及排列方式,同时也需考虑结构及上下层的建筑功能(如地下是车库)的不同要求。如前所述,一般阅览桌都垂直于外墙布置,因此阅览室的开间应是阅览桌排列中心距的倍数。目前一般都采用双面阅览桌,因此开间的大小 是两张双面阅览桌排列中心距的倍数,又以 1 倍为多。同时还要与书架排列中心距相协调。一般阅览桌中心距与书架排列中心距之比为 1:2,两书架之中心距即是书架的深度和书架之间通道的宽度之和。最小不低于 1200mm,通常是 1250mm 较多。故在传统图书馆闭架管理的条件下,书库及阅览室常以 5.0m 为基本开间尺寸。然而这一开间尺寸已不适应现代普遍采用的开架管理方式的要求,特别是随着现代技术及新载体的运用,将更大地改变桌椅、书架的布置,并提出新的空间要求。所以过小的柱网尺寸在很大程度上已影响到空间使用的灵活性。如前已述,英国图书馆专家 G、汤普逊(Thompson)在《图书馆的计划与设计》一书中,对英国 4 所大学图书馆进行分析后表明,柱网开间大的图书馆建筑使用中适应性指标高,反之则小。爱丁堡大学图书馆柱网尺寸 8.2m×8.2m,适应性指数为 75%,埃塞克斯大学为 6m×6m,指数为 60%。当然过大的柱网尺寸也被证明是不经济的。因此,为了既有效又经济地使用阅藏空间,要合理地确定柱网尺寸。我国目前采用 6m×6m、6.6m×

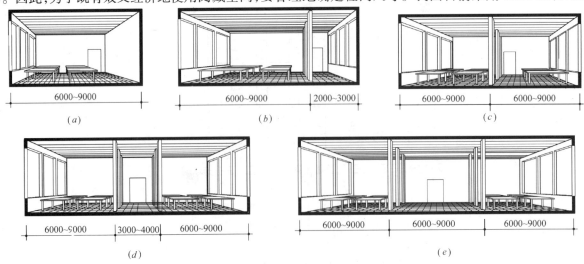

图 4-4 阅览室几种跨度与柱子的设置(mm)

(a)单跨;(b)长短两跨;(c)相同的两跨;(d)三跨(中跨小);(e)三等跨

6.6m、7.2m×7.2m、7.5m×7.5m的柱网。设计时当功能布局基本确定后,就要合理设计柱网,要保证建筑承重体系的规整和均匀,然后再根据功能的需要和心理行为方式,自由地去围合空间,使图书馆成为一个动态的,能满足多种要求的完整体系(图4-4、图4-5)。

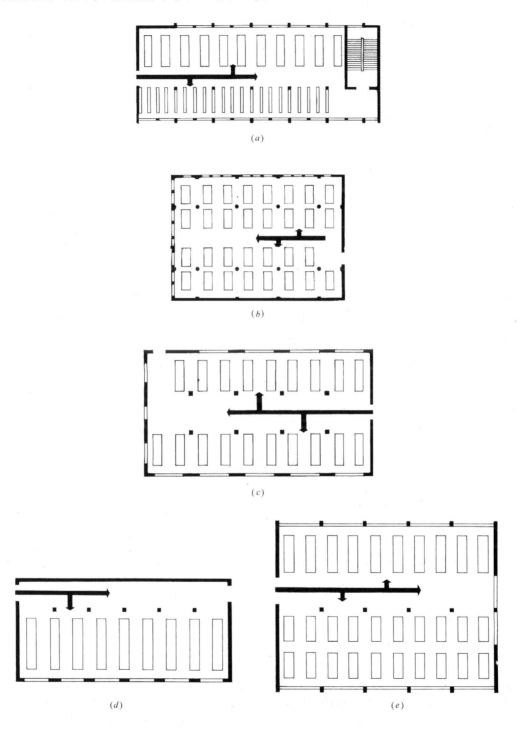

图4-5 不同跨度阅览室实例

(a)北京大学图书馆;(b)广东工学院图书馆;(c)复旦大学图书馆;(d)某图书馆;(e)南京医科大学图书馆

2.进深

阅览室的进深主要取决于采光方式、结构与层高等因素。关于采光方式与阅览室进深的关系,前面已讲述过,这里不再赘述,现仅在结构方面来进行分析。

目前阅览室的进深受结构跨度影响较大,故一般阅览室都设计成长而窄的条形空间,有的还加了柱子,但这样不利于灵活使用与布置。从使用要求来谈,阅览室里最好不设柱子,如果在结构上不允许时,应从不妨碍交通和有利阅览桌的布置为原则。柱子不宜过多,避免形成柱林感觉。柱子通常分为单排或双排布置,也有设三排柱的。

当有一排柱子时,可将柱子布置在中间;两排柱子时,便可使它们形成一条主要走道的界线,但又不宜靠得太近,以免有柱林之感。北京师范大学图书馆的阅览室就有这种弊病。其中间一跨可以加大一些,把开架阅览室的书布置在这一地带是较合适的。

还需指出,一个图书馆内阅览室应有大、中、小不同的类型,且要能分能合,以便灵活安排,方便管理。实际上,阅览室太大,人多易嘈杂、相互干扰,不便管理,有的大到近 1000m²,似会堂。一般认为:

大阅览室面积最好为 300~500m²;

中型阅览室为 100~200m²;

小型阅览室可考虑为 30~50m²,供一个专题小组使用。

3. 层高

传统式图书馆阅览室的层高有 5m、4.2m、3.9m、3.8m、3.6m 多种。而国外某些模数式图书馆净高一般采用 3.3m、3.0m,有的甚至只有 2.8m。我国目前图书馆阅览空间开始采用灵活的、藏阅合一的阅览单元的形式,其层高要兼顾阅览与藏书的要求,还要考虑经济性以及读者空间感受。层高偏高会增加总的造价、浪费能源,对于藏书区来讲浪费空间,取值偏低则影响自然采光与通风,读者会有闭塞压抑感。根据我国国情和多年来现代图书馆建设的实践经验,目前认为阅览区的净高可在 3~3.3m,这是比较节约、合理、适用的选择。

4. 荷载

现代图书馆一般宜采用柱网、层高和荷载"三统一"设计,特别是阅览室空间区域更应如此。对阅览室荷载取值应仔细考虑,既要避免取值低造成结构的不安全和影响灵活性,也要避免取值高,而造成巨大的经济、材料的浪费。

三、阅览室的室内环境

信息时代的图书馆日益成为一个信息中心、学术中心以及社会活动中心。图书馆的阅览空间越来越显得重要。现代图书馆要求改善阅览条件,创造高质量的阅览环境,给读者以舒适、安定、宁静而又亲切的感受,从而提高工作效率。

阅览环境包括物质环境与精神环境两种。物质环境即物理环境包括声环境、光环境与气候环境,这是保证阅览空间使用的基本条件。在目前生产力的水平下,多采用自然的通风、采光,是比较好的。根据各地气候特点,有条件的采用全空调通风系统,以改善阅览环境条件,但在经济上就要增加负担。

精神环境也就是心理环境,即要求阅览空间具有恰当空间尺度、宜人的环境色调、柔和的照明、高雅的装饰及良好的家具与绿化布置。

阅览空间内色彩,一般宜采用基调色,明度要高,彩度要弱。如可采用白色、浅灰绿、浅灰等淡雅的颜色。不同的阅览单元可采用不同的色调,以形成不同的风格,色彩搭配应和谐。有条件时,阅览空间的墙面及顶棚可作隔声的处理。墙面作细毛喷漆,顶棚板采用阻燃矿棉吸音板等。

灯具一般可用日光灯,避免使用华丽的吊灯,既不经济,又不适宜。

阅览室的家具设备要根据不同类型阅览空间、不同的读者对象设置。采用标准的阅藏单元设计时,各阅览空间缺少空间的多样性,可以考虑选用不同色调,不同风格的家具来调整,使各阅览空间有其特性与可识别性。现代图书馆家具的布置手法也多样化,一反传统阅览室单调的排排坐的布置方法。如一些阅览空间采用具有生活气息家具布置,配置一些沙发、休闲椅等,让读者感到就像在家里一样安祥舒适。

另外,阅览空间的室内环境设计还要重视听觉及嗅觉等感观器官接受环境信息后所产生的心理反应。如在阅览室内播放音量极小而清新的背景音乐,不仅能掩盖一些嘈杂之声,还能使读者心情放松,减少疲劳。美国一些气味专家认为气味也能使人的情绪变化,日本一名科学家称,计算机操作人员在呼吸茉莉和柠檬香气之后,计算错误可减少 33%~54%。这说明气味对读者的工作效率影响很大,但国内图书馆对于这方面的应用很少,应引起重视。

四、不同类型阅览室设计

在图书馆中,阅览室的设置并不是一成不变的,它常常随着业务的发展和任务的变化而改变。在进行设计时,必须注意调查研究,对各种不同类型阅览室的特点和要求进行具体分析。既考虑到它的普遍性、一般性的要求,又要找出各种阅览室的特殊性及其要求。这样,才有可能使阅览室设计得更合理,更适用,更具有灵活性。

下面对不同管理方式,不同对象读者的阅览室逐一分析。

(一)不同管理方式的阅览室

1. 开架阅览室

如前所述,所谓开架,就是让读者自己去书架上寻找自己所需要的图书,找到后即可坐在开架阅览室内阅读。这种方式,方便读者,深受欢迎,是今后图书馆发展的方向。但问题是:要加强管理,防止损坏和遗失。设计时,必须考虑到管理工作的特殊要求。开架阅览室内应有工作人员负责管理图书和办理借阅手续。工作台的位置,应当使管理人员的视线不受遮挡,便于管理。此外,在布置书架的时候,需要考虑使读者在书架间可以流畅通行,不走回头路。同时,开架阅览室需要同主要书库有方便的联系。如需外借,也可在阅览室内办理借阅手续。

开架阅览室的布置有以下几种形式(图4-6)。

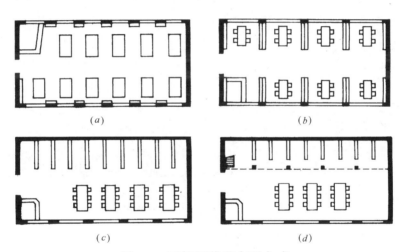

图4-6 开架阅览室布置方式
(a)周边式;(b)成组布置;(c)分区布置;(d)夹层布置

(1)周边式 书架靠墙周边布置。这种方式,书架布置较分散,查找书籍不便,读者穿行较多,干扰大。管理工作台靠近入口布置,工作人员视线不受遮挡(图4-6a)。

(2)成组布置 书架垂直于外墙,隔成阅览小空间,与阅览桌成组布置。这种方式可存放较多书籍,也较安静,读者取书阅览方便。如果每组以三排书架相隔,则可减少乃至避免彼此的干扰,但管理人员视线有遮挡,故只常用于参考阅览室及专业期刊阅览室(图4-6b)。

(3)分区布置 书架布置在阅览区的一端。这种方式是书刊集中,存放量大。一般用于参考阅览室或高等院校图书馆中的教师阅览室(图4-6c及图4-7)。

(4)夹层布置 在阅览室内设置夹层,布置开架书架。这种方式是书刊集中,存放量大,使用方便,空间利用经济,室内空间也丰富,如我国新建成的陕西省科技情报所资料楼和苏州医学院图书馆(图4-6d)。在国外一些科技图书馆专业阅览室中,设置夹层很为流行。在夹层的上下可布置开架书架,也可设置阅览区(图4-7、图4-8)。

2. 半开架阅览室

所谓半开架式,就是在阅览室内设置辅助书库,以柜台或隔断与阅览室相分隔,供工作人员行使正常的

(a)

(b)

图 4-7 开架阅览室分区布置实例

(a)美国芝加哥西北大学图书馆;　　(b)美国波士顿马萨诸塞州立大学图书馆

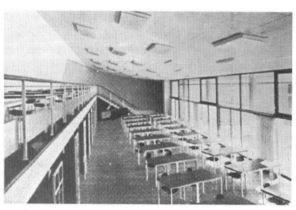

(a)

(c)

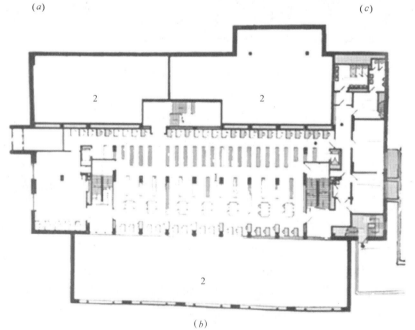

(b)

图 4-8 开架阅览室夹层布置实例

(a)实例之一内景;(b)实例之一平面 1—夹层;2—底层上空;(c)实例之二内景

管理和办理借出业务之用。一种是普通阅览室的一端设辅助书库;一种是在出纳台附近设辅助书库(图4-9),也有的用玻璃书橱,每层玻璃留 20mm 的长缝(横向),读者用手指点要借的书,管理人员即可取出(图 4-10)。

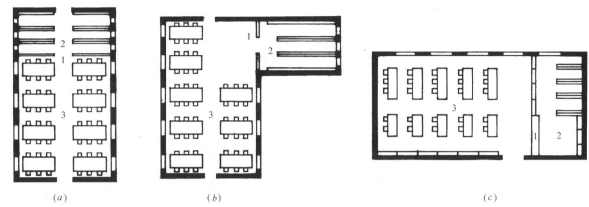

图 4-9 半开架阅览室布置形式

(a)书库布置在一头有利于图书保管,不便于管理读者进出;(b)书库布置单独房间,利于保管,室内较安静,
但工作人员视线不能照顾全面;(c)书库布置在入口的一侧,出纳台靠近入口,便于保管,阅览区较安静

1—出纳台;2—书库;3—阅览室

3. 闭架阅览室

所谓闭架阅览室,就是阅览室内不设开架书库,也不附设辅助书库,读者是自己带书或通过基本书库借书来阅读的,有的可设若干工具书架。这种方式,读者自由出入,不设管理柜台,一般学生阅览室、普通阅览室都采用这种形式,它没有什么特殊要求,不予赘述。

(二) 不同使用对象的阅览室

各种阅览室除了有共同的一般要求外,还有各自不同的特点,阅览室的内部设计应该参照这些特点来布置,把它的特征表达出来。

1. 普通阅览室,参考阅览室

普通阅览室和参考阅览室是图书馆中两大主要阅览室,它们的特点是面积大,座位多,有的并附有大量的开架参考书。布置这种阅览室应注意整齐统一、简洁明快,使众多的读者在大空间内能保持一种肃静、亲切、和谐的气氛。查阅参考书时,要既方便又少干扰。

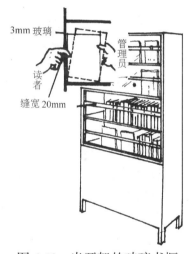

图 4-10 半开架的玻璃书橱

在这种阅览室中,常设若干半开架书架,以陈列推荐书、新书及工具书。有的采用 6~7 格的书架,将书架集中排列于阅览室的一边,有时采用 3~4 格的较低的书架,将书架与阅览座位间隔排列。此外,这种阅览室还常常采用夹层式的布局。

2. 教师阅览室

教师阅览室空间不宜大。教师人数较多的学校,图书馆中的教师阅览室宁可按专业划分多设几间,也不要集中为一大间。教师阅览室中常陈列一定数量的参考书、工具书和比较高深的经典著作。座位的设置,除了要有共同使用的大阅览桌外,尚应有单独使用的座位,这种单座既要与大间有联系又要有空间上的分隔。

图 4-11 所示为 1958 年改建的英国塞德堡学校图书馆阅览室,其布置方式和空间的处理较适合于教师或专业人员阅览的需要,可供设计借鉴。

图 4-11 英国塞德堡学校图书馆阅览室

3. 期刊阅览室

期刊是一种特殊的连续性出版物。它有一个固定的名称和统一的外形,是一种定期、不定期或按顺序号连续出版物。它可及时反映一些最新研究成果、论文和科技情报。一般新成果和情报总是首先反映在各种期刊上。因此,期刊在图书馆中的位置越来越重要。一个大型图书馆经常订有成百上千种中外文期刊。期刊的管理工作是单设专门的期刊库和期刊阅览室。期刊阅览室的位置应与期刊库紧密相连。而期刊库又要与主书库相通,习惯上都喜欢将期刊阅览室和期刊库设在图书馆的底层。期刊阅览室中,一般都是以开架方式将现刊和近期刊物陈列出来供读者自由翻阅,并设有专门的期刊目录和出纳台,为读者办理借阅过期的刊物。图4-12所示为一种期刊阅览室。

图4-12　期刊阅览室

4. 报纸阅览室

室中主要是陈列各种当月报纸供读者阅读。阅报室的读者大部分为浏览性质,停留时间较短,川流不息,并容易发出各种议论的声音。因此宜设在楼下,靠近门厅,并设有单独出入口。这样既减少对馆内其他阅览室的干扰,还可以在闭馆时间继续开放,使读者可以利用更多的时间了解时事新闻。阅览室的布置,有的设报纸阅览桌,有的设固定的阅报架,读者站着翻阅。这样安排不仅节省面积,并且可以避免报夹乱放的现象。当天的报纸一般是陈列在馆外的阅报栏内。南京医科大学图书馆把阅报栏布置在全馆入口的一侧,形成一个门廊,既丰富了立面造型,对读者也很方便(图4-13)。

图4-13　南京医学院图书馆入口门廊阅报处

5. 研究室

研究室是为那些进行较长时间学习和研究的读者提供的。他们要求环境安静,不受干扰。研究室最好从平面布置上与其他读者分开,可成组地布置于一个安静的区域。在国外图书馆中,这种研究室有的还为读者提供打字机、电视机、录音机等,读者也可携带自己的设备。因此,研究室内都要设置相应的电源线路,门要能锁起来,由读者自己管理。室内还设有专用柜、脸盆及挂衣设备等。在我国,这种研究室在高等学校图书馆中是专供教师、研究生和毕业班的学生作专题研究之用。在大型公共图书馆中,是为机关、科研单位和重点企业从事研究和参阅图书资料所用。这类研究室应该逐渐多设置一些。

研究室根据使用的需要,可以采用大、中、小不同的三种类型:集体研究室、单独研究室和书库阅览台等。

(1)集体研究室 这种研究室可容纳10人左右,每人占3.5～4m²,就像一间办公室一样,可以自己锁闭。座位往往围绕着一个长桌,沿墙布置书架,陈列有关研究的参考书籍及论文资料。

(2)单独研究室 这是供个别读者单独使用的研究室,其面积大小幅度很大,小者2m²左右,大者10m²左右。它们可以单独或成组设于一区,也可设于大阅览室内,利用书架或隔板隔成不受干扰的一个个小空间(图4-14)

（a） （b）

图 4-14　单独研究室的两个实例

(3)书库阅览台 这是一种设在闭架书库内,供个别读者看书研究的地方,一般是沿着书库的窗户布置。每个空间的面积一般只有1.2～2.5m²。这种小空间设在书库内,查书方便、安静,颇受读者欢迎(图4-15)。

6. 缩微阅览室

缩微阅览室是供读者阅读缩微资料的房间。缩微资料有胶片和胶卷两种,都需要借助阅读机放大显像才能阅读。胶卷及胶片对防火和温、湿度的要求都比较严格,所以需要有特殊的存放设备。一般将缩微资料的贮藏、出纳、阅览和办公四部分放在一起,自成一个独立的单元。

缩微阅览及贮存应避免阳光直射,因此最好朝北,还要远离锅炉房及烟囱。硝酸基胶片贮藏室应按甲类生产要求采取防火、防爆措施,每间的面积不宜大于20～30m²。存放柜不应靠近蒸气管、散热器及其他热源。缩微阅览室要有遮光设备,室内照度不能太高,以保持显示屏上形象清晰。要注意通风,特别是南方炎热地区要采取局部降温措施。在缩微阅览室内应设管理工作台,并使管理人员可以看到阅览室内部情况,以

图 4-15　书库阅览台

便工作人员在必要时,帮助不熟悉阅读机性能的读者使用阅读机。

7. 视听资料室

目前,在国外先进国家的图书馆中,视听教育的设备已成为不可缺少的组成部分。视听资料按其性质分下列三种:

(1) 视觉资料——无声影片、幻灯片、录像带等;

(2) 听觉资料——录音盘、录音磁带、唱片等;

(3) 视听觉资料——电视、有声电影、录音录像磁盘等。

视听资料用的机器有:放映机、摄影机、幻灯放映机、电视机、放大投影机、收音机、录音机、高速录音复制装置、磁带录音机、电视摄影机、胶片结合机、胶片检查机等。

过去有些图书馆把文献复制和缩微资料的借阅工作与视听资料放在一起。最近几年,几乎各馆都把缩微资料从视听资料中分了出来。缩微胶卷与幻灯影带虽然形状相同,但是前者是书的变形,须借助阅读机看,所以也应与视听资料分开。

视听室的规模因图书馆的性质和大小而不同,一般分两种:

(1) 集体用的视听室 标准的视听室容纳 60 ~ 130 人,长 10 ~ 13m,宽 8 ~ 10m,高 3.5 ~ 4.5m。电影银幕高 1.8m、宽 2.4m。小的视听室也有容 20 ~ 50 人的。视听室最好设有遮光灯泡和能做笔记的椅子。

(2) 个人用的视听室 这是供个人利用聆听资料的单独小屋和用隔板隔开的个人用的座位。这样的房间要注意音响效果,须备有耳机及隔间设备。

以上是供读者利用的设备,此外,还有内部工作人员用的视听资料库、器材室、维修制作室、准备室和办公室等。这些房间的数量和大小,根据各馆收藏视听资料的范围和数量来决定。

第四节 阅览家具与布置

一、阅览室家具

阅览室的家具要根据不同类型的阅览室、不同的读者对象来设置,并且要与阅览空间的设计相适应,以便紧凑合理地利用阅览室的有效面积,同时也应与阅览空间的室内环境协调。

家具的形式和大小首先要适用、舒适、尺度宜人。其次也要经济、美观,并且易于清扫。那些古式雕花和多格条笨重的阅览椅,不仅贵而重,不利于清洁,不利于搬移,除特需外,多被淘汰,而采用结构简单、方便的家具。

为满足藏阅空间灵活性的要求,最好采用多功能的家具,以适应空间的可变性。可以采用多功能单元式的家具设计,能灵活组合成多种形式,以适应不同用途的变化要求,可作单面阅览桌、双面阅览桌、课桌、报告厅用桌、组合会议桌、展览桌等,具有很大的灵活性,有多种功能和布置的可能性。

一个阅览空间内的家具应是成套的,具有统一的形式与风格,在新建和扩建的图书馆中,家具最好成套设计,不宜东拼西凑,参差不齐,颜色各异。

由于技术的进步、材料的更新,图书馆家具的材料已由传统的木制转向多种新型材料:钢质、钢木、钢塑、层板式家具等,它们具有美观、轻便、方便移运和便于修理拆换等优点而被广泛采用。

阅览的家具主要是阅览桌椅、各种研究桌以及各种陈列不同书目、刊物的陈列架柜等设备。它们的大小规格都要与读者活动时的尺度相适应。阅览桌椅的大小、高低都要适应读者坐式阅读、书写的要求。一般成年人阅览桌椅尺寸的大小参见表4-4及图4-16。但在期刊阅览室、儿童阅览室等用房中也采用方形、多边形、圆形以及组合式的阅览桌,它们应尽可能使阅览室内的家具布置得自由活泼一点,参见图4-17。

形　式	人　数	长　度	宽　度	高　度
单　面	单　座	900~1200	60~800	780~800
	双　座	1400~1800	600~800	780~800
	3　座	2100~2700	1000~1400	780~800
双　面	4　座	1400~1800	1000~1400	780~800
	6　座	2100~2700	1000~1400	780~800
方　桌	4　座	1100	1100	780~800

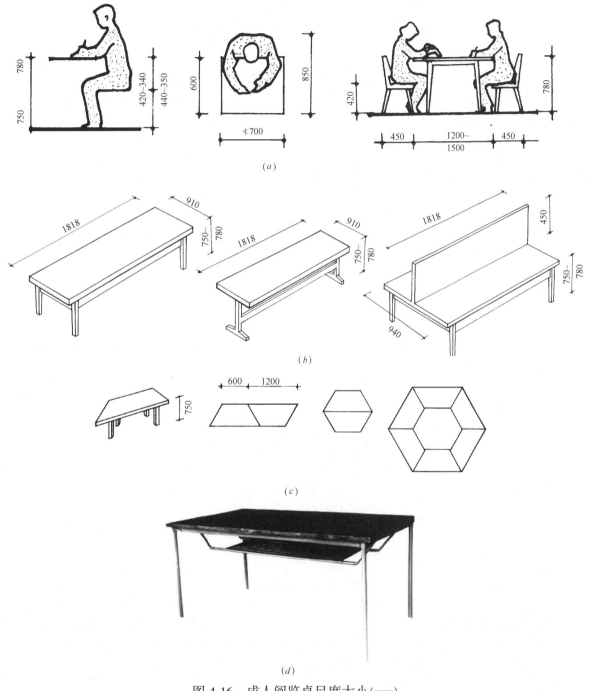

(a)

(b)

(c)

(d)

图 4-16　成人阅览桌尺度大小(mm)

(a)成人读者尺度;(b)矩形阅览桌;(c)组合阅览桌;

(d)可放书包的阅览桌

图 4-17 儿童组合式阅览桌实例

阅览桌一般分单面和双面两种。单面阅览桌读者座位方向一致,减少相互干扰,同时能保证光线自左而入;但所占的面积比较大,一般每个阅览桌可坐 2～4 人或 3～6 人,双面阅览室则可达 6～10 人。桌面上可以根据需要设置挡板,以减少彼此干扰,同时也便于安装台上照明灯具。至于个人研究座位在国外使用较为普遍。布置形式也多样(图 4-18),也可采用各种组合布置的方式,参见图 4-19、图 4-20。

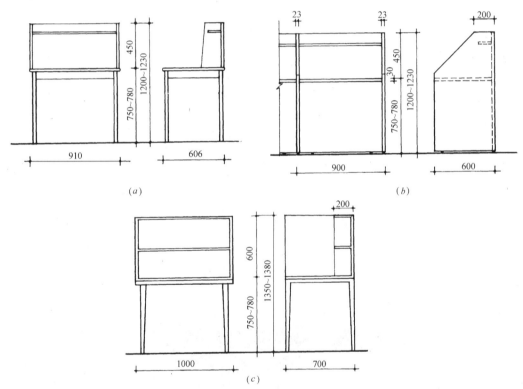

图 4-18 三种形式及大小不同的单人研究桌(mm)
(a)形式之一;(b)形式之二;(c)形式之三

椅子的设计主要满足使用要求,从人体工效学方面考虑,要使读者舒适,长时间坐着不感疲惫。现代图书馆也布置一些沙发、休闲椅等,增加读者阅读的舒适性,使阅览空间成为读者爱去的地方。

此外,阅览室内还有一些其他设备,如报架、期刊架、综合陈列柜以及开架书架等。

儿童阅览室及其家具的设计,要以儿童身高及身体各部位尺度作为主要依据。儿童阅览室内桌椅等各种家具的尺寸、阅览室的大小及室内布置,门窗、楼梯、踏步、栏杆等部位的设计,都要适应儿童的特点。少儿读者一般以小学、初中生为主要对象。少儿读者尺度可参见表 4-5。此外,儿童阅览桌椅要满足儿童生理的发展和卫生要求,并且要坚固耐用,就坐舒适,易于清洁,便于灵活布置。阅览桌椅的大小见图 4-21 及表 4-6。

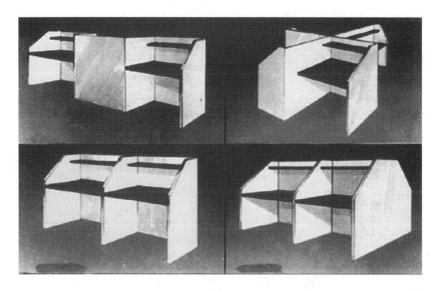

(a)

(b)

图 4-19　组合式的研究桌
(a)不同的组合形式;(b)组合形式实例

(a)

(b)

(c)

图 4-20　阅览室内不同形式的阅览

(a)单面阅览桌(美国波士顿麻州大学图书馆);(b)双面阅览桌(清华大学
图书馆);(c)装有隔板与灯光的阅览桌(英国黎芝大学图书馆)

年　龄	H(cm)	
	男	女
7 岁	117.8	116.3
8 岁	122.1	121.4
9 岁	126.8	126.3
10 岁	131.2	130.6
11 岁	136	137.3
12 岁	142.3	145.9
13 岁	150.1	149.8

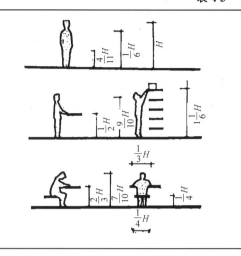

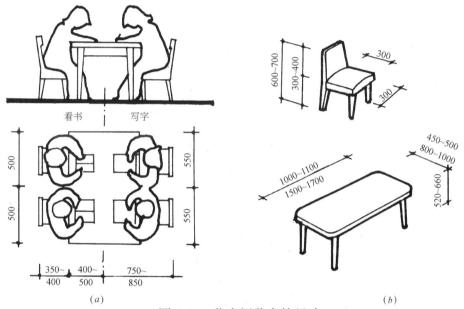

图 4-21　儿童阅览桌椅尺寸

(a)儿童看书、写字阅览桌的尺寸;(b)儿童阅览桌椅参考尺寸

儿童阅览桌尺寸(mm)　　　　表 4-6

形　式	人　数	长　度	宽　度
单 面 桌	2 座	1000 ~ 1100	450 ~ 500
	3 座	1500 ~ 1700	450 ~ 500
双 面 桌	4 座	1000 ~ 1100	800 ~ 1000
	6 座	1500 ~ 1700	800 ~ 1000
4 ~ 5 人圆桌		圆桌面的直径 800 ~ 1000	

二、阅览室家具布置

阅览室家具布置有使用功能和空间行为多方面要求。由于部分要求已在前面论及,这里仅阐述一般使用行为方面的要求。

阅览桌的布置一般有单面单座、单面联座、双面联座等。每张双面桌所容纳的人数为 4 ~ 6 人,排列时可以并联成 8 人、10 人或 12 人的大阅览桌。双面阅览桌较节省面积。另外,由于双面阅览桌尺寸大、稳定,不易推动,能减少噪声的产生,所以多数图书馆采用这种布置方式。

阅览室的开架书架布置要考虑在书架前站着看书的读者及其他读者的通行,因此阅览桌与书架之间的距离要适当加宽。

　　为使读者得到良好的光线,避免眩光和反光,多将阅览桌的长边垂直于外墙布置。在单面采光的阅览室内,较理想的布置方式是采用单面排列它采光好,读者面向一致,视线干扰少,但占地面积大。一般面积较小的研究阅览室或其他特殊小阅览室采用这种布置方式。

　　阅览室座位的布置方式要注意将阅览面积和交通面积分开,并尽量缩小交通面积。由于阅览室面积较大,主要通道多设于两排阅览桌中间,沿墙设次要通道,主要走道的宽度一般不少于1.2m,在人数较多的阅览空间内可达1.5m,次要通道宽度为0.6~1.0m。

　　还需指出:在数字化技术的影响下,图书馆家具的变化是明显的。传统家具无法与现代图书馆综合布线系统很好地配合,也不能为用户使用笔记本电脑提供方便。为此,图书馆设计者常常需要在设计建筑的同时,自行设计家具。现代图书馆家具设计要充分融合灵活性的概念,阅览桌要能通过可移动的线缆与地上或墙上的信息接口相连,便于室内空间的重新分隔,也就是说阅览桌不仅要能提供灯具或电脑使用的电源,还要能提供信息化接口,这种综合布线系统所提供的信息化接口密度以及馆内外数据库的连接能力是衡量图书馆档次的主要指标,它将替代传统图书馆,以藏书数量和阅览座位数作为衡量图书馆档次的主要指标了。

第五章 藏书空间设计

第一节 书库类别及藏书的方式

一、书库类别

按书库使用性质或功能可分为：

1. 基本书库

就是图书馆的总书库，又称主书库，俗称"大库"，是全馆的藏书中心。基本书库的藏书量大，知识门类广（包括古今中外各类图书，如常用书、参考书、资料以及特藏书等）。通常把中文书、外文书、期刊分别布置，以便管理。一些大型图书馆中，往往再按照藏书的性质，划分为若干部分。

主书库除少数经特许的读者外，一般不对外开放。由于它储量大、门类广、流动频繁，故是设计中的重点之一。

2. 辅助书库

指图书馆设置的各种辅助性的、为不同读者服务的书库，如外借处、阅览室、参考室、研究室、分馆等部门所设置的书库。辅助书库具有现实性强、参考性强、针对性强等特点，其藏书的利用率高、流通量大，是读者常用的书库。

为方便读者，辅助书库采用半开架形式，读者可进入辅助书库内，直接取书阅读。辅助书库与基本书库应有方便的联系。

3. 开架书库

一部分图书直接存放于阅览室内，即使读者与读物融于一间，藏阅一体，适应开架管理方式的需要，它藏于开架阅览室中。读者自取自阅，方便读者。

4. 特藏书库

收藏善本、特种文献、文物、手稿、缩微读物、视听资料等特藏书籍或非书本形式的读物书库。特藏库常与基本书库靠近，并需要有特殊的存放设备和存放条件。

5. 密集书库

通常将一些流通量很低又暂不能剔除的呆滞书存放于密集书架，它可用手动或电动开关，此种书库称密集书库。它存书量大、节省建筑空间、荷载也大。一般宜设置在底层或防潮好的地下室层。

6. 储备书库

又称提存书库或储存书库。是将基本书库里一些副本量过大，长期呆滞或失去时效的书刊剔除出来，而移存到集中收藏这类读物的建筑物内。其中有些书还可以进行馆际交换。这样，可以使基本书库腾出空间收藏更多的新书，而且可以提高书库工作的实效。储备书库的位置，不一定与原图书馆毗邻，内部可以用更密集、更经济的方式收藏书籍。空间设计应以储为主，达到高效、节约的目的。

7. 保存本书库

又称保留书库、版本库、样本库或庋藏库，是把基本书库中各种图书抽出一本作为长期保存。通常大型图书馆采用这种办法，且多数为社会科学部分。这种书库的藏书一般不外借，除因特殊需要而其他书库又未收藏时，才允许在馆内阅览。设置该书库的目的，不仅是为了保存文化典籍，确保品种齐全，而且是为科研长远需要服务的。

二、藏书的方式

现代图书馆的发展，已由闭架管理向开架管理过渡，在藏书形式上，也突破了过去的基本书库和辅助书库的藏书形式,扩大到包括阅览室在内的三线藏书及多线藏书的形式。三线藏书即一线为阅览室的开架藏书;二线为辅助书库;三线为基本书库。这种藏书形式便于按学科分别组成相对独立的藏阅单元,充分发挥方便读者、节约时间的优越性。这种新的组合形式,要求把最新、参考性最强的常用书分别放在相关的阅览室,实行开架管理,由读者自行提阅,而且定期更换。二线和三线藏书起调剂和储备的作用。这种三线藏书形式,彼此可以相辅相成,各有分工和侧重。

藏书形式的确定,在很大程度上取决于各馆的性质和规模。大馆藏书量大,复本多、版本多,接待相当一部分研究读者,故三线藏书确有必要。某些高校、科研、专业馆和中小型公共图书馆等用开架管理方式时,亦可不设辅助书库,直接在基本书库和阅览室开架藏书之间进行调剂。小型图书馆甚至可以藏阅合一,不设基本书库。

基本书库和辅助书库之间应有短捷的联系,以便于藏书的补充和调剂。此外,有时将一些流通量大的图书集中一处(室),专设出纳台,以减少总出纳台的压力。这种专门集中某些常用书的书库,也属于辅助书库的一种。有的馆还将它作为开架或半开架的外借书库,更方便读者。

第二节　书库规模与层数

一、书库规模

书库的规模以藏书的数量,或称书库的容书量为依据。

图书馆的书库,按照容书量,可分为以下几种不同的规模:

(1) 小型书库:藏书量在 10 万册以内;

(2) 中型书库:藏书量在 10~50 万册;

(3) 大型书库:藏书量在 50~200 万册;

(4) 特大型书库:藏书量在 200 万册以上。

书库规模的大小,对其设计要求,差别很大。小型书库相对比较简单,可以设在普通层高的房间内,而中型以上的书库,随着藏书量的增大,设计愈来愈复杂,对其平面布置、空间安排、结构形式、图书馆传送设备、图书防护及防护设备等都需要全面考虑,妥善安排。

二、容书量指标

容书量指标是指书库单位使用面积容纳图书的数量,单位为:册/m^2。而这个计算指标是要参照图书馆的类型、藏书内容、书架构造、书架排列和填充系数等诸因素进行综合计算和统计而成。

我国《图书馆建筑设计规范》对容书量已做出明确规定(表5-1),设计时可作为确定书库面积的主要依据。需要注意的是,规范中规定的单位面积是使用面积,而不是建筑面积。因此用它来确定书库规模时,应考虑书库的建筑平面系数,然后确定书库的最终建筑面积。

藏书空间单位使用面积容书量设计计算指标(册/m^2)　　　　　　　　　表 5-1

藏 书 方 式	公 共 图 书 馆	高等学校图书馆	少年儿童图书馆
开 架 藏 书	180~240	160~210	350~500
闭 架 藏 书	250~400	250~350	500~600
报 纸 合 订 本	110~130		

规范中所确定的藏书指标,有一定的变化幅度。为使书库更能切合实际,在设计新书库时,除根据藏书指标确定控制面积之外,尚应对藏书构成进行分析,预测图书的增长速度,然后进行具体计算和排列,使设计更接近实际情况(当没有具体工艺设计时,书库的初步设计必须做到这一点)。

三、书库的层数

书库的层数主要是依据图书馆的藏书规模、基地大小及图书传送设备的机械化程度而定,同时还应结合体形处理及节约用地的原则考虑。根据统计和测算,从节省提书步行距离的角度看,当每层书库大于

300m² 时,分层才合算(藏书能力约为 10 万册),而有传送设备的书库每层面积不宜小于 600m²,面积太大或太小都不利于充分提高工作效率和发挥机械设备的效用。

由于大型图书馆书库面积大,为了节约用地,可采用高层建筑,使用机械传送设备。在没有提升设备时,一般院校图书馆或公共图书馆,可采用多层书库(常见的有 5 ~ 6 层)。目前国内图书馆书库以 5 ~ 6 层较多,少数在 8 层以上;北京图书馆的书库为 22 层(地下 3 层)。

第三节　书库位置及书库设计要求

一、书库位置

书库位置的确定,直接关系到图书馆建筑的布局。为创造一个高效率的图书馆,在图书馆设计中一个重要原则就是要使藏书尽量接近读者。由于藏书方式由单一集中型转向分散的多线藏书,书库与阅览室由完全分开演变为藏阅结合的方式,就要要使书库与编、借、阅之间的联系便捷,以节省时间,提高效率。特别是基本藏书区与阅览区的联系更要直接简便,不与读者流线交叉或相混,以便使阅览室可方便地进入书库补充或更换新书,使读者直接从书库取得所需图书。

把书库作为单独的体量放在阅览室后部是一种常见的布局形式。如果二者层数适当,层高配合得当,容易取得良好的联系。当二者用连接体相连时,除了层数、层高配合问题外,应当注意连接体的处理。有的图书馆连接体仅 1 层,书库只同设在连接体部位的借书处连通,与 2 层以上各阅览室完全隔绝,阅览室图

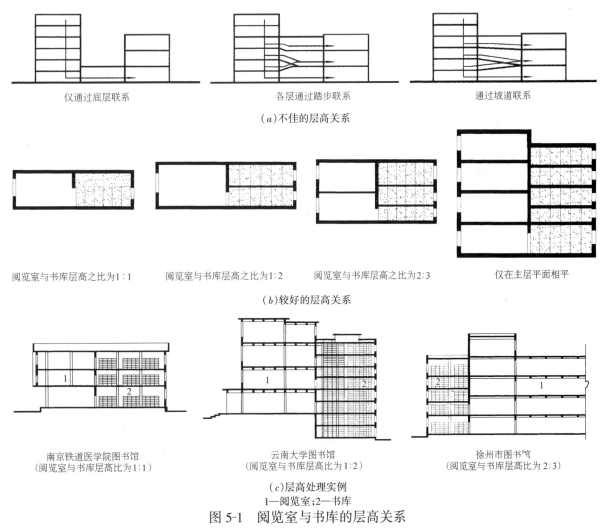

仅通过底层联系　　　各层通过踏步联系　　　通过坡道联系
(a)不佳的层高关系

阅览室与书库层高之比为1:1　　阅览室与书库层高之比为1:2　　阅览室与书库层高之比为2:3　　仅在主层平面相平
(b)较好的层高关系

南京铁道医学院图书馆
(阅览室与书库层高比为1:1)

云南大学图书馆
(阅览室与书库层高比为1:2)

徐州市图书馆
(阅览室与书库层高比为2:3)

(c)层高处理实例
1—阅览室;2—书库
图 5-1　阅览室与书库的层高关系

书只能通过人力上下楼梯运送,用书很不方便。有的图书馆连接体虽设计了3层,但各层连接体与各层阅览室的标高形成错层关系,书依然靠人力搬运。这说明,当连接体相连时,层高配合有困难,至少使多数阅览层和书库连通(图5-1及图5-2)。

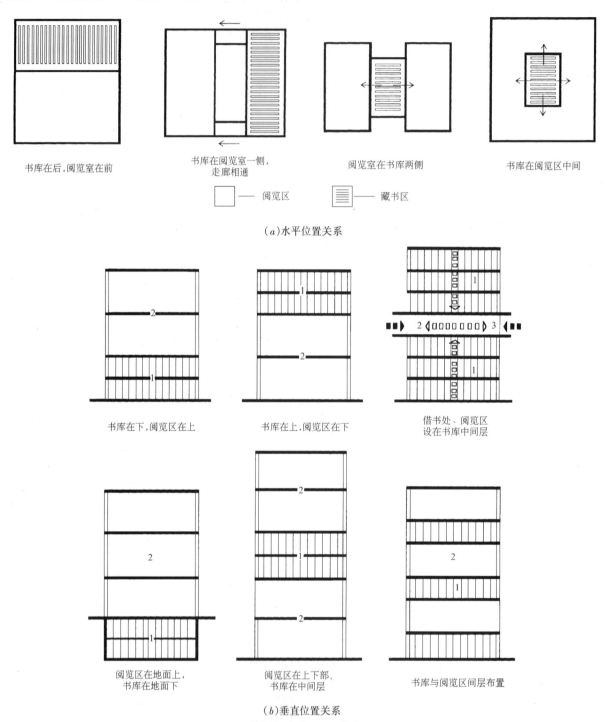

书库在后,阅览室在前　　书库在阅览室一侧,走廊相通　　阅览室在书库两侧　　书库在阅览区中间

☐ —— 阅览区　　▤ —— 藏书区

(a)水平位置关系

书库在下,阅览区在上　　书库在上,阅览区在下　　借书处、阅览区设在书库中间层

阅览区在地面上,书库在地面下　　阅览区在上下部,书库在中间层　　书库与阅览区间层布置

(b)垂直位置关系

1—书库;2—阅览区;3—借书处

图5-2　阅览区与书库的位置关系

大型图书馆的阅览室多,如果书库只有一个阅览室与连接体相连,就会使其他阅览室的图书传送路线过长,这时应适当增设连接体,同时在靠近阅览室的地方设一些容量较大的辅助书库,保证读者在阅览室可借到较多的馆藏图书。

有时采取把书库设在全馆中心,可以使书库与借书处和周围阅览室有良好的联系。但这种布局方式易给房间的通风、采光和全馆的交通路线造成困难。

还有把书库设在全馆的下部或上部的布局方式,这时阅览室和书库借助垂直传送设备相连。这种方式各房间布置紧凑,但对建筑设备和机械的依赖也较多。南京经济学院图书馆就将书库位置设置在下部2层,如图5-3。

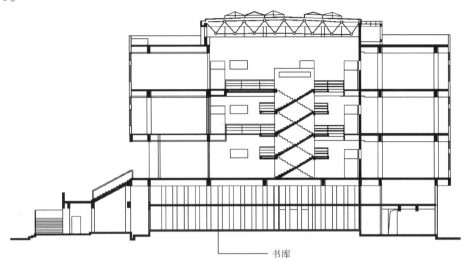

图5-3 南京经济学院图书馆的书库位置

以上几种不同的布局方式,书库同阅览室和借书处的关系各异,图书出纳和传送效果也不同,并影响着全馆的平面布局。在进行设计时,应根据图书馆的性质和任务,因地制宜地选择恰当的布局方式,安排合适的书库位置。

二、书库设计原则

书库是图书馆中收藏书籍的空间,是图书馆建筑中的重要组成部分,它具有许多独特的要求,设计时应注意以下几个原则:

(一)以读者为主,以用为主,取用方便

藏书的目的在于使用,设计书库时,首先要考虑满足其使用要求,使图书能迅速检出,并送到读者手中。因而,要考虑它在适中的位置,使其与目录厅、出纳台、阅览室等紧密联系,以使藏书、借阅成为一个有机的整体,使读者能在最短的时间借到图书。此外,还要妥善安排库内的交通线,并且要研究和采用图书的机械传送,以提高工作效率,减轻工作人员的劳动。

(二)有利于藏书保护

书库应具备良好的图书保管条件,要有合适的温湿度,必要的防潮、防漏、防晒、防火、防尘、防虫及防鼠等措施,以防止图书过早地"老化"或毁损。

(三)收藏经济

设计书库时一个重要的着眼点就是收藏经济。一方面在满足基本要求的前提下,尽量提高单位体积的容书量,充分利用书库空间;另一方面,由于书库面积占整个图书馆建筑面积的1/4～1/3,所以造价也是图书馆组成部分中较高的一个(包括书架费用)。因此,它是影响总造价的一个重要因素。所以在设计书库时,要确定适当的结构形式,选择合适的书架材料和构造,进行多方案比较,以选择合理、经济的最优方案。

此外,在书库的设计中还应考虑扩建问题。随着图书馆服务项目的增加,藏书也逐年增加,书库一旦达到饱和状态,就要进行扩建,否则新书不能上架,无法流通使用。因此在设计一个新的图书馆时,就要有预见性,统一规划,留有发展余地,考虑设计活的接口,保持其合理工艺不因发展而破坏,永远是一个有机的整体。

现今,图书馆的服务方式已由单一的馆员服务走向馆员服务与读者自我服务相结合的双轨服务方式。

书库设计体现藏、借、阅空间的结合，以使读者接近图书，方便直接。通过馆员服务的图书馆，衡量其书库设计优劣的重要标志就是借书时读者等候时间的长短。一般要求从递交借书条到把书从书库里提调出来拿到读者手中不宜超过15分钟。有的较大的图书馆工作人员一天"跑库"要走四五十里，劳动强度相当大。因此，在设计时应从书库位置、平面形状、书架的安排、库内交通组织及传送设施条件等诸多方面认真设计，以缩短图书流程，提高速度。

第四节 书库的平面设计

在书库的平面设计中，一般着重研究书架排列、书库容量计算、书库开间与进深、书库交通组织及平面形状选择等。

一、书型和书架

在此之前，要先了解一下书型和书架。

书型是指书的大小，通常称开本，常见开本尺寸如表5-2及表5-3所示。

国内常用书型规格　　　　　　　　　　　　　　　　　　表 5-2

书　　　　型				开　　本	尺寸(mm)
对开	4 开			8	380×265
	8 开	16 开		16	265×185
		32 开	64 开	25	210×155
			64 开	32	185×130
				36	185×115
				64	110×92

外文书籍一般规格(mm)　　　　　　　　　　　　　　　表 5-3

相当于中文书的开本	俄文书(宽×高)	英文书(高)	德文书(宽×高)	日文书(宽×高)
32 开	135×210	150~250	148×210	128×182 148×210
16 开	150×225 135×270	250~300	210×297	182×257 210×297
8 开	225×300 270×350	>300	297×420	

书架是收藏书的基本设备。它的最小单元是一"档"，每档两端有支柱或侧板，见图5-4。档(单元)——书架两支柱间上下搁板组成为"档"或"单元"。搁板——直接承受书籍的水平板。书架上下搁板之间的净空叫书格，每格高度根据藏书内容和书型而定，一般最小尺寸为280~330mm。标准书架尺寸见表5-4。

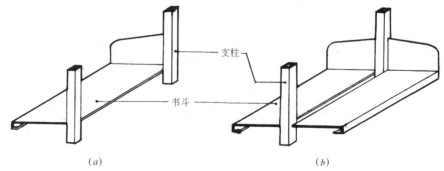

(a)　　　　　　　　　　　　　　　　(b)

图 5-4　书架的基本类型

(a)单面书架；(b)双面书架

名 称		尺寸(mm)	名 称		尺寸(mm)
书架高度	开架	1700~1800	书架分格	6格	320~350
	闭架	2000~2200		7格	300~320
书架宽度	单面	200~220	书架支柱中距		900~1100
	双面	400~440			

书架高度与格数视藏书内容和书型而定,常设6格或7格。开架阅览室书架一般为6格,闭架书库7格为多。书架的高度也要考虑取书方便,总高一般为2100~2200mm,见图5-5。

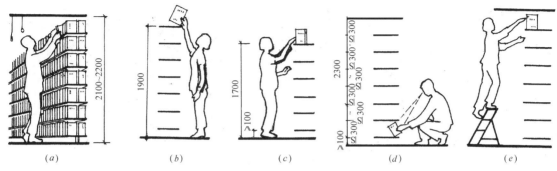

图 5-5　书架格数与高度

(a)用于闭架书库;(b)按女性身高考虑;(c)用于开架书库;(d)一般书架;(e)太高取书不便

书架一档长度一般有900mm、1000mm、1100mm及1200mm等几种规格,又以900mm及1000mm的较多。书架长度过小,支柱多,空间费,藏书不经济;长度过大,特别是西文书,重量较重,搁板挠度大,易产生"跳龙",影响使用和书库的整齐。

为了适应所藏书型和收藏载体的不同,现在很多书库都采用活动搁板,依图书版本大小来调整书格,较灵活方便。

一面有搁板者为单面书架,二面有搁板者为双面书架。搁板宽度要同书本宽度相适应,除了异开本外,一般书本宽度与书本高度的比为1:0.72。搁板宽度一般为440~480mm,但也视其书架、结构、构造不同而有所变动,常采用的为440mm。表5-5是常见的搁板宽度,表5-6为国内书架一般尺寸。

搁 板 宽 度(mm)　　　　　　　　　　　表 5-5

书 型	最大书脊高	书 宽	搁板宽度
小型开本	220	160	180 或 200
中型开本	270	190	180 或 200
大型开本	320	230	200 或 220

一般书库常用书架、排长及主次走道尺寸　　　　　　　　　　　表 5-6

代号	名 称		尺寸(mm)	代号	名 称		尺寸(mm)
a	书架宽度	单面书架	220~240	e	档头走道宽		600~700
		双面书架	440~480	f	排架长	两端有走道	≤8000
b	双面书架中距	常用书	1200~1300			一端有走道	≤4000
		非常用书	1100	g	书架支柱中距		900~1100
c	夹道宽度	常用书	800~900	h	库内阅览台		400~500
		非常用书	600~700	i	阅览台中距		1300
d	排端走道宽度		1200~1300	j	书架距阅览台		1000 左右
				k	门 宽		≥1000

注:e. 在档头走道作为主要走道时,宽度应为1200~1300mm。

　　 i. 书架距阅览台宽度在非主要走道时,宽度应为600~700mm。

二、书架排列

书架排列是书库平面设计的基本依据,它直接影响到书库的开间、进深、平面布置尺寸及书库的利用率。因此,设计时应注意选择合适的书架排列方式及尺寸。

书架排列首先要确定书架中距的尺寸。书架中距即两排书架的中心距离又称中行距,简称中距。中距的大小,取决于两行书架之间走道(排间走道)即行道的宽度,而行道的宽度又取决于人的活动情况和书库的类型。其关系见图5-6~图5-10。

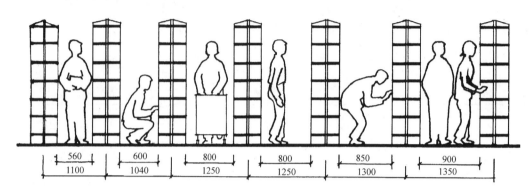

图 5-6　闭架书库书架排列和人的活动(mm)

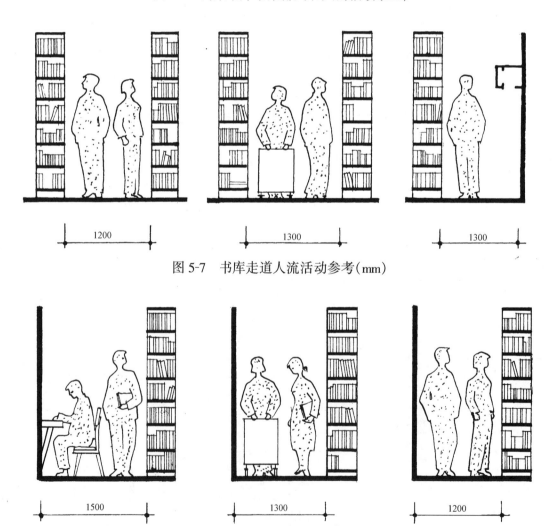

图 5-7　书库走道人流活动参考(mm)

图 5-8　书库内南面主要通道的宽度(mm)

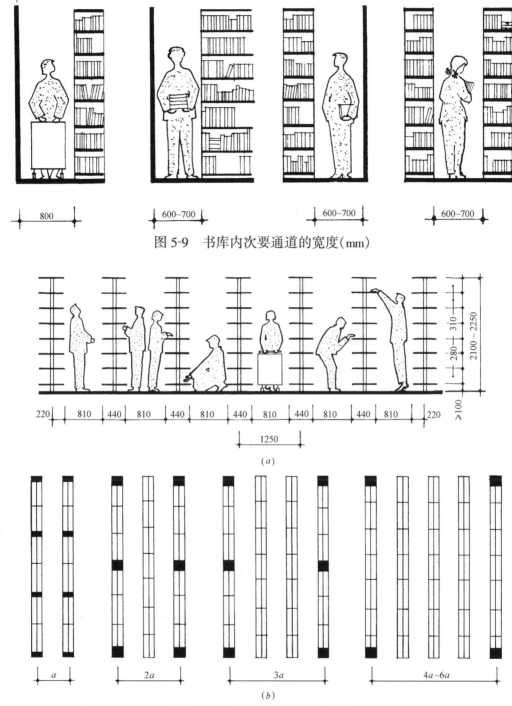

图 5-9 书库内次要通道的宽度(mm)

(a)

(b)

图 5-10 书架布置与书库开间

(a)书架布置间距;(b)书库开间(图中 a 的尺寸可取 1200、1250、1300mm 或 1500mm 等)

如上所述,双面书架宽度一般采用 440mm 的较多,书架中距常有 1200mm、1250mm、1300mm 甚至 1500mm。而国内大多数书库采用 1250mm 的中心距,扣除书架宽度,其间走道净宽为 800mm。实践证明,这对一般图书馆和闭架书库是适合的,面对特大型的国家馆和开架书库,书架中距可取大一点。

决定书架中距的尺寸还应该与书库的开间或柱网尺寸相适应。通常是一个开间即两排柱子之间布置若干行书架,而开间和柱网的尺寸最好应符合建筑的模数。例如,在一些新建的大型或中型闭架书库中,常采用 1250mm 的书架中距,这样在两柱之间安排 4 行书架,开间即为 5000mm;若安排 6 排书架,开间即为 7500mm。

书架排列中另一个重要内容是书架的连续排列,又称行长。联排长度越长,可以减少排端走道,书库的使用面积比例就越大。但是,行长过长工作人员绕路取书不太方便。为了提书方便,联排长度就应有一定的限制。由于现代图书馆都为框架结构,柱网尺寸多在5~7.5m之间,书架连排数实际已有限定。书架联排数当两端有通道时,书架连续排列长度可为9~11档,(开架藏书为9档,闭架藏书为11档);当书架布置一端靠墙时,书架联排长度一般为5~6档(开架藏书为5档,闭架藏书为6档)。

书架一般都垂直于外墙布置,排列方式有:单面、双面和密集式。

单面排列 常沿墙壁布置,书架容书量少,书库面积使用不经济。

双面排列 两书架并排布置,容量大,两面取书,较为方便,而且库内面积使用也较经济。

密集式排列 布置集中,容书量大,面积利用率高,但取书不大方便,同时书架要有特殊的装置(装在固定轨道上,通过推拉联动启闭的组合装置)。

三、书库的开间、进深与层高

1. 书库开间

书库的开间指书库长度方向垂直相邻承重构件(梁柱)的轴线中心线至中心线的距离。

书库的开间决定于书架排列的中心距。一般来说,它应是书架中心距离的倍数。书架中心距如前述常有1200mm、1250mm、1300mm、甚至1500mm。目前国内开间一般为书架排列中心距的1~5倍,而以3~4倍居多。一般开间越大,书库收藏能力越高。在不增加造价,不需把柱子加得很大(450mm×450mm以内)的情况下,根据目前的技术条件,取开间为书架排列中心距的5~6倍是较合适的(即开间为6000mm~7500mm),甚至可取7倍中心距。

书库开间的大小,与书库的结构形式有关。一般混合结构开间就小一点,只能做到3600、3750、4800及5000mm等几种。

2. 书库进深

书库进深是书库纵向相邻承重构件轴线中心间的距离。

书库的进深大小对采光、通风、书架的布置都有密切关系。单面采光的书库进深一般不超过8~9m,双面采光一般不大于16~18m。但也不是绝对的,应根据实际情况而定。如果库内采用人工照明及机械通风,其跨度就可适当加大。

此外,书库进深(即跨度)的大小,也关系到书库的收藏能力。进深越大,书架联排数越多,藏书越经济。一般认为可以通过增加排列行数来扩大进深,这样交通面积相对缩小,收藏能力则相应提高。图5-11为书库内书架采用单行、双行和三行排列的比较。单行排列时,交通面积约占20%;双行排列时,交通面积约占15%,而三行排列时,交通面积则为12%左右。

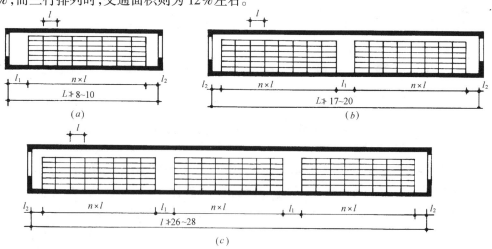

图 5-11 书库进深分析(m)

(a)单行排列 $l_1 + l_2 \approx 20\% L$;(b)双行排列 $l_1 + l_2 \approx 15\% L$;(c)三行排列 $l_1 + l_2 \approx 12\% L$

图中:l—单个书架长度;L—书库跨度;l_1—主要走道宽度;n—书架联排数;l_2—次要走道宽度

3. 书库的层高与净高

书库层高,不同于其他建筑层高,它依据书架高度和楼层结构高度而定(图5-12)。降低层高,可提高单位空间的收藏能力。书架高度一般在2.1～2.2m左右;楼层结构的高度,因结构方式而不同。采用梁板结构的书库,层高一般在2.7～3.3m,净高不低于2.4m。当有梁与管道时,其下净高不小于2.3m,采用夹层开架的书库净高不能低于4.7m。现代图书馆为达到灵活性,多采用活动书架。

书库层数视其规模及基地大小、机械化程度而定。在一般没有提升设备的大专院校图书馆或公共图书馆中,层数以5～6层较为宜。在一般的图书馆中,甚至不必要建多层书库。大型图书馆,书库面积大,为了节约占地都使用机械传送,书库可采用高层建筑。北京国家图书馆则为22层(包括地下3层)。新建上海图书馆也采用了两幢高层书库,层数为23层(实例12)。

四、书库平面形状的选择

书库平面形状的选择同书架排列、书库采光、地段大小等都有一定的关系,同时应符合两项基本要求,即①平均取书距离要短;②造价要经济。

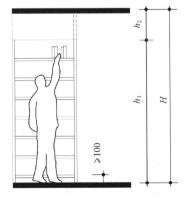

图 5-12　决定书库层高的因素

图中:$h_1 = 2100 \sim 2250$mm

$h_2 = 150 \sim 200$mm(甲板层)

$400 \sim 600$mm(结构楼层)

$H = h_1 + h_2 = 2850$mm

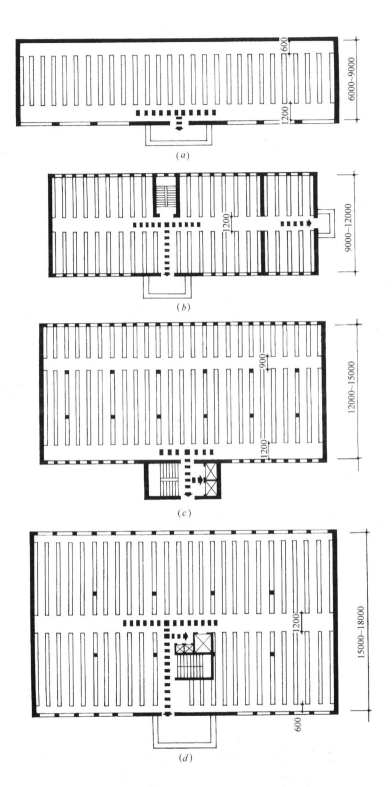

图 5-13　长方形平面书库举例

(a)书库跨度小,可单面采光,走道置两侧,开窗不受限制;(b)书架靠墙布置,面积使用经济,开窗受书架排列的限制;(c)书库取书距离小,面积利用较好,其一侧开窗受书架排列影响;(d)书库面积使用经济,开窗不受书架排列影响,大型书库采用较多

造价要经济是指用较少的材料获得较多的有用空间。换句话说,就是使用面积不变,但材料的消耗应该是最少。书库的平面形状过去多为狭长(图5-13)。狭长的平面,外墙就相对地增加,是不经济的。在同等面积情况下,只有方形或接近方形的周长较短。因此,一般地说,把书库的平面选择为方形或接近方形是较符合使用和经济原则的(图5-14)。从近年来一些工程实例中也可以看出,狭长形状的书库,已逐渐为方形或接近方形的平面所代替。如德国第戎大学图书馆即属此例,它将书库设计成正方形独立单元(图5-15)。另外,近年设计的山东聊城市聊城师范学院图书馆也采用了正方形的12层高层书库。

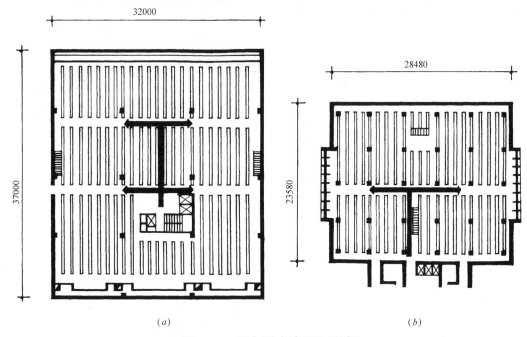

(a) (b)

图 5-14 近方形书库平面举例
(a)日本甲南大学图书馆书库;(b)南京大学新建图书馆书库

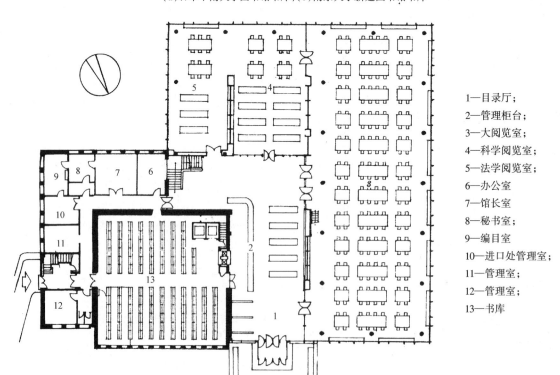

1—目录厅;
2—管理柜台;
3—大阅览室;
4—科学阅览室;
5—法学阅览室;
6—办公室
7—馆长室
8—秘书室;
9—编目室;
10—进口处管理室;
11—管理室;
12—管理室;
13—书库

图 5-15 德国第戎大学图书馆平面

五、交通组织

　　书库内部的交通组织,包括水平交通和垂直交通。其中,水平交通依赖于走道来解决,垂直交通主要靠楼梯、升降梯等,二者一定要相互衔接,组织好书库内的垂直交通枢纽,参见图5-16。

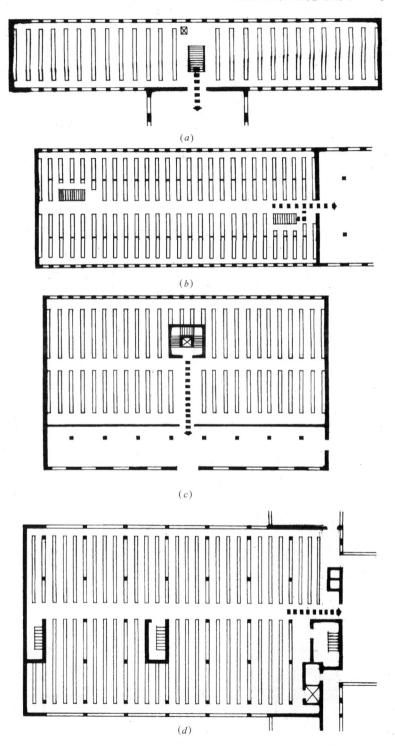

图 5-16　书库内垂直交通枢纽的布置

(a)东南大学老图书馆书库;(b)合肥工业大学图书馆书库;

(c)北京师范大学图书馆书库;(d)北京大学老图书馆书库

　　书库内的走道,按其所处位置不同,可分为主通道、档头通道和夹道。走道是书库内部的水平交通,走道安排是否合理,关系到使用是否方便,藏书是否经济。

在有自然采光的书库内,走道平行于纵墙布置,它随书库进深不同,可设一条或几条。一般来说,进深不大的书库,中间设一条走道即可;进深较大的书库,除中间一条主通道外,还应当设档头走道,以及若干次通道和平行于各排书架的夹道,使交通方便,并便于开窗。

走道应有主次,主要走道应和借书台、书库和竖向垂直交通枢纽相联通,一般居中较多。库内走道及其宽度,取决于书库性质与管理方式(开架、闭架)、人员的活动及运书设备等因素。

书库各楼层之间的垂直交通是指库内楼梯、有时候再加上动力运输设备(电梯或书梯)组成。

在大型书库,为了缩短工作人员取送图书的距离,应把垂直与水平的交通枢纽,布置在书库的中心地带(亦称中心站)。在馆藏量不大、分层出纳,取书距离较近或开架的书库,就不需采用垂直和水平传送设施。在面积比较大的书库,除了一组垂直交通枢纽外,还需要设置辅助性的楼梯,以满足交通与疏散的要求。

书库内运送书刊是频繁而费力的作业,且工作人员多为女性。因此,垂直传递应考虑采用机械或半机械化设施。《图书馆建筑设计规范》规定,凡2层及2层以上的书库至少应有一套提升设备;4层及4层以上不宜少于2套;6层及6层以上的书库由于层数高、进书批量大,宜设置专用电梯(载重500kg以上,能同时载运书车和随行工作人员上下),必要时可补充设置提升设备,以求进一步缩短提书时间,提高服务效率。

书库提升设备一般应设在书库与出纳台相邻隔墙的适当位置。设有水平传送运书设备时,应随库内中心站设置。

布置楼梯时,既要考虑使用便利,又要照顾到不能占用过多的面积。楼梯布置合适,能提高书库的使用率。单跑楼梯占地经济,但要避免兜圈子。合理布置楼梯及垂直升降设备,可以缩小交通面积,提高藏书能力。书库内楼梯应为封闭楼梯(图5-17)。

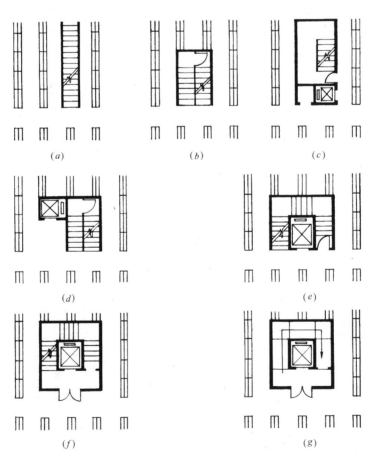

图 5-17 书库楼梯形式与布置

(a)单跑楼梯;(b)双跑楼梯;(c)单跑楼梯和升降机;(d)双跑楼梯和升降机;
(e)三跑楼梯和升降机;(f)封闭的三跑楼梯和升降机;(g)坡道和升降机

六、书库的结构

按承重结构方式分,多层书库有以下几种类型:

(一)书架式

书架式又称堆架式,是传统书库中最早出现的一种结构形式(图5-18)。它是指在二个结构层之间采用积层书架(堆架)或多层书架时,库内书架层层堆叠,全部荷载连同各楼层的甲板都由书架的支柱或侧板承重,向下直接传递到地面,自成一体,基本上脱离书库的四壁而独立,外墙只起围护作用。北京图书馆旧馆和清华大学图书馆旧馆的书库都是采用这种结构形式。图5-19为南京化工学院图书馆,采用了4层堆架式书库。堆架式书库层高经济,各种构件可以预制,利于装配。但缺点是书架固定,不能移动,无法改变行距,使用上没有灵活性,防火也不利。近10年来,这种堆架式书库已很少被采用。

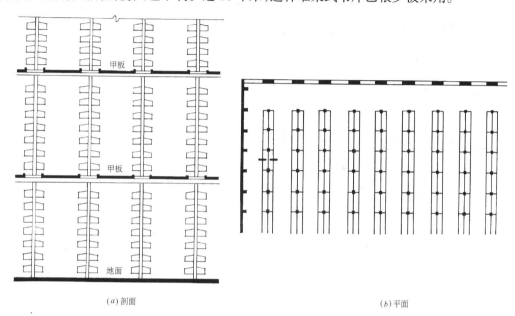

(a)剖面   (b)平面

图5-18　堆架式多层书库

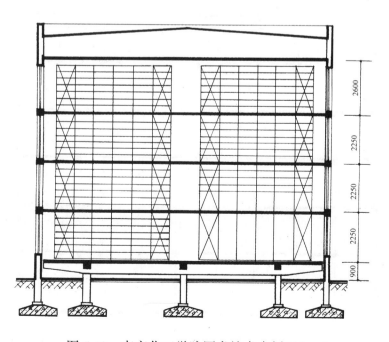

图5-19　南京化工学院图书馆书库剖面(mm)

（二）层架式

层架式也称楼板承重式。这种书库的结构和普通多层库房一样,书库中每一层都是钢筋混凝土楼板(图 5-20)。这种方式,结构空间占用过多,因而比书架式单位空间藏书量小。这种结构方式书库的优点是:结构单一,刚性好;书架材料选择较灵活,而且各层都有钢筋混凝土楼板隔绝,利于防火;书架不必固定,行距可以调整,使用上具有较多的灵活性。正因如此,这种层架式的书库常被采用。

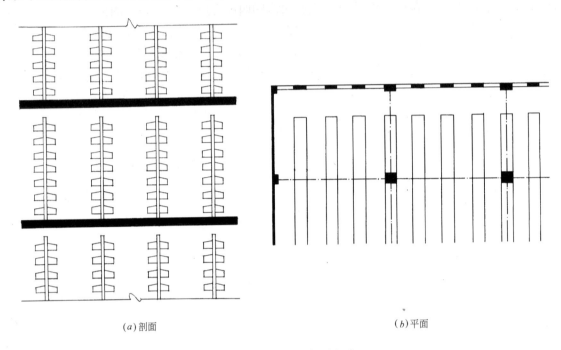

(a)剖面　　　　　　　　　(b)平面

图 5-20　层架式多层书库

图 5-21 为北京民族学院图书馆书库剖面,该书库采用层架式,利用各层梁柱板系统承担书和书架的荷载。

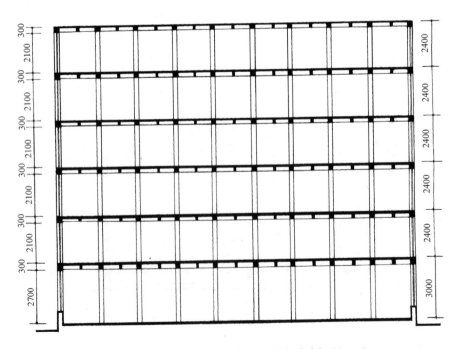

图 5-21　北京民族学院图书馆书库剖面(mm)

(三) 积层式

它是书架式和层架式的结合,也称混合式。即书库两层承重的钢筋混凝土楼板之间有 2～3 层书架互相叠置。叠置书架的荷载由其下部的钢筋混凝土楼板承受(图 5-22)。这种方式是上述层架和堆架式结合的产物,综合了上述两者的优点。它既像堆架式那样节约空间,结构简单,能充分发挥书架支柱的强度的特点,也具有层架式比较利于防火的特点。因此,这种混合承重式成为 60 年代以来新建书库中较多采用

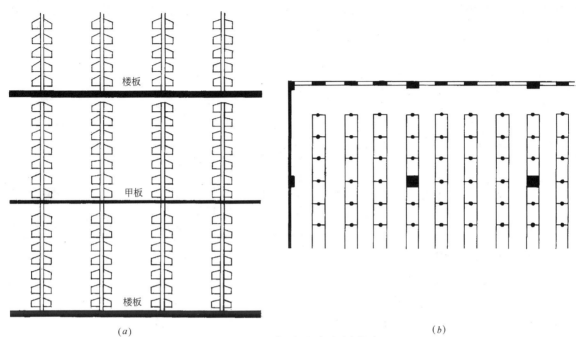

(a)   (b)

图 5-22 混合承重式多层书库

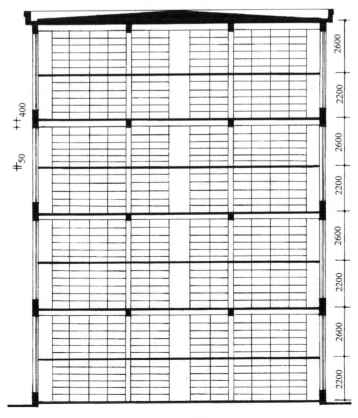

图 5-23 北京师范大学图书馆书库剖面(mm)

的结构方式。

图 5-23 为北京师范大学图书馆书库剖面,该馆采用混合承重式的书库结构方式。

(四)悬挂式

悬挂式结构书库是将书架及每楼层的甲板层都用钢筋悬吊在上部屋面或楼板上(图 5-24)。由于悬挂钢筋体积小,占面积少,能充分利用有效设计面积。悬吊的甲板层每层层高较低,能节省建筑空间,提高了单位面积和单位空间的收藏能力。1974 年,陕西省中医学院图书馆的书库就是采用这种结构方式(图 5-25)。

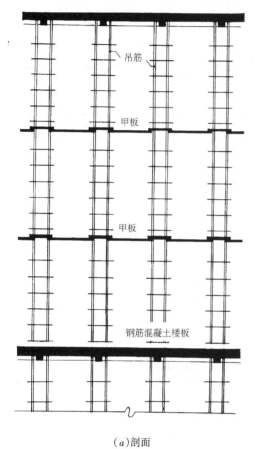

(a)剖面

图 5-24 悬挂式多层书库

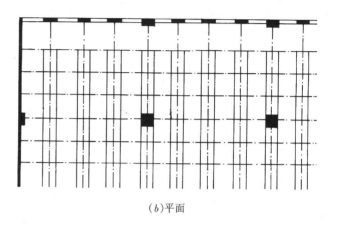

(b)平面

陕西省中医学院图书馆的书库一共有 6 层,上部 3 层用钢筋悬吊于屋盖结构上;下部为 3 层悬吊于中间楼板的井字架上,悬挂钢筋承受搁板、书籍、甲板与甲板上的全部活荷载。

总之,图书馆书库的结构形式是多种多样的,从长期使用实践和图书馆管理工艺的检验证明,固定书架体系的堆架式书库缺点较多。随着开架阅览制度的推广,适应灵活排架的层架式和积层式的结构形式得到了广泛的应用。

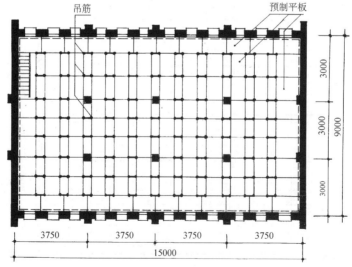

图 5-25 陕西省中医学院图书馆悬挂式书库结构平面(mm)

第五节 书架种类及构造

一、一般书架

一般书架由支柱与搁板或书斗组成。搁板或书斗与支柱的联结有固定式与活动式两种。前者构造简单、牢固;后者可根据图书规模进行调整,使用方便。其种类如图 5-26。书架材料要耐久,自重要轻,体积要小;构造要坚固、灵活、施工方便。书架按所用材料分以下几种:

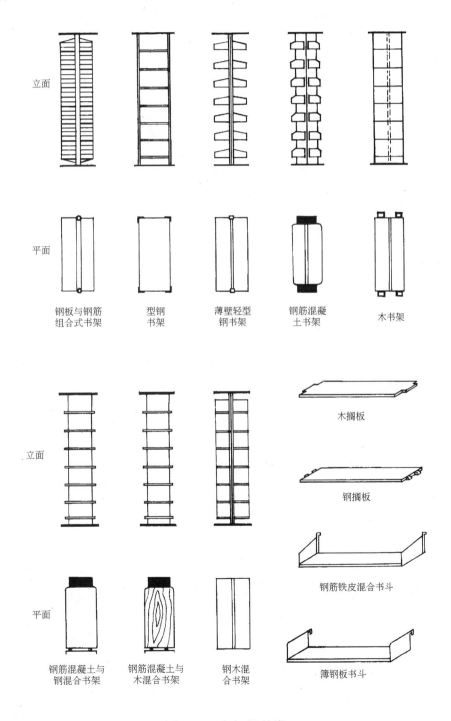

图 5-26 书架的种类

1. 钢书架

钢书架坚固耐用,构造灵便、节省空间、容书量大、美观整洁、利于防蛀,比较适用,很多新建图书馆都选用它。钢书架按构造和组装形式又可分为以下几种:

(1)固定薄壁式钢书架。它由1.2~2.4mm薄钢板冲压而成钢柱,一般柱为方形或矩形。钢书斗一般长900~1000mm。书架每档的两端有支柱(单柱),支柱上有两排孔洞,用以悬挂搁板(书斗)。根据书型尺寸来调整搁板悬挂位置和书格高度(图5-27)。

(2)立式薄壁式钢书架。也称活式挂斗钢书架。即可移动的立式书架,这种书架便于调整位置,具有灵活性。随着开架阅览的发展,活动式书架越来越普遍被应用(图5-28~图5-29)。

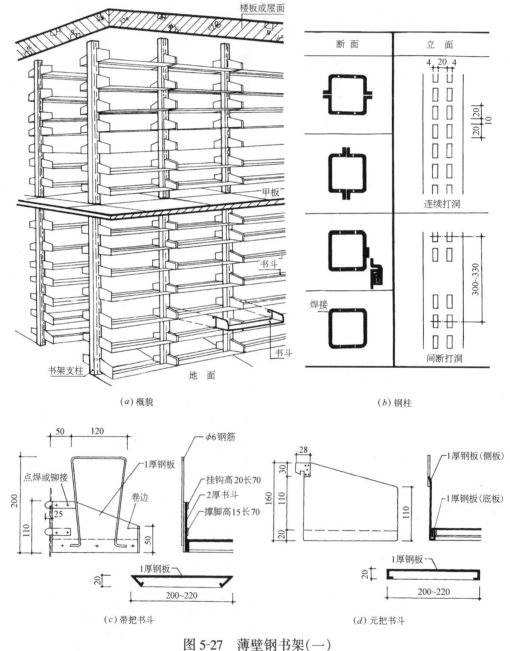

(a)概貌　　　　　　　　　　　(b)钢柱

(c)带把书斗　　　　　　　　　(d)元把书斗

图5-27　薄壁钢书架(一)

112

(e) 薄壁钢板书架外观

图 5-27 薄壁钢书架(二)

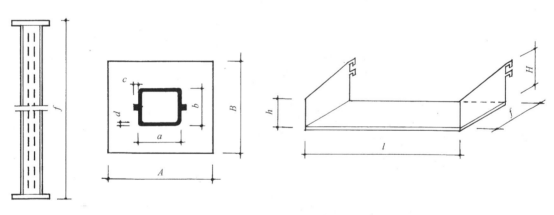

图 5-28 薄壁钢书架(mm)

(a) 单面书架   (b) 双面书架

图 5-29 活动薄壁钢书架(一)

(c)国产单面活动书架   (d)国产双面活动书架

图 5-29 活动薄壁钢书架(二)

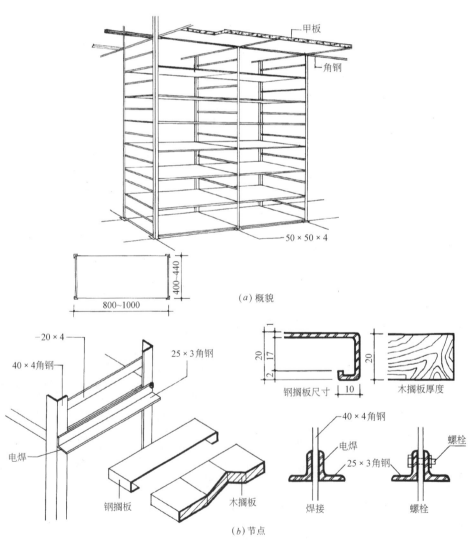

(a)概貌

(b)节点

图 5-30 框架式钢书架(mm)

（3）框架式钢书架。它具有增加书架的稳定性和坚固性的优点，框架式钢书架，以角钢制成，取材方便，施工简单，常用于图书出纳频繁的书库（图 5-30）。

（4）板式钢书架，它是以 1.5mm 厚钢板制成，在前后装上门扇即可成为书柜，钢板式书架对保护书籍较好，但影响书库光线（图 5-31）。

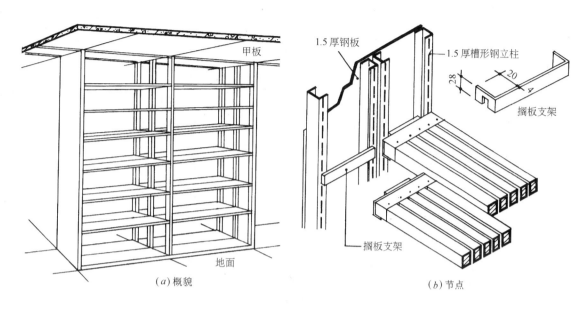

（a）概貌

（b）节点

图 5-31　板式钢书架(mm)

此外，也有用圆钢管做成的管柱式钢书架，它结构面积小，构造简单（图 5-32）。

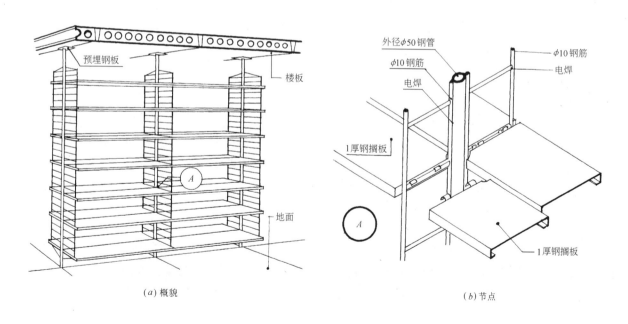

（a）概貌

（b）节点

图 5-32　管柱式钢书架

115

2．木书架

书架用木质材料制作,它轻巧、方便、美观,占用空间较少,但木材用量大,耐久性差,不利防火、防蛀、防腐。一般只能用在层架书库,不适用于堆架式书库。但是,由于木书架搬运方便,所以在开架阅览室里的书架、期刊架、展出式书架仍多采用木书架或钢木混合书架。而在木材盛产地,采用此种书架比较经济,也有一定的现实性(图5-33)。

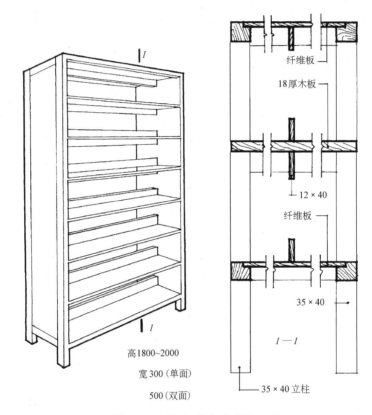

高1800~2000

宽300(单面)

500(双面)

图 5-33　独立式木书架(mm)

二、密集书架

在通常书库里,真正可供存书的有效面积不足30%,其余70%以上大量面积均被通道、夹道和扶梯等所占。为了提高有效面积的比例,压缩交通面积,在设计时也可采用密集书架。密集书架就是把许多特制书架紧密地排列在一起,只留出供找书的通道,不再是一排书架一条夹道;需要提取中间书架上的书籍时,就用手动或电动将书架拉开,取书以后,再恢复原位。

密集书架有旋转、抽拉和平行移动等形式,其中以平行移动使用较多,现分述于下。

1．旋转式

旋转式密集书架是采用铰链固定的方法将书架连在一起,使用时可将书架像衣橱门一样旋转打开。旋转式书架有单面和双面两种;开启的方式则有整扇和半扇之分。其平面布置见图5-34。

按这种方法存书可使书库的单位面积容书量较其他采取标准书架排列方法时,提高50%～75%。

2．抽拉式

抽拉式书架系在书架下设有小车轮,并在地面设有横向小轨,可根据需要任意抽拉某一书架。抽拉书架有双面和三面两种,其平面布置见图5-35。三面的抽拉书架有一面存书显露在外,使用时直接可取。采用抽拉式书架可使单位面积容书量增加一倍。

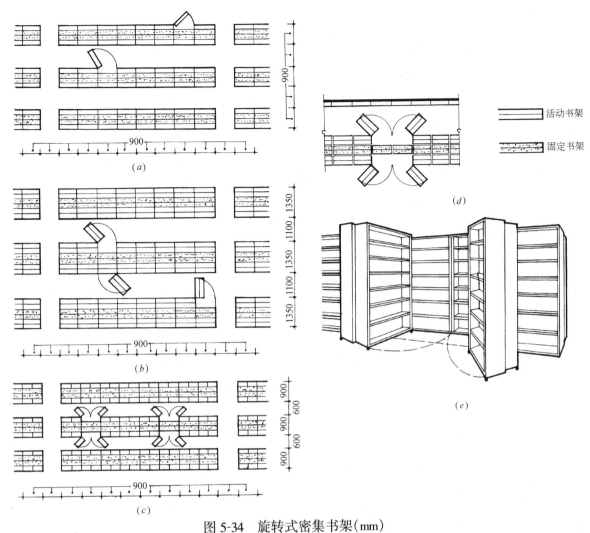

图 5-34 旋转式密集书架(mm)

(a)旋转式之一;(b)旋转式之二;(c)旋转式之三;(d)旋转式之四;(e)旋转式之四外观

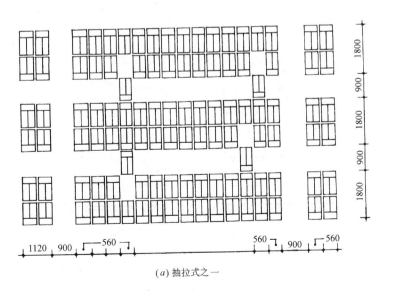

(a)抽拉式之一

图 5-35 抽拉式密集书架(mm)(一)

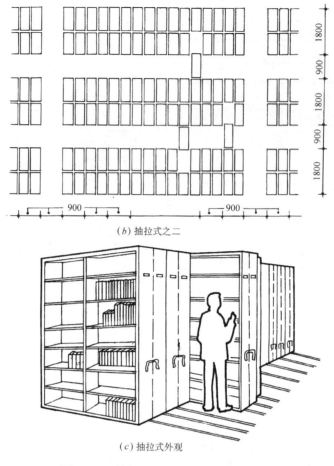

(b) 抽拉式之二

(c) 抽拉式外观

图 5-35　抽拉式密集书架(mm)(二)

3. 平行移动式

这是一种更为集中的密集书,一系列双面书架紧密地排列在轨道上,书架下部装有滑轮,能沿轨道方向与书架面垂直方向移动,所以又称为"列车式"密集书架。这种书架是单位面积容书量最多的一种。它几乎完全节省了全部排间夹道面积,使书库里的有效面积提高75%以上,见图5-36。

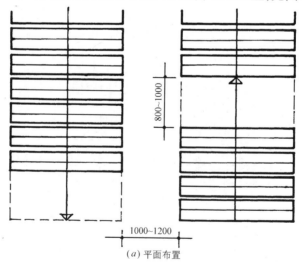

(a) 平面布置

图 5-36　平行移动式密集书架(mm)(一)

(b) 手动机械

(c) 电动密集书架

图 5-36　平行移动式密集书架(mm)(二)

平行移动书架,一般分手动和电动两种。手动式的每排架连续长度不超过两档,电动式的每排架可连续 6~7 档。电动密集书架是用底盘挂钩连成一排的,当中有一固定书架,底盘通过螺栓固定在地面,两端为传动书架,内装电动机,通过皮带、皮带轮、链轮和螺杆带动整排书架行驶在轨道上。工作人员如果要在第 10 号书架取书,可踏第 10 号书架的踏板,使 10 号与 9 号间挂钩脱落,并将操纵杆向前方推动,操纵杆通过开关开动电动机,成列书架就向前移动 760mm(设计行程)自行停止。工作人员进入空出来的夹道取书后,仍推动操纵杆移动,书架即自行退至原来位置。

列车式密集书架需装轨道、电动机,造价较高,不但部件要灵活,而且要有安全措施,以免把人夹在当中发生事故。

以上所述几种密集书架都有共同的缺点,即造价高和取书不方便,一般只适用于储存书库。

三、特藏书架

图书馆特藏是指一般图书、杂志、报纸以外的其他收藏资料,例如,珍善本、缩微读物、特大资料、字画卷轴、地图、像片、影片、唱片、录音磁带甚至立体地图和拓片等。这些特藏品有两种收藏办法:一种是利用标准薄壁钢柱书架的立柱,针对各种特藏品的特点,做成特殊的搁板或书斗进行贮藏。不论是什么样的资

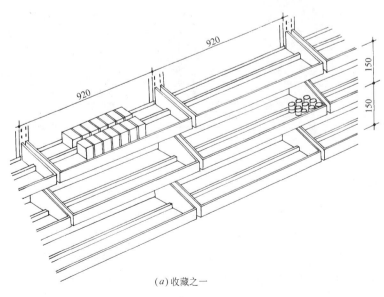

(a) 收藏之一

图 5-37　缩微资料收藏(mm)(一)

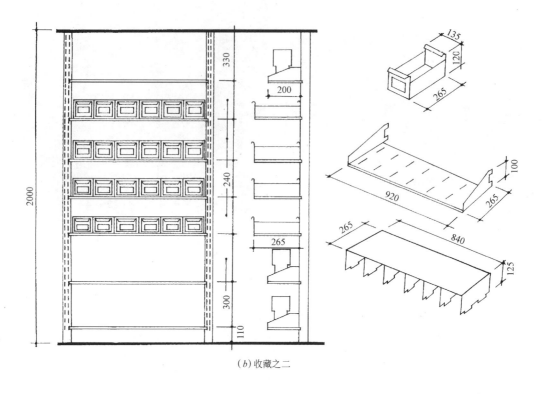

(b)收藏之二

(c)收藏柜

(d)美国波士顿公共图书馆缩微资料收藏实例

图 5-37　缩微资料收藏(mm)(二)

料总可以利用标准书架整齐地收藏起来,并且还可以调整位置,这就是所谓"图书一元化收藏法";另一种就是制成一些特藏书架。如报纸架、卷轴架或特别的存藏柜等(图 5-37~图 5-40)。

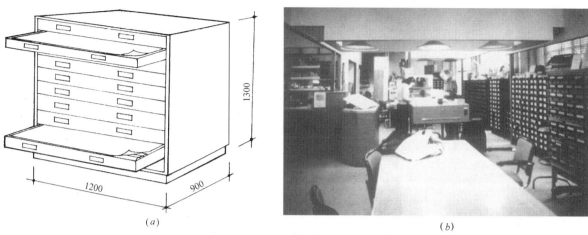

图 5-38　多层的扁抽屉收藏柜(mm)

(a)收藏柜大小(mm)；(b)美国 MIT 建筑系图书馆收藏柜实例

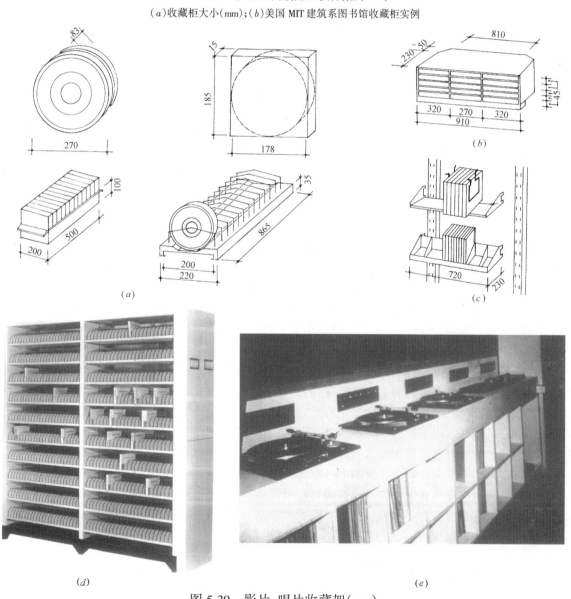

图 5-39　影片、唱片收藏架(mm)

(a)影片及影片套、箱；(b)影片隔架；(c)唱片挂斗；(d)影集架；(e)美国波士顿公共图书馆视听资料收藏

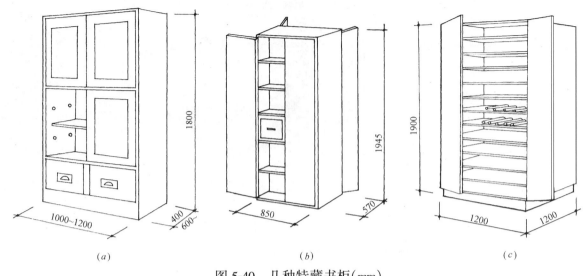

图 5-40　几种特藏书柜(mm)

(a)善本书柜；(b)双面闭锁式资料柜；(c)画卷柜

第六节　藏书空间的采光照明和通风

一、采光和照明

1.自然采光

利用自然光线解决照度问题,称天然采光,它是图书馆建筑设计时的重要因素。

目前国内藏书空间基本上是以自然采光为主,人工照明为辅,少数馆的特藏库采用封闭式人工照明。在自然采光的传统藏书空间中,书架应垂直于外墙排列,窗户与书架之间的夹道相对,每一个夹道都对着一个窗口。为了使书库不论在高度方向或深度方向都有均匀的天然采光,最好在房间的全部高度上(或在书架的全部高度上)开设窗户,用以加强照度。在书库里开设大窗子,库内光线充足,白天一般不需人工辅助照明,便可清楚地看到各档的书脊书号。图书馆书库内天然采光标准应符合图书馆建筑设计规范规定的要求。其中书库开窗面积与地板面积比应不小于1/12。

2.照明

藏书空间人工照明的主要要求是,照度充足、均匀和安全可靠。书库内宜设置配光适当的灯具,不但要求避免眩光,而且应使书架各层书脊上照度相近。

国内图书馆的书库一般采用两种灯,一种是白炽灯,另一种是荧光灯。一般图书馆工作人员反映:白炽灯照度太低,长期在库内工作,几年以后眼睛就近视了。因此,他们主张采用荧光灯,认为荧光灯的光线舒适,长条形的灯管沿着书架纵向布置,容易使照度分布均匀,耗电量低。书库内经常采用的白炽灯功率是 40~60W,布置在行道内的两个光源的中心距离一般是 2m,布置在走道内是 6~7m,开关应该设在主走道的入口附近,靠近扶梯口和电梯口。夹道内灯应设在夹道口,夹道两端都有通道时,则应该设计为双连开关,在两端都能控制。因为工作人员寻查书籍时往往从行道的这一端进,另一端出。因此,应避免为了关灯而走不必要的回头路(图 5-41)。

图书馆人工照明照度标准因不同功能空间而异,具体要求可参考表5-7。

二、自然通风和空气调节

1.自然通风

藏书空间的通风也是一个较为重要的问题,通风不良,室内闷热,书易发霉。因此,要使书库能够长期完好地保存图书,藏书空间内小气候条件是非常重要的。温度、湿度、气流尘埃、酸性气体等都是书籍老化

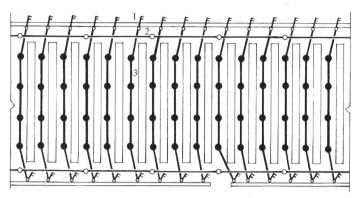

图 5-41　书库照明布置实例

1—架端通道照明系统;2—架间夹道照明系统;3—双连开关

的因素,在设计中应该很好地加以控制。

人工照明照度标准 表 5-7

序　号	房间名称	照度标准(lx)	参考现面及其高度(m)	备　注
1	老年人阅览室	200~500	0.75	
2	少年儿童阅览室	150~300	0.75	专业阅览、善本舆图阅览可设局部照明
3	普通阅览室			
4	光盘检索室			
5	善本、舆图阅览室			
6	装裱修整间			
7	美　工　室			
8	研　究　室			
9	内部业务办公室		0.75	陈列室设局部照明
10	陈　列　室			
11	目录厅(室)			
12	出纳厅(室)			
13	视　听　室			
14	报　告　室			
15	缩微阅读室			
16	会　议　室			
17	读者休息室	50~100	0.75	缩微阅讯室的环境亮度与缩微阅读器屏幕亮度比宜为1:3
18	开敞式运输传送设备			
19	电子阅览室			
20	书　　库	20~50	0.25垂直面	开架书库设有研究厢的,应设局部照明
21	门厅、走廊、楼梯间厕所等	30~75	地　面	

藏书空间内温度过高是不利的,在高温下化学纸张的分解过程和木质纸张的化学变化会加速进行,以致发黄变脆。长期高温会引起干燥,使书籍出现翘曲枯裂现象。温度过低也是不利的, -7℃以下时对胶片有损,使书变脆。相对湿度低于30%,纸张含水量减少,容易干裂;相对湿度高的时候纸张吸收了过多的湿气,含水量过多,书页边缘膨胀,最后造成松散。相对湿度高于75%时,书籍就易发霉而致断章残页,模糊不清。藏书空间里的空气不能滞留不动,空气不流通室内不但有气味而且容易长霉。空气中的尘埃附着在书籍上,不仅会污染且能损坏书籍的表面。空气中含有化学气体如二氧化硫、硫化氢等,对书籍也会造成危害。二氧化硫很容易与接触物中的水分化合成硫酸,使纸变黄、失水、脆裂。因此,可以说人所感

到的舒适温、湿度和空气的洁净条件对书籍也是合适的,反之亦然,切忌温、湿度的急剧变化。

根据我国当前的经济条件,藏书空间的采光和通风显然应以自然为主。进深大可以双面开窗,满足通风要求。但在阴雨季节或潮湿地区,在外界气候不利的环境下,书库窗户应密闭,而定时以机械设备通风换气。必要时,可采用较简单的通风机和竖向通风井道。通风井道的位置,如为单面采光时,要布置在靠近内墙;双面采光时,要布置在中间。上装排风扇,可起辅助通风作用。

2. 空气调节

空调主要是对空气的湿度、温度、气流速度和洁净度的控制与调节。随着现代化的推进,我国图书馆的书库,要求采用空调的将逐渐增多,尤其是一些规模较大的图书馆。

藏书空间温度一般不低于5℃,不宜高于30℃;相对湿度不宜小于40%,不宜大于65%;

特藏书库温度应保持在12~24℃之间,日温差不应大于±2℃;相对湿度应为45%~60%,日温差不应大于10%。设计图书馆时,各类特藏库房温度、湿度设计参数都应符合《图书馆建筑设计规范》的规定。国外图书馆在这方面要求较高,如:美国政府记录保存库的温度为20~24℃,相对湿度为48%~52%;法国巴黎国家图书馆采用的是,原稿、记录及古代板印刷品温度均为20~25℃,相对湿度为40%~60%;英国对保存绘画作品的温度为14~17℃,相对湿度为57%~63%;日本国会图书馆书库夏季温度为26℃,冬季温度为18℃,相对湿度为50%~60%。

当有采暖设施时,要加强围护结构的保温性能,以减少建筑物四周的传热量;设置双层窗既可减少经过窗传入的热量,又可减少空气渗透;窗户采取遮阳措施,可以减少太阳辐射的传入;另外,采用双层屋顶等措施可以减少辐射热、降低空气环境温度等都是有效的办法。

第七节　藏书空间防护要求

书籍和其他收藏品,既要为大量读者广泛使用,又要能完好无损,长期保存。因此,必须做好藏品的防护工作。防护工作除了要建立严格的图书保管制度外,还应在建筑上采取一些有效措施,来消除发生各种危害的因素。

书库防护工作有下列几个主要方面:

一、防晒

制造书籍的材料主要是纸和油墨,此外还包括各种封面的装订材料,如纸板、织物、皮革、塑料、金属丝、线和胶粘剂等。这些材料经过一定的时间,在光和空气的影响下常常发生化学和物理的变化,不断地老化;纸张会失去其强度而发黄、变脆,渐见破损;封面的胶质膜层,会逐渐损坏,翘曲碎裂;装订的胶粘剂也会失效脱落,断线散页,甚至正文褪色发暗,变得模糊不清,失去使用价值。

老化是任何材料的一种自然现象,引起老化的原因就在于材料本身的成分、结构和质量。材料的种类不同,老化的速度也不同,但如果保护条件不好,材料的老化过程将会加速。

太阳光直射对书籍最为不利,藏书空间不能有阳光直射入内。书库最好朝向南北,如不得已朝向东西时,应做百叶窗或其他遮阳措施,以免光线直射书籍(图5-42)。

防晒问题还必须注意屋面的做法。书库的层高较低,在夏季强烈的阳光照射和室外气温的影响下,室内温度很容易升高。例如南京,有些书库的顶层夏季温度常在40℃以上,书籍容易损坏,工作人员也难以忍受。因此,要注意屋面的隔热,如为坡屋面时,应加吊平顶;平屋面时,应该加做保温隔热措施。在北方,图书馆的书库如有采暖设备,应特别注意屋顶的防寒性能,否则库内容易结露。

二、防湿、防潮

前面已述,空气中相对湿度的高低,对书籍保藏的影响很大。库内相对湿度过高,不但使书籍吸水受潮,变形,而且还会产生更严重的霉烂现象。

发霉是霉菌孢子在一定的温、湿条件下,附着书籍上生长发育的现象。霉菌在生长过程中把胶水、浆

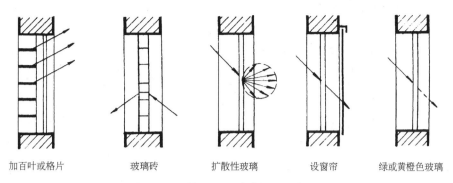

| 加百叶或格片 | 玻璃砖 | 扩散性玻璃 | 设窗帘 | 绿或黄橙色玻璃 |

图 5-42　防止阳光直射的措施举例

糊、织物、纸张、油墨和线等材料都当作养料给消耗了。侵害书籍的霉菌,能使纸张的坚韧性显著降低,严重的能使纸张变成腐朽的碎片,并呈现黄褐色。霉菌滋生的合适温度是 22～27℃,这恰是江南一带初夏的多雨季节的温度。

在同一书库内,由于房间各部的湿度不同,书籍的受害情况不同,如墙根、屋角、窗户附近,或者是湿度大而空气又滞流,或者是湿度升降变化较大等,都容易潮湿而生霉。在江南霉雨季节,地面易积水,特别是地势低洼及靠近河畔的地区,在设计书库时,特别要注意地面的防潮处理。地下水位较高,地区采用填实地面时,应设防潮层。南京图书馆的书库(老库)紧靠河边,该书库的地坪用石片作基层,平铺二道油毡,面层砂浆中掺防水剂,多年来雨季地坪未泛潮,效果良好。此外,也可将地面架空或加建地下室来解决底层书库的防潮问题。

从防潮的角度看,图书馆馆址尽量不要选在靠近河边、地势低凹,地下水位过高的地点。这是建设图书馆一开始就需考虑的问题,但往往会被忽视。

还须指出:防潮与通风有较大的关系。通风好的书库,每天开窗 1 至 2 小时,即可避免发霉。因此,窗户要便于开启,同时也要严密,避免湿气、尘土侵入。

书库要注意防湿。不要在书库内设置洗手盆或拖把池,否则,会由于气候的影响或工作上的疏忽造成溢水、漏水;书库周围要排水通畅,书库内应避免给排水管道通过;书库屋面应采取有组织外排水,并堵绝屋顶渗漏现象。书库屋顶和屋面不宜设置供水设施,落水管用耐腐蚀材料制作。

三、防火

书刊资料防护中最重要的是防火。所有印刷型及非印刷型载体都是易燃材料,一旦失火,蔓延很快,会造成巨大损失。图书馆引起火灾的因素很多,如电火、机房事故焊接不慎以及雷击、地震、邻居失火或坏人纵火破坏等。

防火应"以防为主,以消为辅",要严密规定和严格执行防火安全的管理制度,避免事故发生。否则,即便有完善的消防设备,也难免要造成或大或小的损失。

书库在设计上应考虑到一旦发生火情,要尽量缩小火势,防止蔓延,把损失控制在最小范围内。因此藏书空间各层之间最好能互相隔绝;大面积的藏书空间要进行防火分隔,即利用楼板和防火墙分隔间。一旦发生火灾,防火门可以自动关闭,把火情限制在个别隔间内。

书库与毗邻的其他部分之间的隔墙及内部防火区隔断应为防火墙,其耐火极限不应低于 3 小时。

图书馆建筑防火设计应符合《图书馆建筑设计规范》有关章节条文的规定,同时也要符合国家现行标准《建筑设计规范》(GBJ 16—87)及《高层民用建筑设计防火规范》(GB 50045—95)有关规定。如建筑物附有平战结合的地下人防工程时,尚应符合《人民防空工程设计防火规范》(GBJ—98—87)的有关规定。

四、防尘、防有害气体

书库里积满灰尘,不但清洁卫生难搞,而且对书籍也造成损害。尘土中的微粒对纸张有污染、渗透和磨损作用。书籍容易肮脏、折裂和陈旧。灰尘遇到潮湿的空气而凝聚,给霉菌和害虫提供了生长的条件。因此图书馆应有一个空气清新的环境,并有良好的绿化,绿化树种应选择吸尘能力较强者。

书库防尘在多风砂的北方尤为重要。防尘主要是防止外部灰尘进入书库和避免室内地面起灰。外部灰尘绝大部分是从窗缝吹来,因此窗户的构造对防尘有很大作用。构造上应注意尽量减少窗缝,缝隙要填塞密闭,选用适当的窗扇和填塞材料以保证达到密闭效果。窗扇的防尘做法和填塞材料种类可参见图5-43。严寒和多风沙地区应设双层窗和缓冲门。此外,墙面和顶棚应表面光滑不易积灰。

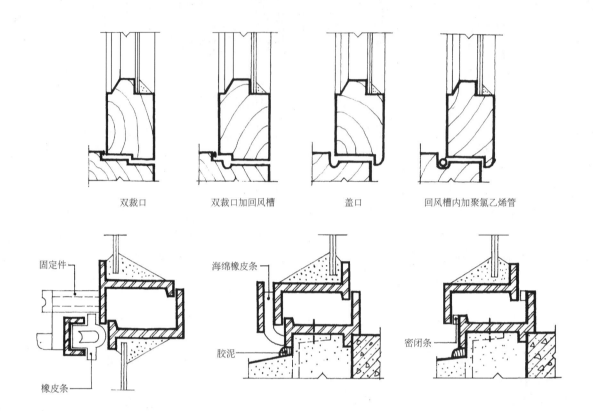

双裁口　　　　双裁口加回风槽　　　　盖口　　　　回风槽内加聚氯乙烯管

固定件　　　海绵橡皮条

橡皮条　　胶泥　　密闭条

图 5-43　窗扇的防尘处理

地面要便于清除尘埃,采用不易起砂、坚实耐磨的地面,一般用水磨石、地砖或大理石地面较好,也便于擦洗,保持清洁。但水磨石地面在南方,霉季容易结水,不易防潮。要求高的书库可以在混凝土楼板上做木地板面层,对防尘、防潮都有利。如果采用混凝土砂浆面层,则应提高质量,表面要光洁。最近有些新建图书馆在普通混凝土地上刷地板涂料,效果也可。如上海中医学院和苏州学院图书馆,都采用普通混凝土地上刷色。此外,为了各层上下通风,在书架下不铺楼板时,其过道板两侧应加边框,以防打扫时灰尘下落。

特藏书库应采取有效措施,防止二氧化硫、硫化氢等有害气体对藏书的危害。

五、防虫、防鼠和消毒

图书馆藏书的保护工作还要注意防虫、防鼠。虫蛀、鼠咬是对书籍的又一大患。危害书籍的害虫有许多种,主要是蛀蚀、皮蠹、书虱和蛾蝶等。这些书虫在生长蜕变的过程中,将书籍蛀蚀成一条条的小凹沟、小坑道或大小不同的圆洞、飞出口。这些囊虫的滋生是与环境的潮湿、通风不良和秽垢不洁有关。其生长的温、湿度条件几乎与霉菌的生长条件相同,所以防虫的要求实际上和通风、防潮、防尘的要求是一致的。如果在建筑设计上能够做到空气流通,干燥且保持清洁,绿化选择不滋生、诱引害虫及生长飞扬物的植物,虫害也就少了。当库内发现害虫时,首先要确定害虫的发源地,然后根据感染程度确定杀虫方法。如数量不大时,可用消毒箱处理,如果程度严重,就需要用有毒的气体,熏蒸整个书库进行灭虫。具有消毒特性的气态杀虫剂很多。

老鼠的危害性是人所共知的。书库里发现老鼠大多是管理制度不严,将食物带进书库所招致。因此,在图书馆总体布置时,就注意使经营食品的建筑(食堂、快餐室、小卖部等)远离书库设置。书库内除图书外,其他任何物件如空箱子、包装废纸、私人衣物用品等都不应放在库内。这些不相干的东西,只会促成灰尘的堆积,虫类和鼠类的繁殖。目前新建的书库都是用非燃烧体材料建成,老鼠很难打洞。只要不在外墙上留孔洞;墙身通风口用耐腐蚀的金属网封罩;门的下槛边缘包上白铁皮,并与地面之间的缝隙不超过5mm;再加上严格管理,禁止工作人员将任何食物带入库内,就能够做到库内老鼠绝迹。

消毒是对某些书籍受霉菌感染和书虫侵害,或者在流通过程中经病人带传染细菌时,采取的专门处理方法。书籍的消毒方法大致有两种:一种是物理消毒方法,一些经常外借流通和非长期保存的书籍可用热、日光及放射线(如紫外线灯)等进行消毒;另一种是化学消毒法,多用化学药品消毒,如用二硫化碳在消毒室内消毒,用甲醛在消毒箱内消毒等。应该为消毒工作准备一间消毒室。消毒室的面积不小于 $10m^2$ 左右,位置放在出纳台和书库之间或附近,消毒室的门应做密封门,要设单独的、直达屋面的竖向通风管道,顶棚墙面做油漆粉刷,地面做磨石子或防酸碱瓷砖,以便冲洗。

六、防盗

图书馆建筑随着开架管理等现代社会化服务的扩展,图书馆应具备对付其他人为灾害和犯罪的设备。因为目前国内外各类图书馆都存在着损害馆藏和图书被盗的现象。有些图书馆因防书被盗,而不愿开架,这种因噎废食之举是不可取的。我们可以采取各种安全措施加以防范。

因此在建筑平面空间布局和环境设计上,就要重视增强图书馆的安全性。既要满足安全疏散要求,又注意与四周的屏隔,将主要通道置于管理视线与电子设备的监控下,以保护读者生命财产和馆藏文献资源的安全。

采用开架管理的图书馆或阅览室,通常设置电子安全监测装置或探测系统。要求出入读者必须通过一个设有电子设备的狭窄出入口,当有人携带未经办理外借手续的图书通过时,便会发出警报,或以自动栏杆锁闭出口。

第六章　出纳、检索空间设计

出纳、检索空间是图书馆建筑的四个重要组成部分之一。在图书馆的功能关系中,它是三条主要工作流线(书刊流线、读者流线和工作人员流线)的交汇中心。这里既是图书馆藏书借出和归还的总渠道,又是图书馆为读者服务工作的中枢。一个图书馆建筑是否合理,能否为读者提供良好借阅条件,在很大程度上取决于这部分的设计工作。

出纳、检索部分的设计与图书馆所采用的管理方式密切相关。管理方法不同(例如,是开架还是闭架,是集中还是分散设置),设计也有区别。

第一节　出纳、检索空间的组成及设计

一、出纳、检索空间的组成

出纳、检索空间是读者借还书籍的总服务台。在闭架管理的图书馆中,读者要借阅图书或资料,必须先到借书处。通过查阅馆藏目录卡片找出所需书刊的书号,填写借书单,交出纳台等候取出,然后才能带进阅览室或携出馆外。现代图书馆逐步趋向于开架,其借书程序大为简化。读者入馆先查目录或直接入库选书,然后到出纳台办理借书手续。有时候,有些读者在查阅目录中遇到困难,或者为研究某一课题希望得到帮助,就需向咨询台联系,请提供咨询服务。此外,归还图书也需到借书处来办理手续。无论是闭架管理或是开架管理,出纳、检索空间都由以下几个部分组成:

1. 目录厅

这是供读者借书时查阅目录的地方。通常这里布置有目录柜台及供查目录用的桌椅等家具。

2. 出纳台

出纳台也称借书处,是读者办理借、还图书手续的地点。大多设计为柜台式,具有较长的工作面,便于读者办理借阅手续。

3. 工作间

借书处的工作间附属于出纳台,介于出纳台与书库之间,是对归还的图书进行整理和必要的消毒处理,以便进库上架。

4. 信息服务中心

现代图书馆重视信息服务,近几年来所建新馆舍都设有信息服务中心,采用计算机联机检索、光盘检索等,把最新的、最有价值、最有针对性的文献、情报等信息及时、主动地提供给读者,并开展咨询服务,指导读者获得所需的资料与目录等,极大地提高了图书馆借书部分的功能。

目录厅与借书处(出纳台)宜结合在一起,组成一个借书厅,以方便读者查询、借书。也有的图书馆设置单独的目录厅,这要视图书馆的规模而定。在一般中型图书馆中,为了避免读者过分拥挤而引起借书、还书不便或者效率不高,往往设立两个以上的借书处;而在更大型公共图书馆中,借书处往往按读者对象或书刊种类分设。不仅把儿童借书处和成人借书处分开,还将普通阅览和参考阅览借书处分开;流通频率较高的文艺书刊也常常单独设置出纳台。如图6-1河北工学院图书馆即属此例。在高校图书馆中,往往是按学科分设借书处,把文科和理科分开,把期刊杂志和普通图书分开(这一点公共图书馆也如此)。如甘肃农业大学图书馆在1、2层分设中文与外文目录厅与借书处(图6-2);苏州大学图书馆也在1、2层设了两处目录厅出纳处,将文、理科借书与查询分开,提高效率。现代图书馆采用开架管理以后,部分常用的书刊转移至阅览室。为方便读者使用,在各开架阅览室中分设有各种类型的小借书台(可与阅览室中的管理台

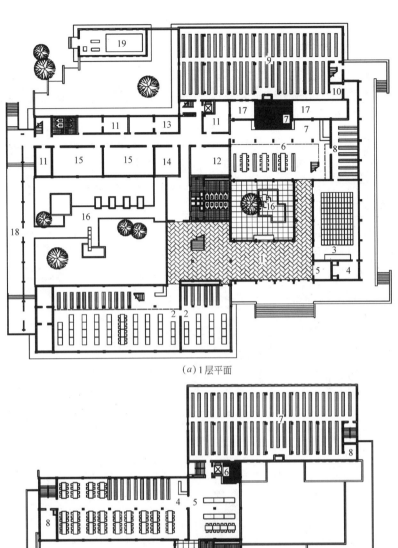

(a) 1层平面

(b) 2、3层平面

图 6-1　河北工学院图书馆

1—门厅；2—学生阅览室；3—报告厅；4—休息室；5—传达室；6—目录厅；
7—出纳；8—文艺书库；9—基本书库；10—工作间；11—办公室；12—仓库；
13—装订；14—复印；15—采编；16—庭院；17—天井；18—外廊；19—泵房

合设),实行外借与内借,藏阅一体化。这种设立多个借书台的办法,虽然工作人员增多,但最大的优点是方便读者、提高效率。

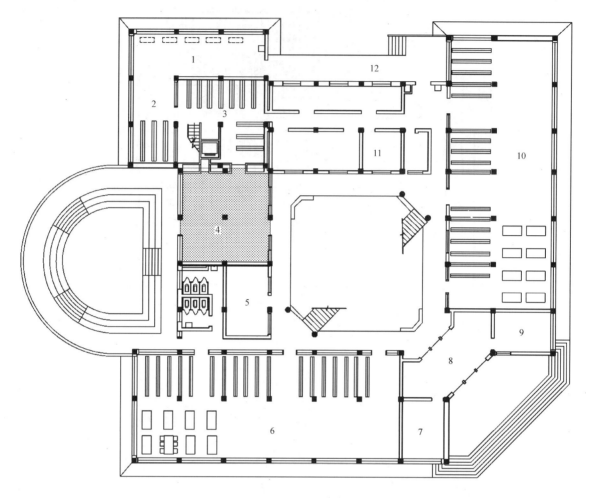

图6-2　甘肃农业大学图书馆1层平面

1—装订;2—修订;3—书库;4—中文目录厅;5—阅览部;6—文学阅览室;7—收发;

8—过厅;9—值班、存物;10—农学阅览室;11—采购;12—卸书台

二、出纳、检索空间的设计

由于功能上的要求,出纳、检索空间一般处于图书馆的中心部位。在设计时,既要方便读者,又要为管理及服务工作创造较好的条件。为此,必须注意以下几点:

首先,借书处常常是读者使用图书馆的功能起点,有较多的人流进出,公共图书馆尤其如此。因此,借书处宜靠近图书馆入口布置。应使读者入馆后能看到或者通过宽敞的楼梯等引导性空间很自然地到达。一般是将它靠近门厅设置。小型图书馆的借书部分常设在底层,这不仅方便来馆借书的读者,而且还可以将内阅与外借的读者人流分开,避免互相干扰;中、大型图书馆往往2层是图书馆的主层,借书处也常常设在主层门厅附近的中心部位。

其次,借书处应靠近书库,两者之间的联系越紧密越好。也就是说,从书库到出纳台的距离越短越好。书库和出纳台之间不要安排其他房间,以保证二者联系能直接方便。因为我国目前图书馆中多数以人工取书为主,一个书库出纳人员,每天不停地往返于书库与出纳台之间,水平距离越长,对出纳工作越不利,影响借书效率。书库与借书处也可采用垂直联系的方式,使垂直运输电梯直接设在借书处出纳台的空间内,这样可以大大减小水平运输距离,提高取书速度,并减少工作人员劳动强度。

此外,借书部分与阅览区也应有方便的联系。在传统的闭架管理模式下,读者经目录厅、借书处借到

书后要去阅览室阅读,所以借书部分要求就近能通到各个主要的阅览室。在开架管理模式下,读者有的直接去各开架阅览室而不需经过借书部分,也有的读者到借书部分检索查询后,再到各开架阅览室。其中,更应注重后一种读者的流线。因为图书馆采用开架管理后,读者多采用自我服务的方式,需要到目录室检索资料或者查询,那么阅览室与借书部分则更需要密切联系,即从借书部分到阅览室的路程越短越好。

借书部分不仅要与藏书区和阅览区有直接而方便的联系,而且与编目办公也需保持日常业务上的联系。因此这两部分之间宜设计直接的通道,以沟通借书和编目办公室之间的联系,避免使他们之间的联系穿越其他功能空间,尤其要防止穿越阅览区,对阅览室产生干扰。而且这条通道仅能供内部作用,而不能让读者穿行。

综上所述,借书部分与许多部分相关联,设计时常将借书部分安排在馆舍的中心位置。因此,在设计时要特别注意这一部分的日照和通风。不能认为这里仅仅是读者短暂停留之地,就忽视或降低这方面的要求。必须看到,这里既是读者活动频繁之地,更是图书馆工作人员长年工作的地方,而且劳动强度大,所以应给予周密的考虑,提高这一部分的环境质量。

现代图书馆设计要求以自然采光和自然通风为主,目前国内不少图书馆实例中,借书部分都处于日照和通风较不利的环境中,东西晒、冬冷夏热、四周闭塞、通风不畅。传统的图书馆平面常采用工字形、日字形,借书部分常常处于不利的东西向位置,但仍有天然的采光通风。现代图书馆采用块状平面或模数式平面,由于平面布局集中,这一部分如何能有直接的自然采光和通风,则要引起特别的关注与重视。西南交通大学图书馆建筑平面采用两个正方形互相穿插做切角,目录厅设于3层两个正方形对角线的中间部位,两边设两个内天井,这样就较好地解决了借书部分的自然采光与通风(图6-3)。贵州工学院图书馆将底层的共享大厅作为目录厅使用,借书部分的采光与通风通过屋顶的玻璃采光棚解决,这也是一种较好的解决措施(图6-4)。

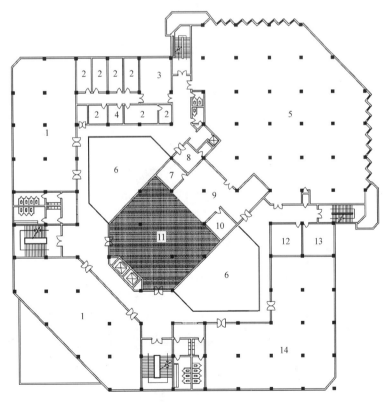

图6-3　西南交通大学图书馆平面

1—研究生阅览室;2—办公室;3—会议室;4—打印室;5—闭架书库;6—内天井;

7—检索室;8—更衣室;9—出纳室;10—消毒室;11—目录厅;12—读者服务部;

13—复印室;14—教师阅览室

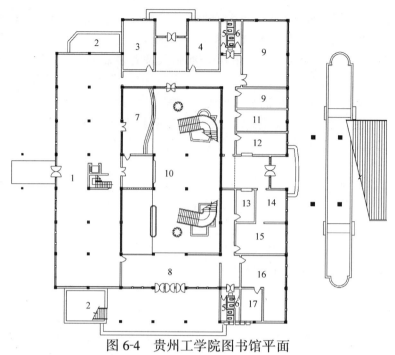

图 6-4　贵州工学院图书馆平面

1—书库;2—花池;3—典藏;4—采编;5—男厕;6—女厕;7—出纳;8—展览室;9—编目;

10—目录厅;11—电算;12—咨询;13—值班;14—馆长室;15—办公室;16—复印;17—暗室

除考虑有利的采光通风外,借书部分的平面位置更要从方便读者和便于管理的角度考虑。设计上应根据需要,做到既能开放,又能关闭。有些图书馆的设计把目录厅与出纳台都做开敞式,有的结合入口门厅设置,有的放在二层的过厅中。这种做法开门见山,位置突出,一进门就有浓厚的图书馆气氛;可节省交通面积,方便读者使用;出纳台工作人员可兼顾读者活动情况。但是,这种布置值得商榷,因为它是开敞的,无法关闭,因此每日下班时柜台上的用品都要收拾存放,不胜其烦。有的地区,在冬季气温低而又无采暖设备,这种开敞式的布置就更不合适。所以应当考虑借书部分在开放的基础上,有其独立的可能。图6-5为江苏省江南大学公益图书馆,借书部分与门厅既合又分,读者入门厅后,能够直接看到进深处的目录

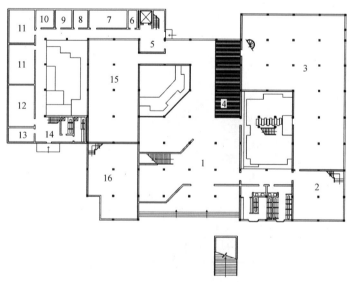

图 6-5　江南大学公益图书馆 1 层平面

1—门厅;2—学生自修室;3—中文书库;4—目录厅;5—电梯间;6—配电间;

7—采编;8—验收;9—典藏;10—调度;11—中文编目;12—外文编目;

13—值班;14—辅助门厅;15—外文书库;16—资料阅览室

厅,目录厅与门厅是一体的。下班后,目录厅也可方便地关闭。一道45°的斜墙很好地暗示了门厅与借书部分可分可合的空间关系。

当设置分出纳台时,一般都应附设辅助书库,辅助书库与总书库也应有直接的通道联系,方便取书。

由于电脑管理系统与电子监察装置的使用,图书馆的借书部分也在产生巨大的变革,借还图书的手续大大简化。由于电子书目的发行,读者通过计算机检索,可以大大地提高效率及质量,这已成为现代化图书馆的特点之一。所以在设计时,应充分考虑借书部分现代化的要求,提供布置相应设备的可能性。由于计算机的采用,借书部分的面积可缩小,但由于其职能的增多,设计时,仍需为这一部分预留足够的面积。

由于信息的飞速增长,读者利用目录厅的时间会加长,另外有些读者需在借书处等候取书,所以借书部分可以设置一些座位,以供读者休息。

第二节　借书处的位置及要求

借书处的位置关系到图书馆的平面设计和空间安排,常见的布置方式有以下几种:

1. 设在门厅内

把借书处设在入口门厅内,即将门厅适当扩大兼作借书厅,陈放目录柜,布置出纳台。这种方式直截了当,门厅兼有借书与交通双重功能,既方便读者,又节省交通面积。但是,由于它不便于人流疏散,所以采用这种布置方式的图书馆其规模不宜太大,一般只在小型图书馆中使用。如图6-6新疆师范大学图书馆。它将主层设在二楼,门厅内即为出纳目录厅。

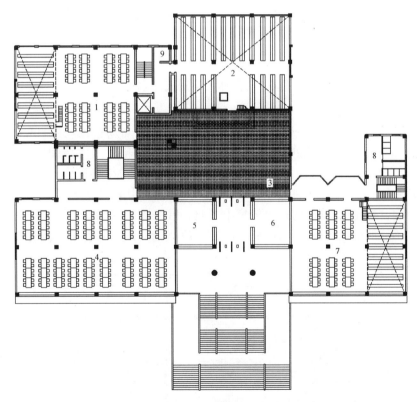

图6-6　新疆师范大学图书馆2层平面
1—社科参考阅览室;2—基本书库;3—目录出纳厅;4—学生自习室;5—门厅报警;
6—存物;7—现科参考阅览室;8—卫生间;9—管理室

2. 设在门厅的后部

这种布置方法是将借书处放在门厅的后面,形成一个相对独立的借书厅。这种方式既使读者进出较方便,又避免了借书厅不便自由开闭的缺点。这种设计,借书处地位适中,功能合理,既有其独立性,又与其他部分联系方便,因而长期以来为很多图书馆所采用。在规模较大的图书馆中,有的在此位置垂直方向上连续几层都设置借书处。前述90年代后建的苏州大学敬文图书馆及甘肃农业大学图书馆均采用这种布置方式。

3. 设在门厅的一侧

这是一种较自由的布置手法,一般应用在非对称的平面布局中。这种布置方法可灵活地满足借书部分的功能要求,采用多样化的手法组织好与其他功能区的联系。除此之外,还可以较好地解决自然采光与通风的要求。吉林大学逸夫图书馆的借书处就采用这种布置方法(图6-7)。该借书处位于门厅的右侧,与闭架书库仅一墙之隔,与开架书库也有方便的联系,目录厅内还设一部专为读者垂直交通使用的楼梯。通过门厅及主楼梯,读者借书后能方便地到达各阅览室,流线通顺方便。目录厅与出纳部分的朝向与通风也好。

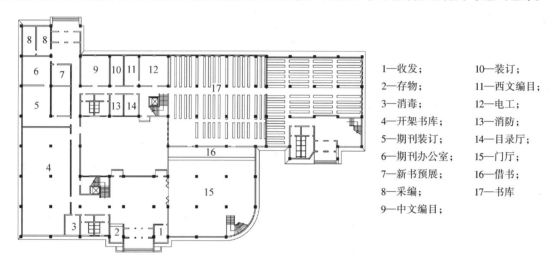

1—收发;   10—装订;
2—存物;   11—西文编目;
3—消毒;   12—电工;
4—开架书库;   13—消防;
5—期刊装订;   14—目录厅;
6—期刊办公室;   15—门厅;
7—新书预展;   16—借书;
8—采编;   17—书库
9—中文编目;

图 6-7 吉林大学逸夫图书馆

4. 中央大厅式

这种布置方式是北欧斯堪的纳维亚半岛国家的传统图书馆的布局特色。它们常常把借书处设计成一个中央大厅,开架书沿着大厅四壁陈列,读者要通过借书处大厅才能进入主要阅览室,借书台扼守着进出口,与闭架书库采取垂直联系。瑞典韦斯特拉图书馆(图6-8)及芬兰维堡里公共图书馆(图6-9)都是这种布置的典例。特别是后者,借书厅仿佛是个大楼梯厅,空间高大,中间凹下,外文阅览室就设在凹下的空间中。这种手法使空间富有变化,同时管理也较集中方便。借书处、阅览室和书库三者之间既能相互联系,又可相对独立。借书厅的出纳台既与下面书库和工作室有联系,又能观察到读者出入图书馆和在借书厅中的活动。

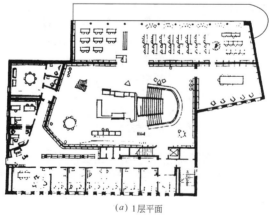

(a) 1层平面

图 6-8 瑞典韦斯特拉公共图书馆(一)

(b)借书大厅内景

图 6-8　瑞典韦斯特拉公共图书馆(二)

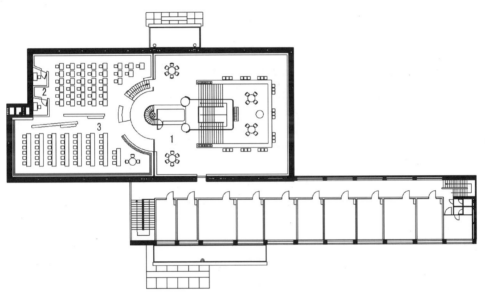

图 6-9　芬兰维堡里公共图书馆平面

1—出纳目录厅;2—单人阅览室;3—阅览室

　　这种布置方式在目前我国现代图书馆中仍有其适应性。现代图书馆要密切书与人的关系,常常采用集中式的块状布局。采用这种布局方式的平面中心常作为枢纽空间,它包括门厅、目录、出纳与咨询等。它既解决垂直交通又作为图书馆各种流线与功能关系的交点。前述贵州工学院图书馆,在块状布局的中心设计一个高3层的共享大厅,作为目录厅,它既是读者进入图书馆后空间序列的起点,也是图书馆各功能区联系的节点。目录厅与书库紧邻布置。厅中还设两部景观楼梯。各层回廊既作为交通通道,又是读者的休息廊,还作为闹区(目录区)与静区(阅览区)的分隔,减少干扰。这种布局功能明确合理,路线清晰,流线通畅,而且空间层次丰富,为读者提供一个充满文化交通氛围的空间。

　　5. 单元式

　　在采用单元式建筑布局的图书馆中,借书部分作为一个功能单元设计。如合肥经济技术学院图书馆(图 6-10)采用以圆形中央大厅为中心,连接四个标准单元的布置方式。借书部分位于2楼,单独设立一个借书厅,通过楼梯及共享空间的各周边内挑回廊与书库及阅览室相连,满足功能要求,也有良好的自然通风与采光。同时,单元式布置还使得借书部分具有良好的空间可变性。图书馆管理方式的改变以及新技术、新设备的采用,都会导致借书部分的变化。采用单元布置,不仅可使借书部分的相对位置改变,而且可以灵活地划分借书部分的内部空间,使之满足新的功能要求。同时,也使得借书部分作为阅览室等其他功能空间使用有一定的可能性。

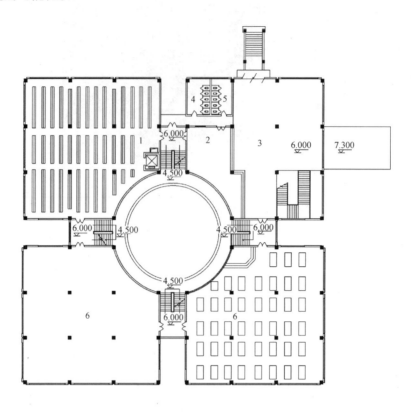

图6-10　合肥技术经济学院图书馆2层平面
1—双层书库;2—出纳;3—目录厅;4—男厕;5—女厕;6—阅览室

6. 设在阅览区内

这种布置方式随着开架阅览的要求而逐渐增多。在开架管理的方式下,部分藏书甚至百分之百藏书转移至开架阅览室,将借书处设在阅览区内,实现藏、借、阅一体化,会极大地方便读者。在开架成为现代图书馆发展趋势的今天,这种布置方式也越来越被广泛使用。如北京师范大学图书馆在各开架阅览室内设有借书处,它作为总借书处的补充,为更方便读者而设的,但还需设置总目录厅与出纳台,北京师范大学就在3楼设置了借书厅。在国外有些图书馆中,将总目录设在入口附近,而把借书台设在阅览区内。如果图书馆规模较大,按学科划分阅览区,可以按层、按区设立分借书台,所有这些分借书台要求与总书库都要有直接、方便地联系。如俄国莫斯科大学图书馆即采用了这种方式,总目录厅设在2楼,2～4层每层设三个分出纳台,分别为不同专业读者服务。书库在底层,共3层,可直接与每层分出纳台直接联系,与读者流线完全分开(图6-11)。这种将借书处设在阅览区的方式,其优点是便于工作人员兼管阅览区。但是在借书人数较多的图书馆中,采取这种方式,容易嘈杂干扰,影响阅览区的安静。

借书部分一般设在1层或2层,它方便读者外借,也便于垂直分区,保证阅览区的安静;也有的将它设在错层上,利用书库与阅览室的高差,将借书厅置于2层书库的标高上,从主楼梯平台处进入(图6-12)。这种方式适宜用于主层在2楼的图书馆中,借书厅下部常作为期刊库或编目作业用房。设置分借书台时,可采取分层设置的办法。有的图书馆按学科分别在1层、2层及3层都设置借书处。

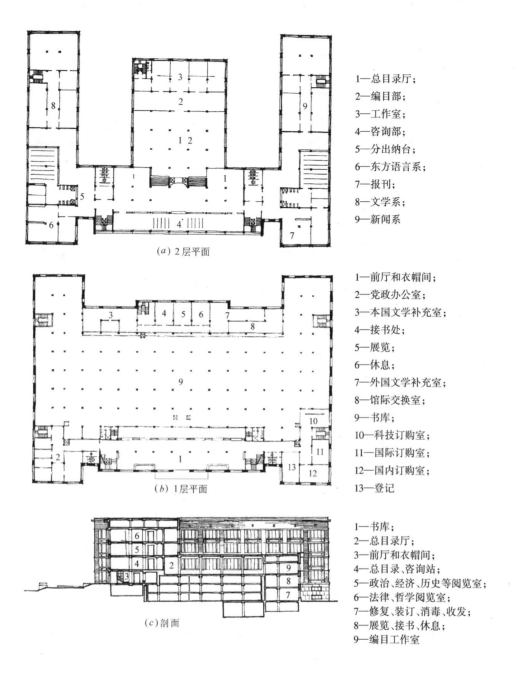

(a) 2层平面

1—总目录厅；
2—编目部；
3—工作室；
4—咨询部；
5—分出纳台；
6—东方语言系；
7—报刊；
8—文学系；
9—新闻系

(b) 1层平面

1—前厅和衣帽间；
2—党政办公室；
3—本国文学补充室；
4—接书处；
5—展览；
6—休息；
7—外国文学补充室；
8—馆际交换室；
9—书库；
10—科技订购室；
11—国际订购室；
12—国内订购室；
13—登记

(c) 剖面

1—书库；
2—总目录厅；
3—前厅和衣帽间；
4—总目录、咨询站；
5—政治、经济、历史等阅览室；
6—法律、哲学阅览室；
7—修复、装订、消毒、收发；
8—展览、接书、休息；
9—编目工作室

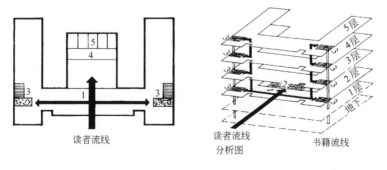

(d) 平面流线

读者流线

(e) 垂直流线

读者流线
分析图

书籍流线

5层
4层
3层
2层
1层
地下

1—门厅；2—总目录厅；3—分出纳台；4—编目室；5—办公室

图 6-11 莫斯科大学图书馆

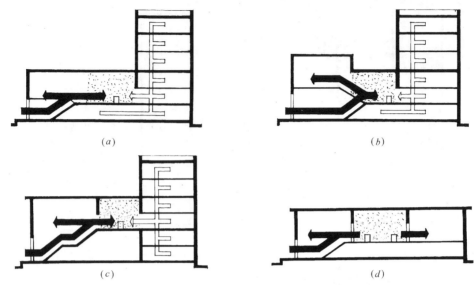

图 6-12　借书处在剖面上的位置

(a)位于底层;(b)位于错层;(c)位于2层;(d)位于多层书库中部

第三节　借书处的布置与面积

一、目录厅与出纳台的组合

(一) 组合要求

目录厅与出纳台的组合应符合读者借还书的程序。这与管理方式有很大关系。闭架管理的借书程序一般是:

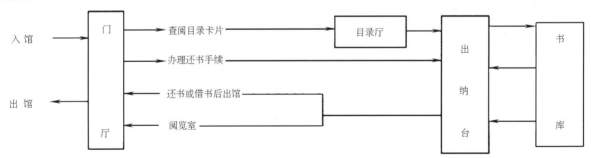

开架管理时,读者借书有多种选择:可以在检索目录卡片后,入开架书库或开架阅览室选书,然后再办理借书手续;也可以直接到开架阅览室浏览。在这种情况下,目录厅与借书台的关系就比较灵活,组合方式也有多种多样。所以目录厅与出纳台的组合必须按照不同管理方式的使用程序进行设计,合理地组织三种流线。一般是应将目录厅设置在前面,以方便读者查阅目录卡片;出纳台设置在后,既要考虑其与书库和各开架阅览室的位置邻近,以缩短运输路程,又要考虑方便管理。此外,还应尽量减少交通穿行面积。目录厅与出纳台自成一组空间,便于关闭,方便管理。

(二) 组合方式

目录厅与出纳台是借书部分的两个主要部分。其组合方式有合设与分设两种:

1. 合在一起设置

目录厅与出纳台组合在一起,共同形成一个借书处。大多数图书馆都采用这种组合方式。尤其适于图书馆的闭架管理及开架管理的外借部分,这种组合方式又由于其所在的楼层和平面的不同而有不同的布置方式。

(1) 前后布置

这种方式是目录厅在前,出纳台在后,读者经目录厅到出纳台,符合读者借书路线。布置时要尽量使目录厅减少进出人流干扰,宜集中布置目录柜,使目录厅形成一个完整的查目区。目录柜可置借书处的中部一侧或两侧,其布置方式如图(6-13)。

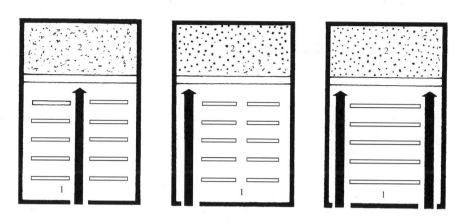

图 6-13 纵向布置的借书处
1—目录室;2—出纳台

(2) 并列布置

这种布置方式是目录厅与出纳台并列布置。出纳台一般靠近入口处,形成袋形目录厅,有较完整的区域来陈列目录柜,少受人流干扰(图 6-14)。这种方式交通面积小,也较安静,读者借还图书方便,但出纳台前容易拥挤,设计时应留出足够面积。

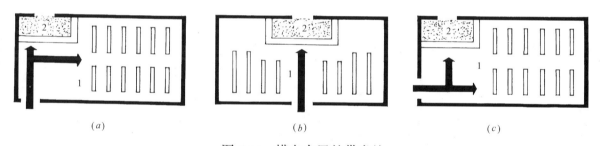

图 6-14 横向布置的借书处
(a)出纳台在一角,面对入口;(b)出纳台居中,面对入口;(c)出纳台在一角,侧面入口
1—目录室;2—出纳台

(3) 侧向布置

目录厅与出纳台分别置于借书处入口两侧,解决了读者来回穿越的问题,读者借还书和查阅目录均较方便,适于读者多的大中型图书馆。同样也要注意出纳台前应有较大的面积供等候和通行,如图 6-14 所示。图 6-14(a)是一边进门,便于关闭管理,而图 6-15(b)是两边入口,不便关闭,易于穿行。设计时必须予以注意。

2. 分开设置

现代图书馆中,目录厅与出纳厅也采用分开设置的办法,布置也更为灵活。

(1) 水平方向分设

即将目录厅与出纳台在同一层平面上分开设置。虽然两者不在同一房间内,但仍要求两者靠近布置,有方便的联系。如图 6-16 所示的商丘师范高等专科学校图书馆的借书部分,出纳台位于交通便利的 2 层平面的中心部分,中、外文两个目录厅分设在出纳台的左右,可以在闭馆时关闭。这种布置方式使目录厅减少人流干扰,方便读者使用。还书人流也不必穿越目录厅。由于目录厅与出纳台相邻布置,使用较为方便。

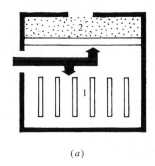 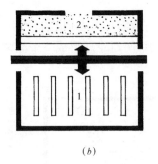 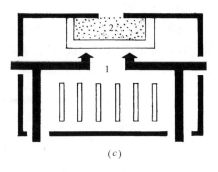

(a)　　　　　　　　　　　(b)　　　　　　　　　　　(c)

图 6-15　侧向布置的借书处

(a)出入口在出纳台一侧;(b)出入口在出纳台两侧;(c)出入口在出纳台两侧和对角

1—目录室;2—出纳台

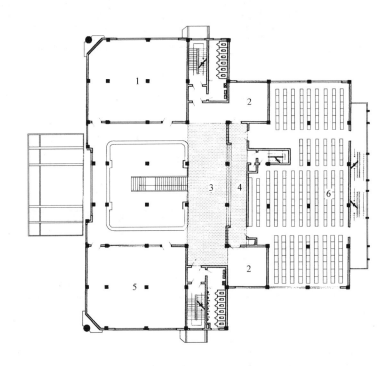

图 6-16　商丘师范高等专科学校图书馆 2 层平面

1—学生报刊;2—目录厅;3—借书处;4—出纳台;5—学生文科阅览室;6—闭架书库

(2) 垂直方向分设

这种布置方式常见于开架管理的图书馆中,将总目录厅靠近主入口处布置,而将出纳台分设到各层的开架书库或开架阅览室中。也有的大型图书馆在靠近读者入口处布置出纳台,1 层门厅内设置总目录厅与还书处,在 2 层、3 层的开架书库分设出纳台。这种垂直方向分开设置要与管理方式及开架书库、开架阅览室的设置接轨,否则读者借还书会感到不便。

目前我国图书馆大多采用开、闭架相结合的管理方式。除设置中心出纳台外,在开架书库或开架阅览区内再设分出纳台。这种方式比较适合这种管理体制,目前许多新馆采用这种设置方式。一般中心出纳台多为闭架部分或外借部分读者服务,应毗连书库设置。采用开架或半开架管理的辅助书库,出纳台一般设在其入口处,便于管理及办理借还书手续。

二、出纳台的设计

在以外借为主的传统闭架管理的图书馆中,出纳台是藏书、阅览和服务三部分工作的总枢纽。即使在向现代化图书馆过渡的阶段,设计时对它的作用仍不容忽视。

1. 出纳台的设置

出纳台的主要工作是借书、还书、读者登记及咨询。如前所述,其设置方式受管理方式的影响,基本上有集中设置和分散设置两种。集中设置是全馆在一个出纳台办理各种借还手续。这种方式的优点是管理集中,可减少工作人员,但在读者较多、借还书时间较集中的图书馆里(如高校图书馆的课间休息和课外活动时间)非常拥挤。这种方式仅在规模较小和采用传统闭架方式的图书馆里仍有其适用性。分设出纳台的方式方便读者,借还书较快。它能紧贴相应的辅助书库布置,接近所服务的阅览区,可以缩短取书距离,也便于安装书籍传送设备,一般各层出纳台最好上下对齐,更为理想(图6-17)。

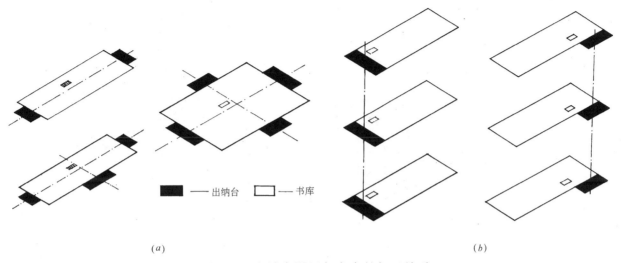

■ ——出纳台   □ ——书库

(a)   (b)

图6-17 出纳台设置与书库的相互关系
(a)设置在同一层的不同区位;(b)设置在不同层的相同区位

2. 出纳台的大小、形式及布置

出纳台须根据图书馆的性质、人员编制以及借、还书读者较集中时的人数等条件,计算决定柜台的长度,保证具有足够长的工作面,以避免读者办理借还书手续时的拥挤。

出纳台内应有足够的面积,设有工作人员及书车在库内往返的通道,存放办公桌、运书车、常用书的暂存书架等家具设备。根据这些需要,按《图书馆建筑设计规范》规定,出纳台内工作人员所占使用面积,每一工作岗位不应小于6m²。工作区进深,当无水平传送设备时,不宜小于2.5m;当有水平传送设备时,不宜小于3.5m(可按工艺布局的实际需要确定尺寸)。图6-18,为出纳台的形式和大小。

出纳台外为读者活动范围,包括借书、还书、咨询、填写索书条、等候提书等活动,还需考虑新书推荐(通过展橱或壁龛展示)所占位置。由于每个出纳人员的服务能力按柜台长度计算只能为1.2m左右,即相当于每次接待三个读者同时索书、提书、办理借书手续。在借、还书高峰期间,特别是高校图书馆,读者使用时间较集中,故出纳台外也应有充裕的空间。

如设置计算机终端或出纳台兼有咨询、监控等多种功能服务内容时,使用面积需更大一些。

出纳台布置的形状同管理方法和借书处的平面布置等因素有关。有的采用"一"字形,有的采用"冂"形或"T"形,也有的采用"L"形。图6-19为出纳台的基本形式。国外还有采用圆形或六角形、正方形等。

在构造上,出纳台又可分为固定式和组合式两种。固定式出纳台系一整体,可以用各种材料制作,如木质的、塑料贴面、防火板贴面或水磨石、大理石等。组合式出纳台一般是木制的,它有矩形和转角两种单元,可根据需要,变化灵活拼装,以适应现代化图书馆灵活性的要求。

此外,出纳台还有封闭式和开敞式两种方式。封闭式是将出纳台变为出纳室,用玻璃与目录厅隔开。它的优点是出纳处安静,利于图书保管。但与读者关系不够亲密,不利于通风。现在国内多数图书馆都采用开敞式,给读者以亲切之感。

由于出纳台工作人员坐着工作,在出纳台外读者是站立的,必然有一个站、坐的高差,相差约200~300mm,为了便于工作人员方便地与读者联系,需要处理内外的高差,见图6-20。

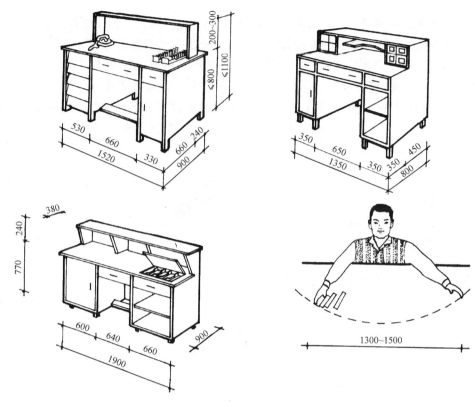

图 6-18　出纳台形式和大小(mm)

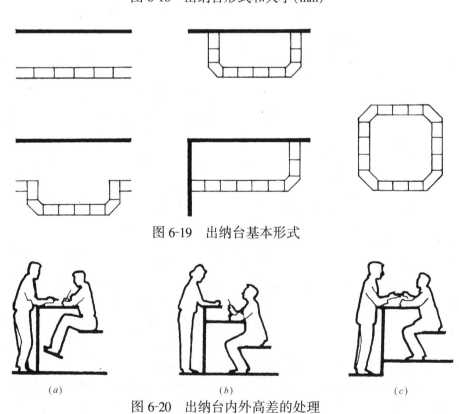

图 6-19　出纳台基本形式

图 6-20　出纳台内外高差的处理

(a)出纳台内外地面等高,工作人员需坐高椅来与读者保持同一水平工作面;(b)出纳台内外地面等高,出纳台面的设计分别适应站、坐的两种不同高度的工作面;(c)出纳台内外地面不等高,将出纳台的地面抬高,以保持同一水平工作面

无锡轻工业学院图书馆就是采用的(c)形式。它将抬高的地面做成木地板,既解决了高差问题,也改善了工作条件,但需注意与书库地面的相接处理,应保持一致,避免给运书带来不便。

第四节　目录厅的布置及面积

目录厅是放置目录柜的场所,在闭架管理的传统图书馆里,目录是提示馆藏内容、指导读者借书和填写索书单的主要工具和依据。开架管理时,它在宣传图书,向读者提示库藏方面仍起重要作用,即使采用机读目录以后,在较长时期内,它仍将与机读目录并存。因此目录厅的设计,不仅要为目录柜的布置留有充分发展的余地,还要为计算机终端的设置准备好必要的条件。

一、目录卡与目录柜

目录的形式主要是卡片,它在世界各国图书馆已普遍采用,但自20世纪60年代中期,电子计算机开始在美国应用于图书馆业务以来,世界不少现代化图书馆已逐渐废除卡片,代之以机读目录,用计算机进行存贮和检索。这是目录检索的重大变革,也是图书馆发展的趋势,必然会影响借书部分设计。我国目前的图书馆正在过渡阶段,各地发展也不平衡,每年出版物90%未经电子化处理,所以要完全停用卡片恐怕还有一定的时间,我们必须根据我国目前的实际情况和未来发展趋势进行设计。我国目前图书馆设计应以计算机机读目录为发展方向,但要考虑两种形式并存。

目录室内的主要设备是存放卡片的目录柜,其大小根据卡片屉的组合变化而定。卡片和卡片屉的尺寸如图6-21,为几种常用的普通单面目录柜、组装式目录柜及其外形尺寸。在有些图书馆,特别是学校图书馆,读者多,目录使用频繁,为了避免拥挤,干脆将目录屉敞开,固定地排列在桌面上供读者翻查,形成一种目录台。这种目录台的缺点是卡片暴露在外,容易积灰,不易清洁整齐,并且占用的面积大。

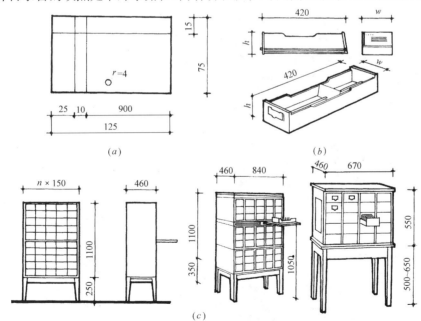

图6-21　卡片、目录屉及目录柜(mm)
(a)卡片;(b)目录屉;(c)目录柜

带有抽屉的目录柜通常是架叠在台桌上。台桌的高低不同:高脚座的桌高约800~1000mm,矮脚座的桌高350~600mm。桌的选择要以符合读者舒适地使用为标准。

二、目录柜的排列

目录室内目录柜的排列方式应以使用方便为原则,一般采用不靠墙的行列式布置,使读者查阅目录时

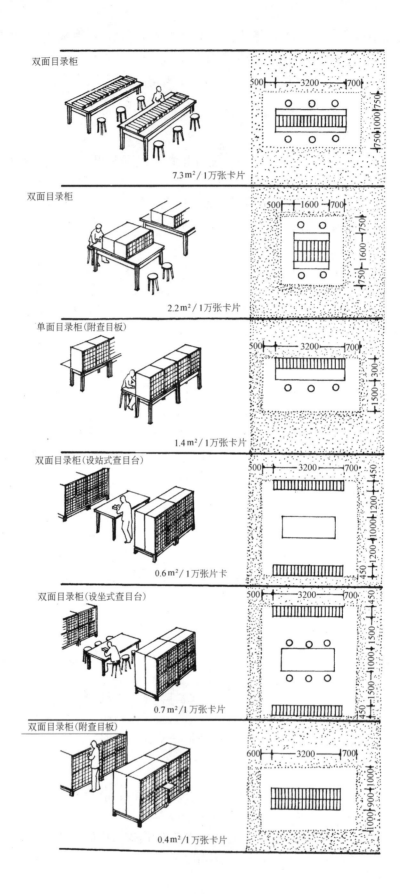

双面目录柜

7.3m²/1万张卡片

双面目录柜

2.2m²/1万张卡片

单面目录柜(附查目板)

1.4m²/1万张卡片

双面目录柜(设站式查目台)

0.6m²/1万张片卡

双面目录柜(设坐式查目台)

0.7m²/1万张卡片

双面目录柜(附查目板)

0.4m²/1万张卡片

图6-22 目录柜排列方式(mm)

尽量少走动。因此,要力求整齐,相互连接,容易找到后续部分,不宜嵌入墙或沿墙一顺摆开,这样不仅距离长,查阅不便,同时也不便于增添柜子或改变屉数,使卡片的变化和增加受到限制。

行列式目录柜排列有单面柜和双面柜两种,一般不大于20个卡片屉的排列长度(即3.2m左右)。目录柜排列的间隔尺寸,参见图6-22。

三、目录厅的面积

目录厅面积的确定,决定于图书馆的藏书数量及卡片数量。卡片的数量约为藏书书种总数的3~6倍。例如一个藏书200万册的图书馆,除去复本和丛书后,如果有20万种书,那么它的卡片数至少就是60万张。通常每卡片屉装800张卡片,按此计算60万张卡片需装750个抽屉。为了查阅方便,目录柜每纵行如若不超5格,则需150纵行。按照标准目录柜的尺寸计算,它的净面积为12.4m²。排列这些目录柜时,柜与柜之间应留出充分的间距,以便读者穿行和摆放桌椅,还要留出一定的面积布置查考书架或咨询台,这些空间的大小通常是目录柜净面积的5~7倍。因此,整个目录厅的建筑面积应在12.4m²的基础上增加62~87m²,这样,目录厅的面积应为75~100m²。

由上可知,目录厅面积的大小一般取决于卡片的数量,目录柜形式及排列方式。设计时可按每万张卡片所需要的面积来考虑,具体参见图6-22。

如果目录厅和出纳台合并在一处,则借书部分的总面积应包括出纳台的工作面积、出纳台前的交通与等候面积和存放目录柜面积三者之和。如果目录厅采用计算机辅助机检目录,这一部分的面积另加。设计时还应考虑目录室的发展问题,如书库预留了发展面积,则目录厅面积宜按发展后的藏书计算。

第五节 现代图书馆的信息服务中心

当今世界,信息已成为社会发展的重要资源。信息业在国民经济中的地位视为同能源、物质等基础产业同样重要。信息产业是一个专门生产、收集、加工处理和销售信息以及生产和制造由此需要的各种设备的新兴产业部门。随着电子计算机与通讯融合技术的发展,信息产业也发生了革命性的变化。信息革命带来被称作信息第一部门的图书馆的革命。图书馆不仅收集、整理、分编信息供读者借阅,还采用计算机、多媒体设备、缩微设备以及CD-ROM等设备,把最新的、最有价值的及最有针对性的文献情报及时、主动地提供给读者。正如图书馆学家保罗、凯格本所说的:"图书馆的这种作为文献情报收集中心的被动职能已经强调得够多了,现代图书馆必须作更多的事——积极参与提供信息的过程"。由于愈来愈强调信息服务的功能,现代图书馆在原来情报咨询部的基础上成立了信息服务中心。

信息服务中心体现了现代图书馆的基本内涵,也是其价值所在,如图6-23所示。

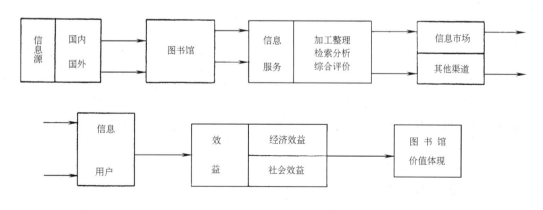

图6-23 信息流工程示意图

信息服务中心的工作内容主要有收集、加工、整理、保存各种载体的情报信息;开展多种形式的信息服务工作,进行检索,利用信息为读者咨询。有的还与市场经济接轨,采用先进技术与设备建立跨地区、跨行业的信息网络,参与经济活动,为科研和生产提供专题服务和跟踪服务。由于信息服务中心的用户多,服务层次不同,为满足各方面要求,建筑设计时要考虑有足够的空间,一般要设置信息研究室、信息服务室、检索阅览室等等。不同性质、规模的图书馆以及所在地区的经济发展水平不同,信息服务中心的业务范围与服务水平也就不同。进行图书馆设计时,信息服务中心一定要结合各馆的实际情况和实际要求而定。

1. 信息服务室(台)的设计

一般来说,信息服务中心要求对外服务方便,所以要靠近门厅设置。许多图书馆在读者入馆的位置安排了信息服务室(台),为读者提供信息咨询服务。传统的图书馆解决的是读者到图书馆借书和看书的问题。在现代图书馆中,由于科学技术迅猛发展,书刊资料激增,知识的更新期逐渐缩短,各学科互相渗透和分化,新的边缘学科不断出现,所以读者遇到的最大问题是借什么,而信息服务台负责为读者准确而迅速地提供一份经仔细选择的书籍和文献资料的清单以及研究课题所需的背景材料,甚至提供清单上的文献摘要。这给读者提供了极大的方便,否则即使开架,读者也难以在堆满书籍的书库内找到其所急需的资料。我国图书馆已逐渐强调这方面的服务,使图书馆完善其信息情报中心的职能。

信息服务室可以设计成一个分隔开来的房间或厅,也可以设计成一个开放式的服务台。在规模不大的图书馆中,常采用信息服务台的形式。无论是信息服务室或服务厅,还是信息服务台,均要求读者进馆后易看到,易通达。

由于信息服务台处理的信息量大,速度快,已远非人工及手工处理所能及。所以一般采用计算机及各种高密度的磁盘、光盘等大容量的信息载体,还要配备打印机及必要的电讯设备,如电话、电传等,用以馆际互借、联机检索等,提高图书馆服务水平和质量。设计时这一部分要留有弱电接口,以便于使用上述设备。

信息服务室中还要留有读者的休息等候区,必要时还可以设置供读者使用的电脑终端。规模大的图书馆,在信息服务室中还有必要划分一些用于馆员与要求咨询者交谈的小室。

2. 检索工具阅览室

传统图书馆的检索工具是检索文摘卡片、检索工具书以及缩微胶片等。现代图书馆已开始使用电子计算机和光盘技术进行储存与检索。这是现代图书馆信息服务功能的重要体现。在检索室中的计算机终端不仅可以直接使用本系统的数据库,还可以通过互联网络向远程用户提供信息,实现馆际互借与联机检索。

检索工具室阅览室的位置多数放在入馆后能方便到达的地方,而且最好接近目录厅、参考阅览或期刊阅览室。另外,还要和信息服务室联系在一起。

检索工具应相对独立,不宜和其他功能空间合设。并且有适当数量的阅览座位,部分作为终端机或显微阅读机的专座。要有足够的面积,还要考虑磁盘、光盘、音像资料及缩微胶片的存贮空间。

3. 信息研究室

信息研究室是供工作人员进行信息处理和研究的技术用房,也供部分从事科研项目的研究人员使用。由于服务层次高,工作要专心,故应设在安静区,并应临近研究阅览室及采编、书库等部门。信息研究室的设计应满足放置计算机终端、微型工作站、控制台、打印机、一个以至多个光盘运行机等,要为它们提供足够的空间,此外还要考虑资料的贮藏空间。

信息服务室、检索工具阅览室及信息研究室宜成组布置,形成信息服务中心区,以便于业务上的互相支持及网线的铺设。

由于信息服务中心采用先进的电子计算机与通讯技术,其空间设计要适应各种传播手段和技术设备的使用要求。要求提前提出技术设备的详细规划,便于设计时采用综合布线技术,满足其使用要求。对于建筑要求来讲,尽量减少固定隔墙,创造一个高效、灵活的开放空间,用以信息的处理及流通。

在信息服务区中,要注意为整日与机器打交道、工作效率高的工作人员创造一个易于工作的舒适安全而有效率的阅读工作环境,做到人与机器的有机协调。

信息服务中心的环境质量要求较高,可以使用空调系统,采用人工控制,保证室内温度在 18~21℃之间,每小时变化率不超过 2℃;湿度要求在 40%~60%,每小时变化率不超过 2%。信息服务中心的照明要求也比较高,工作面要有较高的照度,以提高工作效率。还要防止眩光,以减少眼睛的疲乏。对于信息服务中心来讲,同时要防止直接眩光与间接眩光。防止直接眩光的最有效的方法就遮住光源。如工作人员面对窗而坐,就会产生直接眩光的现象,窗外光线越强,眩光就越强,所以可以使用窗帘或百叶窗将直射日光遮住。

由于信息服务中心的读者与工作人员和传统阅览区与办公室的工作人员有着不同的紧张程度,他们同时注意输入设备与显示屏的信息。人—机界面本身又缺少传统的人—人界面所具有的轻松气氛,所以工作人员在生理和心理上均相当紧张。为了缓和紧张的情绪,营造一个舒适的空间,妥善处理好室内的色彩是很有效的办法。

规划室内色彩与选色一般须注意以下几个方面:

1. 统一规划空间的色彩,并考虑空间的大小,其墙壁、顶棚与地面的材料材质与大小的均衡。

2. 现代化设备与灵活隔断的色彩与室内色彩调和,整体色彩统一。

3. 选用刺激性小的色彩,以减少视觉的疲劳。

4. 地面采用稳重的低反射率中性色彩材料,以创造一种庄重的气氛。

5. 色相和彩度以家具为主调,墙壁采用与家具调和的色彩,不宜过分强烈,可以采用显示屏常用色彩的补色系颜色,以营造出富有变化的气氛。

此外植物吸收二氧化碳,保持空气的新鲜,绿色的树叶减少眼睛的疲劳,可在信息服务中心栽植盆景或盆栽,以活跃空间的气氛。

第七章 业务用房及行政办公用房设计

图书馆业务用房是由采编工作用房、业务部门工作用房、装订复修工作用房及行政办公用房组成。现代图书馆由于工作方式及工作对象的改变,其设计也有别于传统图书馆。

第一节 采编工作用房

采编部门的工作(即图书的采购和编目)是每一个图书馆最基本的业务,也是图书馆内部业务中较为繁忙和重要的工作。采编工作用房视图书馆的规模大小而定。较小的图书馆是将采购和编目两项工作合在一起进行。规模较大的图书馆则将二者划开,同时又将采购分为中文和外文两组,将编目分为中文编目和外文编目两组。大型和特大型图书馆采编部还增设交换、登录、验收等项专门工作。采编用房的设计要严格地根据采编工作流程安排,采编工作流程可以参见图7-1。

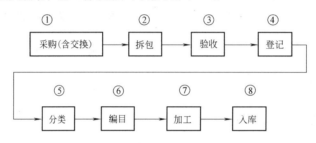

图 7-1 采编工作流程示意图

以上流程:①~④作为一阶段,统称为采访或采购;⑤~⑦为另一阶段,统称为编目或分编。根据这样一条工作流程设计,会使图书馆的内部业务沿着一条科学的、合理的程序进行。一方面对外有畅通的运输线路,避免往返和干扰;另一方面又不和读者的人流交叉。因此,这些业务房间要成组布置。在中小型图书馆中,一般以设在底层为宜。在大型公共图书馆中,因为采编工作量大,也可以单独设在一幢建筑物里,但要与书库(在全开架图书馆中要与开架阅览室)紧密联系,同时也要靠近目录厅。从上图可知,这样的布置方式便于书籍加工和入库等工作。如果这组房间不能够设置在底层时,则应将图书拆包、验收设在底层,但要有单独的对外出入口。其他房间也可设在2层或2层以上,但编目室最好设在主层。对书量大的大型图书房,在拆包室前,要设有月台,车辆直接卸下书籍,减少上下搬运,同时要保证它与作业用房及书库在水平和垂直方向有直接联系。图7-2为采编室平面布置示例。如果内部业务的这些基本功能要求

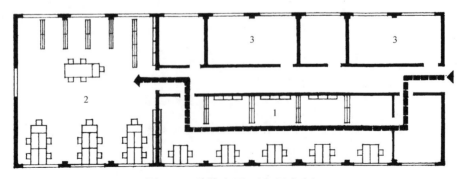

图 7-2 采编室平面布置实例

1—采购室;2—编目室;3—其他用房

被忽视,就会造成工作上的不便,甚至降低工作效率。例如:有的采编部门分散在几个地方,未能成组布置,相互距离比较远,彼此联系不便;而在某些图书馆中,这些房间虽已成组布置,但是与有关房间(如书库,目录厅等)毫无关系,图书编目完成后,图书及目录需通过其他房间,甚至通过露天送到书库和目录厅,很不方便(图7-3)。一般图书馆对这部分用房的使用面积考虑不足,现代图书馆在设计时,要注意安排一些周转书库,用以存放进馆后尚未处理完毕的图书。

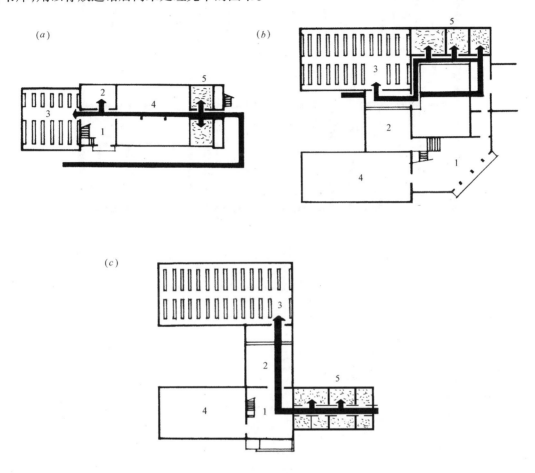

图 7-3 采编用房设计实例分析

(a)采编到书库穿行阅览室;(b)采编需经露天到目录室及书库;(c)采编需经门厅到目录及书库

1—门厅;2—目录厅、借书处;3—书库;4—阅览室;5—采编室

下面将采编部门的主要房间简介如下:

一、采访室

采访室对外联系业务较多,包括对外接待和电话联系。为避免干扰,宜将采访与编目分隔为两个空间。传统图书馆的采访与编目都是供内部使用的,它们设在两间相邻的房间内,中间有门相通。而现代图书馆为了协助读者预订国内外最新图书刊物,索取情报资料,采访部也向读者开放。这时,采访与编目可以分开设置,如将编目与装订设在1层,采访设在2层,与入口大厅有密切联系,颇具有外向性。

采访室还包括国内外书刊的交换工作,如工作量很大,需要单独设置交换室。

二、编目室

编目室家具比较多,除了编目办公桌以外,还有目录柜、参考书架、文簿存放柜、计算机操作台,打印机等。编目人员工作时,桌子上堆放大量的文具、书籍,桌子应较普通办公桌为大,桌旁尚附有小书橱。因此编目办公室的面积不能太小,每工作人员的使用面积不宜小于$10m^2$。人员多、面积大的编目室要布置灵活,按工序排列,严防产生工艺流线交叉和逆流现象(图7-4)。

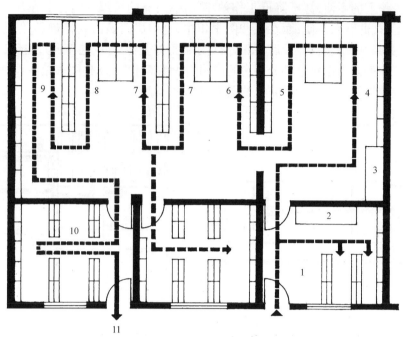

图 7-4　编目室平面布置

1—临时存包处;2—台桌;3—订购片柜;4—采购;5—登记;6—分类;
7—编目;8—加工;9—校对;10—临时存放;11—入库上架

在大、中型图书馆中,编目室一般分为中文编目室与外文编目室,它们分在相近的两间或灵活分隔的大间内。

现代图书馆采编工作的对象还应包括电子出版物及光盘,编目工作由计算机终端来完成。设计时需考虑使用计算机网络、通讯接口和电源插座。

三、期刊采编室

期刊是定期出版的,其采编加工和流通的情况与图书有所不同,是一个单独的系统,其整个流程如图7-5所示。

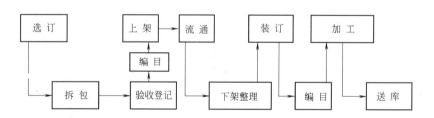

图 7-5　期刊采编加工流程图

由于期刊能最迅速反映当前各专业领域里的新理论、新成果和新动向,信息含量大,因此其作用愈来愈重要。有资料表明,图书馆的馆藏书刊正在发生明显的变化。一份1980年美国图书馆馆藏统计表明,期刊所占的比例已由1950年的35%上升到1980年的60%,而且这一趋势还在发展。由于期刊的品种多,数量大,期刊工作室的位置和内部空间布置一定要符合期刊的加工流程,避免不必要的来回搬运,以提高工作效率。

规模较大的图书馆常常设立单独的期刊部,负责从期刊的选订验收、登记、编目、典藏、流通、阅览及加工、合订、登记的全部工作。这样,期刊工作室的位置,可以毗邻期刊阅览室和期刊库,共同组成一组房间,以利于各工序先后紧密连续。中小型图书馆,由于规模的限定不单设期刊部,由采编部负责期刊的选订和合订本的登录、加工等工作。期刊的流通、典藏、装订工作则归阅览流通部门管理。

期刊部与装订室有密切的工作联系。装订室的主要工作是装订期刊、报纸,位置应靠近有关期刊部门,同时要利用传送设备向书库运送合订报刊,尽量避免人力搬运。此外,如将期刊送往馆外装订时,还要考虑期刊运输出入的方便。

期刊在装订和登录过程中,也需要较大的堆放面积,因此应按每工作人员使用面积不少于 $10m^2$ 计算。

传统图书馆采编部分的设计往往是按照采编流程,设置一个个分立的小房间,彼此之间根据功能要求,用开门的方式联系。这种空间划分单调,功能固定,空间的互换性和功能区调整的灵活性较差,不适应于采编工作的发展与变化。现代图书馆设计时,这部分采用一个"采编区"的概念,将各个采编用房统一在一个开敞的大空间内,以灵活隔断或者家具分隔各个办公空间,既可灵活地适应书籍的采编流程,又方便管理。但是要注意噪音控制,防止干扰。可以设置一些小房间把打字、油印等发出较大噪音的工序隔离出去。

第二节　业务部门工作用房

这一部分用房是指除采编工作以外的流通、阅览、参考等业务部门的工作室,包括以下几部分。

一、典藏室

典藏室是掌握馆藏分布、调配、变动和统计全馆藏书数量的业务部门。小型图书馆可以采取与书库合并的办法,不单设典藏室。但大型图书馆都专设有典藏室。凡由编目加工完毕的图书全部送往典藏室,再由典藏室根据需要分配到各有关书库、或阅览室、或其他藏书地点。因此典藏室设计时应靠近采编区,并且与有关书库有较便捷而不受干扰的运输路线。

典藏室需要有办公、存放目录以及临时存放新书的空间,三者之间既可连通,也可以分隔设置。每个工作人员业务办公的使用面积不宜小于 $10m^2$,最小房间也不宜小于 $10m^2$。其内部目录总数量应按每册藏书一张卡片计算,每万张卡片使用面积不宜小于 $0.18m^2$,最小房间不宜小于 $10m^2$。

二、业务辅导用房

图书馆的业务辅导工作包括馆内各部分的业务学习、业务研究、学术活动,对外业务接待等工作,也包括公共图书馆对基层馆的业务辅导以及高校图书馆对系(所)资料(情报)室的业务指导等工作。应为其业务活动设置专用房间,工作人员使用面积每人不小于 $6m^2$,业务资料编辑室工作人员每人不小于 $8m^2$。公共图书馆的辅导工作应配备不小于 $15m^2$ 的接待室。

三、美工用房

美工用房主要用作宣传制作,它由工作间、材料库和洗手小间组成。它要求房间光线充足、空间宽畅,最好北向布置,同时要用水方便,应安装洗手盆和排水设施,并便于版面绘制和搬运。距展厅、陈列厅或者门厅等宣传空间要有便捷的交通联系。其使用面积不宜小于 $30m^2$,并宜另设器材贮藏房间。

四、其他业务部门工作室

这一部分工作室包括流通、阅览、参考等业务部门的工作室,是供各业务部门工作人员使用的空间。现代图书馆设计从"人"的角度出发,这"人"的内涵不仅指读者,也指图书馆的工作人员。传统图书馆的设计在这一方面往往考虑不周,如很多阅览室的管理台,只有一张办公桌,布置在阅览室的入口,完全暴露在读者面前,近旁没有一个合适的,分隔开的工作室。结果,工作人员想抽空做一些系统的书目索引工作或其他咨询辅导工作,会感到困难。缺少工作人员的空间同样会妨碍工作开展,影响工作效率。

工作室是个隔开的空间,不同于直接为读者服务的借书台、管理台或者服务台,但又与这些对外服务部分有密切的联系,需要尽可能地靠近。一般各业务部门的工作室分散布置于各业务部门的服务空间内。如出纳工作室应当靠近借书出纳台布置,参考工作室、专业阅览工作室或者儿童阅览工作室应当分别靠近参考阅览室、专业阅览室或者儿童阅览室的管理台设置,这可以说是一个普遍的共同要求。

这些工作室,不一定是单独的房间,也可以用玻璃隔断或其他隔断分隔,使工作人员能兼顾阅览室,看到读者出入口,并增加对读者服务的开放性。但是要注意隔音,避免打字或其他音响干扰阅览室。大型图书馆里如果有若干专职的书目参考人员,工作室面积比较大,可以把一部分面积挪到阅览室的一角,但仍要求联系方便、能够共同使用有关的图书资料和工具书、参考书。有的图书馆将阅览室工作室设计在入口处,设置管理工作台,并使工作间与其相套,这种设置使用是较合理的。

善本书、舆图、缩微读物和特种文献等特藏资料阅览室,也都需要专门的工作室。这些工作室多数还负担各类特藏资料的采编工作。它们与有关的阅览室、书库布置在一起,形成一个相对独立的部门。上海图书馆的古籍和近代史部分采用"馆中馆"的设计方法(参见实例12),但与全馆的采编部门或其他部门仍有联系。由于业务部门的工作室有相当数量的工具书和其他图书资料,面积可按每人 6m² 计算,需要做采编工作的各种特藏资料工作室,按一般采编工作室的标准计算面积。

第三节 装订、复修工作用房

图书馆里的装订室,是装订报纸,期刊合订本和修理破损图书的工作。在藏有较多线装书、善本书、舆图、经卷、金石拓片等特藏资料的大型或特大型图书馆里,还需设修整装裱室,即修复或装裱这些资料。

一、装订室

一般在大型图书馆中设有装订室。装订室最好与期刊库、书库直接联系,并且通风要好。装订室内常用设备为工作台、切纸机、起脊机、压力机和打印设备,并要在期间设置准备库,以便暂时存入装订好的和待装订的书刊及部分原料工具等。装订室的面积大小和装订量与机械化程度有关,每一工作人员的使用面积约为 8~12m²,但装订室最小面积一般不小于 40m²。装订室的平面布置可参见图7-6。

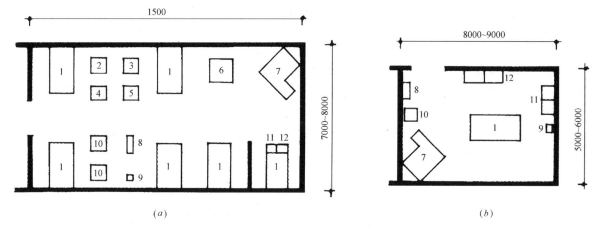

图7-6 装订室平面布置(mm)
(a)大装订室;(b)小装订室
1—工作台;2—锯口机;3—锁线机;4—订书机;5—打眼机;6—切书机;7—切纸机;8—起背机;
9—熬胶炉;10—压力机;11—烫金机;12—铅字架

在电子出版物及光盘读物日益增多的今天,图书馆也可以不设装订室,有关装订工作可以委托馆外有关单位。附有印刷厂的学校或科研部门图书馆不必再在馆内设装订室。

二、修整装裱室

简称修裱室,是修整线装书和善本书以及装裱舆图、经卷、字画、金石拓片和手稿等的工作房间。

修裱室需要设置大型的裱糊案板,尺寸约为 1800mm×2800mm,高 930mm。另外还需要有玻璃台面的工作桌,下面安装电灯;还要有存放普通书的书架和存放珍善本书的带锁柜子或保险柜等。此外还要有存放纸张、纸板、绫子等材料或用品的框子或架子。

装裱室要求光线充足,有足够的照明条件,每张工作台或裱糊案上都要有专用的照明灯,要注意房间的朝向、通风和保持室内温湿度,还应有机械通风装置。房间要设在阴面,避免阳光直射。南方的图书馆里,要使房间有较好的通风,促使裱糊件干燥。在北方,要防止裱糊件在晾干过程中因过于干燥而崩裂。为此,室内相对湿度最好保持在50%左右,必要时设喷雾设备。

修裱室内需要有水源、水池。裱糊案子旁有地漏,地面能冲洗。

修裱室以邻近书库以及珍善本、舆图等特藏库为宜。但通常都与装订室安排在一起,便于机具设备共同使用。

第四节 行政办公用房

一、行政办公用房的位置

行政办公用房是图书馆业务和行政的管理中心,既要与其他用房分隔开,以保持办公区的安静,还要有方便的联系,以利联系读者和接待来访人员,利于与内部其他业务部门的联系。因此行政办公用房位置要适中,宜靠近业务用房,以联系方便,但不受读者人流的干扰,应具有单独的出入口。例如重庆两路口图书馆(图7-7),行政办公用房与业务用房都设在地下1层。通过垂直交通部分分为上下两个区,以避免业务用房的噪音干扰,既有分隔,又联系方便。行政业务用房的上层为目录厅和出纳室,与接待室取上下垂直关系。这样办公用房既自成一体,有安静的工作环境,又与各部门有方便的联系。又如南京医科大学(原南京医学院)图书馆的办公与采编靠在一起,从主体建筑物拉出来,自己形成一个小院落,对外有单独的出入口,朝向通风良好,与目录厅和其他房间的联系也很方便,位置合理(参见实例1)。

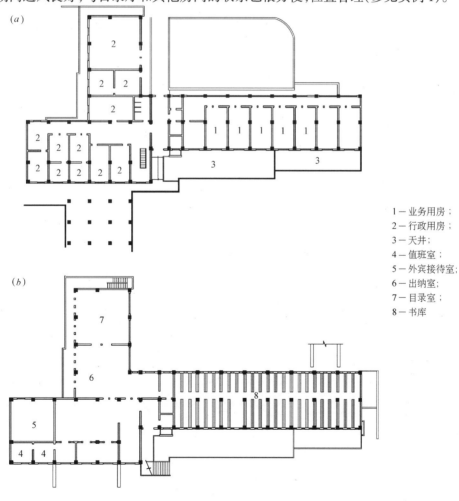

1—业务用房;
2—行政用房;
3—天井;
4—值班室;
5—外宾接待室;
6—出纳室;
7—目录室;
8—书库

图7-7 重庆两路口图书馆
(a)地下1层平面;(b)1层平面

传统图书馆往往不重视行政办公的外向性,在进行总体布局时,只是简单地进行内外分区,将图书馆的行政办公部分划分至对内部分。现代图书馆,由于概念的转换,传统的借、阅、藏、管的概念也不同了。借、阅、藏、管已不是一个个独立的空间,而是有机地组成一个方便读者使用的高效、灵活的一体化系统,"藏阅合一"的同时也要"管、阅合一"。因此,设计时可以探讨新的布局形式,如将行政办公、采编以及后勤组成一个管理单元,可对内也可方便对外。

二、行政办公用房的组成及面积

行政办公室一般包括党政办公室,如书记室、馆长室以及行政办公室、人事部门、会计室、总务室和会议室等。这些房间在建筑上一般没有什么特殊要求,可按一般办公室设计,要满足自然采光和通风。房间面积大小可按每一工作人员 $4.5 \sim 10m^2$ 设计,但整个房间不要小于 $12m^2$。有时还附设一个文具日用品库,其面积大小各馆不一,可根据工作需要而定。随着办公自动化系统的发展,图书馆的办公部分也采用计算机系统进行业务和行政管理。设计时应考虑电源接线与管线铺设。

有些图书馆要求设专门的接待室,多数将接待室设在门厅入口附近,最好也能与行政办公室靠近,兼作会议室,面积 $30 \sim 50m^2$ 即可。

办公用房的数量和面积大小各馆不一,一般是根据图书馆的规模、任务、性质来具体确定。建筑设计应满足我国现行行业标准《办公建筑设计规范》的有关规定。公共图书馆自成体系,办公室的设置可能多一些;在学校图书馆中,它直接受院校领导,行政办公用房相对地就可少一些。

在讨论内部工作用房时,还应当注意工作人员的休息室、食堂、厕所、值班室等房间。公共图书馆每日开放的延续时间长,中午不闭馆,除工作室外,适当为工作人员安排一些后勤是必要的。现代图书馆由于其职能的不断扩大,越来越成为一个社会活动中心。图书馆工作人员的工作范围也越来越大,现代图书馆办公用房的面积所占的比例比传统图书馆要多得多。建筑师不仅要为读者设计一个高质量的建筑环境,还要为常年工作在图书馆中的工作人员设计一个舒适的工作环境。

第八章　公共活动及辅助空间设计

第一节　门　厅

公共、辅助空间由门厅、寄存处、陈列厅、报告厅、读者休息空间、服务空间及厕所等组成。

门厅是所有图书馆都要设立的单独空间。它除了分散人流外,还兼有验证、咨询、收发、寄存、展示及监控、值班等多种功能。图书馆的门厅是整个图书馆的流线组织的枢纽。因此在设计门厅时,首先要考虑门厅内的交通组织。使之与目录厅、出纳台及不同读者的阅览室、研究室乃至行政办公用房及公共活动用房等都要有直接、方便的联系。同时也要将不同的读者人流分开,不相互交叉或穿行,不迂回曲折,避免相互干扰。一般应将浏览性读者用房和公共活动用房(如报告厅、展览厅等)靠近门厅布置,以便大量性人流出入方便和不影响阅览室的安静。此外,管理台、咨询服务、接待室(有时还需设置衣帽间或小件存放室)也需设在门厅附近。中小型图书馆也可将门厅的一部分兼作休息空间。有的小型图书馆实行开架阅览,出纳台也就设在门厅附近,它还兼作服务管理台。门厅与各部分的功能关系及读者进入门厅后的流线图如图8-1所示。

图8-2为几个图书馆门厅设计实例。

图8-2(a)为上海图书馆的门厅。设计时,将门厅作为交通组织的节点。入口大厅正中是通向阅览区的垂直枢纽。左侧是通向"馆中馆"的古籍和近代史资料部门。右侧设有读者目录和外借出纳台。一个厅连接三大区,所有读者均在此集散。该门厅设计流线简洁明确,管理集中。

图8-2(b)为北京工业大学图书馆的门厅。设计将一般阅览读者、教师阅览和浏览读者分开;目录厅与门厅相连处的一角布置休息区,楼梯靠近目录厅的入口布置,与阅览室联系方便;由目录厅出来可直接登楼上各层阅览室。该门厅的交通流线组织较合理。

图8-2(c)为南京师范大学图书馆。设计采用单元式布局方式,将办公、阅览等分别设置在不同的单元内。门厅作为交通枢纽空间,将各个单元组合到一起,避免各单元块体之间穿套,互相干扰,而且便于建筑空间的扩展。

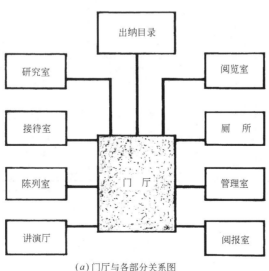

(a)门厅与各部分关系图

图8-1　门厅与各部分关系图(一)

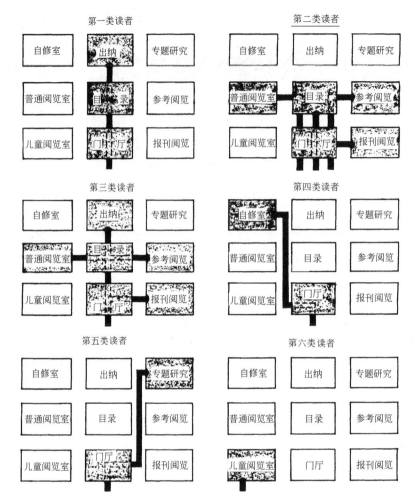

(b) 不同类型读者流线图

图 8-1　门厅与各部分关系图(二)

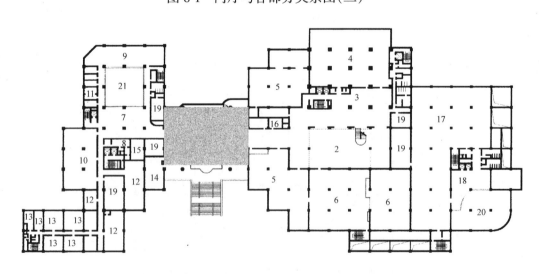

(a)上海图书馆1层平面

1—门厅;2—中庭——目录大厅;3—总出纳台;4—综合阅览室;5—阅览室;6—外借书库;7—近代目录;8—近代出纳;9—近代阅览;
10—地方文献阅览;11—研究室;12—近代工作室;13—办公用房;14—接待室;15—存物;16—复印;17—展览;18—展览前厅;
19—空调机房;20—门厅上空;21—中式庭园

图 8-2　图书馆门厅设计实例分析(一)

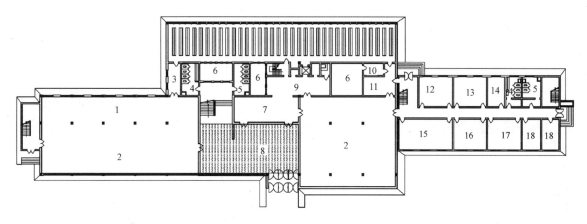

(b)北京工业大学图书馆1层平面

1—辅助书房;2—阅览室;3—走道;4—男厕;5—女厕;6—天井;7—期刊目录;8—门厅;9—办公;10—值班;11—典藏;
12—期刊存放;13—装订;14—目录厅;15—期刊存放;16—外文编目;17—中文编目;18—采购;

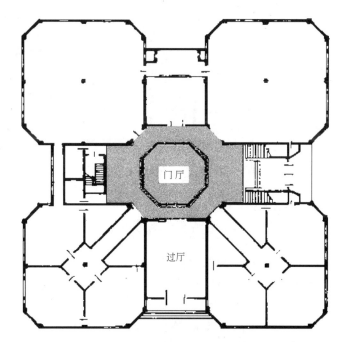

(c)南京师范大学图书馆门厅

图 8-2　图书馆门厅设计实例分析(二)

　　此外,图书馆扩建时,门厅常常作为新旧图书馆的组织枢纽,如北京大学新图书馆,就是扩建在老馆前部,新老馆门厅组成一体,成为新旧馆之间"交通枢纽空间",包括门厅、休息、楼梯、展览、咨询等,使新旧两馆成为有机的一体(参见实例17)。

　　图书馆门厅,既是以读者为中心的室内空间序列的起点,也是室外场所的延伸。门厅空间设计时,应对其反映图书馆建筑的特性作更多的考虑。如美国著名建筑师路易康(Lois Kahu)设计的美国艾克斯特高等中学图书馆建筑的中心是入口大厅,在入口大厅内透过大尺度的圆洞可以看到书架。这样既可避免大厅过于封闭的感觉,又可使人们产生和书籍交融在一起的感觉。这是 Lois Kahn 所描述的现代图书馆的形象(图 8-3)。

　　信息社会中的图书馆,更应注重人与人的交往与交流。现代图书馆的门厅应提供人与人交往的场所。来图书馆的人有两部分。一部分是有目的的,来馆查阅图书馆资料,另一部分读者是无目的来馆浏览报刊的。有些现代图书馆将报刊放在大厅开架管理,读者可以自由地在大厅里阅读报刊,休息交谈,入口大厅成了社交活动的空间。因此一些新建图书馆的入口大厅空间设计比较高大宽敞。但是许多图书馆往往将这一空间按照流行的大体量共享空间进行设计,这样会影响其他部分使用。如日本筑波大学图书馆入口大厅——共享大厅,五层通高,噪声干扰各层。为了防止干扰,后来只得将面临大厅的开架书库安装上玻璃。前面介绍的新上海图书馆的入口大厅将高度控制在1层半以内,以宜人的尺度,为读者创造宁静安详的环境。

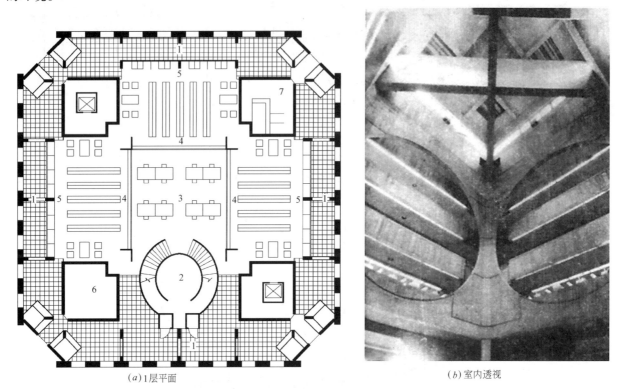

(a)1层平面　　　　　　　　　　　　(b)室内透视

1—敞廊;2—入口;3—期刊目录室;4—过期期刊;5—阅览桌;6—档案办公;7—盥洗室

图8-3　美国埃克斯特高等中学图书馆

　　门厅内要设计寄存处,位置宜靠在读者出入口附近,其面积大小按阅览座位数的1/4确定存物柜数量,每个存物柜所需使用面积可按0.15~0.20m² 计算。

　　在寒冷地区,门厅的大门处还应加设前门厅,以供防寒。

　　门厅的面积应适当,目前有的图书馆门厅偏大,有些大而空,面积使用不经济。如某馆10000m²的建筑面积,其主门厅就500m²,还不包括门厅前30多米宽的前廊。也有的图书馆入口门厅偏小,致使人流进出有拥挤之感。宣传布置橱窗也无处安排,使得图书馆的气氛不足;图书馆因为没有一个容纳人流集中分散的场所,使人进馆便有一种纷乱的感觉,影响读者的情绪。总之,门厅的大小要与图书馆馆舍的总面积相适应。

第二节　展览陈列空间

　　现代图书馆不仅有静的阅览空间,也有动的空间,如提供举办小型展览、宣传的外向型空间,以充分发挥图书馆社会文化方面的作用。在中小型图书馆中,常举办新书陈列、新书通报和图书评论等活动,而大型图书馆除了以上这些活动外,还要考虑举办大型活动,如书展、书市及设专题陈列等等。

　　设置这些展示空间通常有两种方法:

　　一是设置专门的展厅、陈列室或专门的展览陈列空间。这种方法现代图书馆设计中常见,且多用于大型图书馆中。如深圳市图书馆(图8-4),在入口大厅的后半部,结合楼梯设计成下沉半层的八角型的新书展览平台,使大厅空间虽大,但有所变化,层次分明,流动起伏,开朗舒展。格调也很新颖。再如辽宁财政专科学校图书馆(图8-5),结合门厅设置专门新书展览厅,使读者一进门便感到扑面而来的浓烈的文化气息与生动活泼的校园生活。东北电力学院图书馆(图8-6),在底层交通枢纽后部设一多功能厅,可作展厅用,有单独的出入口,在闭馆后能独立使用,有其灵活性,提高了使用率。

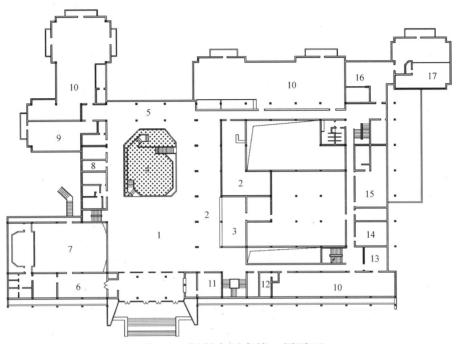

图8-4 深圳市图书馆1层平面

1—综合大厅;2—目录;3—出纳;4—新书预览;5—读者休息;6—报告厅休息室;
7—报告厅;8—咨询;9—检索工具阅览室;10—阅览室;11—保管室;12—工作室;
13—国际图书交换;14—美工室;15—照相室;16—内部阅览;17—书库

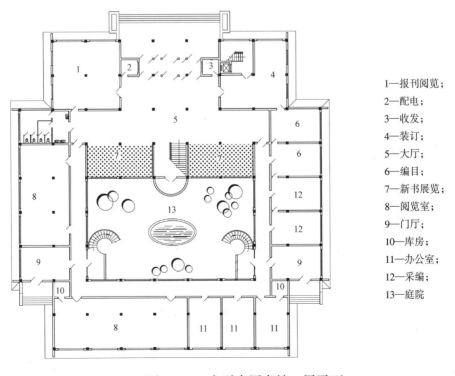

1—报刊阅览;
2—配电;
3—收发;
4—装订;
5—大厅;
6—编目;
7—新书展览;
8—阅览室;
9—门厅;
10—库房;
11—办公室;
12—采编;
13—庭院

图8-5 辽宁财专图书馆1层平面

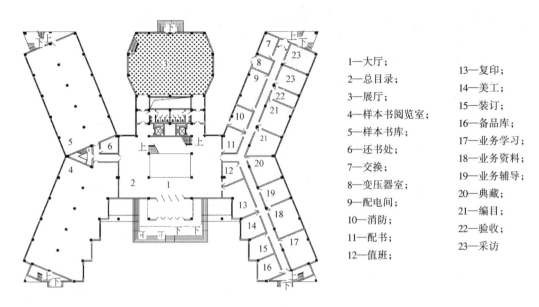

1—大厅；
2—总目录；
3—展厅；
4—样本书阅览室；
5—样本书库；
6—还书处；
7—交换；
8—变压器室；
9—配电间；
10—消防；
11—配书；
12—值班；

13—复印；
14—美工；
15—装订；
16—备品库；
17—业务学习；
18—业务资料；
19—业务辅导；
20—典藏；
21—编目；
22—验收；
23—采访

图 8-6　东北电力学院图书馆 1 层平面

第二种是结合走廊、走道等布置展览陈列。在我国，图书馆仍属文化教育事业，国家财政在建设规模和投资上控制较严。一般中小型图书馆受面积限制，多采用此种方法。但必须考虑到走廊、走道的净宽要适当放大.不能影响走廊、走道的交通功能。廊作为交通空间有交往空间、组织观景的功能，与展览类空间动态性的要求结合起来，不仅提高空间的利用率，还可以丰富图书馆内的空间层次。如上海师范大学图书馆(图 8-7)在底层两个入口之间设置了一层文化宣传廊。文化宣传廊不仅提供了举办小型展览和宣传的空间，而且与阅览室共同围合了一个绿化精致的小内院。人们可以看到三个景观层次：一进门是富有时代感的第一景观——文化宣传廊；转而进入了幽雅恬静的第二景观——内院；随后再转入专心学习的第三景观——阅览。即运用了虚实对比的手法，造成空间的流动与交融，使空间步步深入。

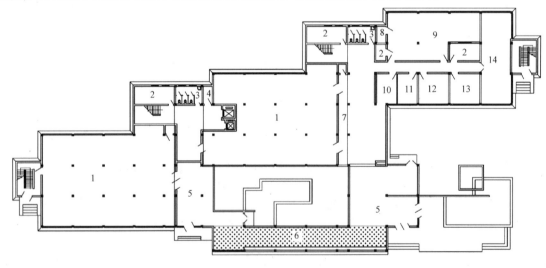

图 8-7　上海师范大学图书馆

1—开架借阅；2—贮存；3—厕所；4—配电；5—进厅；6—文化廊；7—陈列橱窗；8—泵房；9—目录厅；
10—馆长室；11—书记室；12—办公室；13—复印、打字；14—会议室、展览室

图 8-8 为几个图书馆结合走廊、过道作展览、陈列空间的实例。图 8-8(a)为新疆师范大学图书馆，第 2 层主入口大厅为高 2 层的目录大厅，第 3 层廊兼作休息及陈列。图 8-8(b)为上海交通大学图书馆，在 2 至

6层的中部都设有兼休息、陈列、展览为一体的交通厅,这些地方读者经常逗留,赋予这些空间多种含义,可以创造出现代图书馆注重信息交流的文化氛围,体现其空间特性。

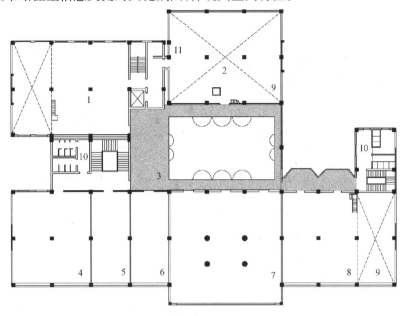

(a)新疆师范大学图书馆(3层)

1—民族文字参考阅览室;2—民族文字书库;3—回廊;4—理科阅览室;5—期刊部;6—参考
咨询部;7—民族文字期刊阅览室;8—蒙文借阅;9—积层书架;10—厕所;11—管理室

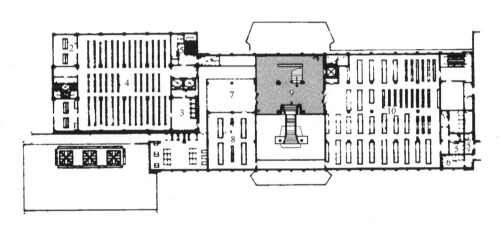

(b)上海交通大学图书馆

1—书库;2—教师阅览室;3—工作室;4—阅览室;5—女厕;6—男厕;7—报刊阅览室;
8—期刊阅览室;9—休息室;10—学生阅览室

图8-8 图书馆结合走廊、过道作展览空间的实例

　　无论是设置单独的展览类空间还是与交通性空间结合设置,都须考虑与门厅的位置关系。一般展览类空间与门厅都有直接联系,便于读者进馆后迅速分流,不干扰正常的阅览人流;而且门厅为大量人流集散之地,利用人流集中的特点,可以发挥最佳的展示效果。当然,一些大型图书馆常设有单独的展厅,这类展厅既要与图书馆门厅相连,又要有自己的独立性。如新建的深圳市高等职业技术学院图书馆,即将展览厅独立设置,便于独立开放,不干扰图书馆的正常使用,参见实例16及图3-39。除了以上所讲的陈列厅(室、廊)外,图书馆设计时,还往往在门厅、借书厅或走廊处,布置陈列栏、陈列台、陈列架,或者适当利用一些平整的墙面,在墙里嵌设陈列窗。另外,根据具体要求和特殊场合.还可采用一些高新技术的布展方式(如广告室内灯箱)。

陈列展览厅还须考虑设置美工室供作展览陈列的准备工作。美工室要求与门厅,陈列展览厅联系方便,光线充足,用水方便,有利于版面绘制和搬运展板。中小型图书馆由于面积限制,可不设美工室,但须考虑到美工室的临时用房。

第三节　报告厅(多功能厅)

学术报告是信息交流的一种重要形式。图书馆作为信息社会的一种重要的信息管理、交流机构,建一个报告厅也是必要的。20世纪80年代后新建的图书馆一般都设置了报告厅或者多功能厅,为读者开展多种形式的活动。

图书馆学术报告厅的设计应以不影响馆舍的整体使用为前提。报告厅在使用过程中比较嘈杂,首先应满足闹静分区。另外,由于使用时人流集中,而且人流的性质与目的与阅览人流区别较大,最好与主楼隔开,可单独设出入口,做到能分能合为最佳。报告厅要求大空间,一般考虑设置200~500的座位,其空间特性(跨度、层高、荷载)等结构方面的要求,难以适应现代图书馆藏阅空间的"三统一"的模数,而且功能上也有其相对的不确定性。所以报告厅设计时超过300个座位应与阅览区隔离,独立于图书馆馆舍之外,自成体系;单独设出入口及休息、接待室和专用厕所等,并与图书馆主体有方便的内部联系通道,也有将报告厅置于顶层,避免厅中有柱。但是大量人流上下登楼,不够方便,且易造成对阅览区的干扰,同时,独立开放也会受到一些限制。

报告厅应满足幻灯、录像、电影和投影、扩音等使用功能的要求。

以下介绍几个图书馆的报告厅设计实例及简要分析。

(1)新建上海图书馆结合地形,将1000座的多功能演讲厅以及声像资料部布置在基地东北的斜角,位置突出,分合两便,闹静隔离,疏散直接,是现代图书馆处理的比较好的范例,参见实例12。

(2)浙江师范大学逸夫图书馆,报告厅作为相对独立的单元,可由北入口进入专用的休息厅。报告厅设有200个座位,有电动黑板、电声设备、电影放映室和专用空调系统,并附有贵宾接待室和相应服务设施,可以举办高层次的学术活动。报告厅单元与主楼之间隔一小庭院,借以分隔空间,增加空间层次及美化环境。同时,从目录厅也可以通向报告厅和接待室,以便馆内使用和管理(图8-9)。

报告厅如果规模小,也可以设置在主楼内。在这种情况下,要注意听讲人流与一般读者人流完全分开。通常设在图书馆的底层,有单独的出入口。如北京农业大学图书馆,其主入口设在2层,而可容纳100人的小报告厅则设在底层东北角,有单独的出入口,与大量的读者人流分开。由于其面积较小,故可安排在统一的柱网内,参见实例6。

东北大学图书馆的报告厅也设置在主楼内。由于其规模较大,为了满足空间要求,只得将其设置在顶层——4楼上(图8-10)。为了防止外来听报告的人流对馆内的干扰,将东北侧门作为报告厅出入专用。但投入使用后,由于报告厅使用范围扩大,东侧门不便利用,仍走正门。每逢报告厅有会议时,人流穿行正门及中央的共享大厅,尤其在会间休息时,声音嘈杂,严重地干扰阅览环境,而且不便于闭馆后报告厅单独使用。

报告厅的规模应根据图书馆的性质、规模、任务而定。一般分大、中、小三种类型。小型能容纳200~300人,中型为400~600人,大型为1000~2000人。每人占建筑面积0.8~1.0m²。300座以上的报告厅宜与阅览区分开,单独布置,并应满足防火疏散要求。如果报告厅是单独功能,地面要有升起,设主席台,座椅固定。如报告厅有多功能要求,除举办报告、会议以外,还兼作展厅、放映厅等其他功能,则地面不必升起,主席台也可考虑临时设置,座椅采用折叠式,不固定。报告厅附近要有储藏空间放置家具。报告厅应满足幻灯、录像、电影放映和书写投影、扩声等多功能要求,要布置黑板、幻灯屏幕;如考虑兼作放映厅功

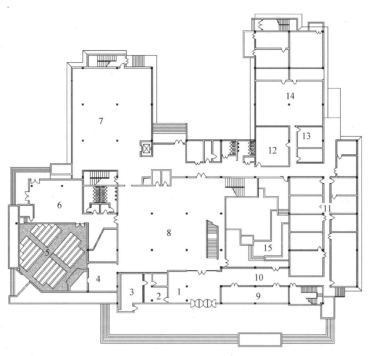

图 8-9　浙江师范大学图书馆 1 层平面

1—门厅;2—传达室;3—总控室;4—接待室;5—报告厅;6—休息厅;7—书库;8—目录厅;9—展览室;10—阅览室;11—办公室;12—典藏;13—采访;14—编目;15—庭院

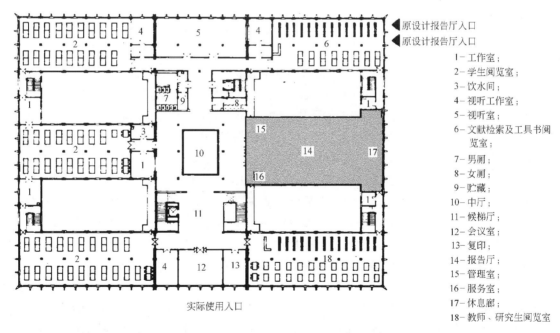

▶原设计报告厅入口
▶原设计报告厅入口

1—工作室;
2—学生阅览室;
3—饮水间;
4—视听工作室;
5—视听室;
6—文献检索及工具书阅览室;
7—男厕;
8—女厕;
9—贮藏;
10—中厅;
11—候梯厅;
12—会议室;
13—复印;
14—报告厅;
15—管理室;
16—服务室;
17—休息廊;
18—教师、研究生阅览室

实际使用入口

图 8-10　东北大学图书馆 4 层平面

能,还要布置活动屏幕。举办报告会或放映影片的时候,窗户上必须有遮光窗帘;有的要考虑设置放映室。在科技高速发展的今天,现代图书馆使用的灵活性已成为首要前提,图书馆的报告厅也应尽可能地满足多功能要求。

第四节　读者休息及厕所

信息社会中高技术的发展,必然带来高情感的需求。现代图书馆在体现信息处理的高效性的同时,更应注重对人的关怀。所以,现代图书馆要尽可能为读者设置一些休息或互相交谈的场所。这些读者休息的空间要按管理方式和使用要求,根据具体情况采取集中或分散布置,或者按阅览区的使用性质分层划片设置,也可区别不同类型读者,设置不同类型的休息处,或设置专门的读者休息室。也有一些图书馆利用过厅、楼梯厅或者走廊的一角,避开人流路线,适当布置供读者休息的空间。

读者休息空间要靠近阅览室,但不能影响阅览室的安静,也可以与报刊阅览室结合,提供报纸期刊给读者休息时浏览。读者休息空间内最好有饮水、洗涤设备,设置座椅,有的还提供咖啡服务,也有的设置一些长椅,可供躺下休息,使读者在长时间阅读之后,有一个舒展休息,恢复疲劳的场所。

读者使用的厕所要注意位置的选择,既要隐蔽,又要使用方便。

隐蔽,不仅是为了减少气味,而且也怕它有碍观瞻。目前,有的图书馆将厕所放在门厅内或者主要通道上,一进门就看到厕所,似乎是太强调了。有的馆将厕所设在过厅内,有的设在大楼梯下,有的面向天井、内院布置,这些都有可取之处。但是有的设在阅览室一端,造成使用者必须穿行阅览室,干扰较大。除隐蔽、方便的要求以外,厕所还要满足一些特殊要求。如伤残人阅览室附近的厕所就要考虑无障碍设计。儿童阅览室附近的厕所要考虑儿童的生理、心理要求及身体尺度标准。

总之,厕所问题不能忽视,在设计时同样需要认真对待。

第五节　其他对外服务用房

图书馆是一个多功能、开放型、综合性的文献信息中心。作为文献和读者的"中介",要满足社会和读者的多方面的要求。国外和我国20世纪80年代新建的一些图书馆除了设置报告厅、展览厅、录像厅等供社会活动的空间外,还开设为读者生活服务的商店、小卖部、快餐厅及书店等设施。从另一个方面讲,图书馆属于社会公益事业,仅靠国家财政拨款远远不够,在以市场经济为主导的形式下,也开始向多元化方向发展。所以许多图书馆搞"以文养文"、"多业助文"或"以企业补文",改变传统图书馆单一的服务格局,开展业务之内和业务之外的多种经营。这些变化,不仅促使图书馆的职能向多元化发展,也促使图书馆的建筑设计适应这一变化。功能单一的传统图书馆显然不适应这种变化。现代图书馆设计应突破传统图书馆的框框,力求布局具有高度的灵活性和多功能,以适应图书馆多种经营的需要。特别是公共图书馆,其选址多位于交通方便的黄金地段。另一方面,未来图书馆将大大延长开馆时间,并取消中午闭馆,因此有必要配备文化用品商店、餐厅等辅助设施,加上良好的室内外环境,使图书馆不仅成为信息交流中心,而且还是社会活动中心。

图书馆的对外服务用房在设计时要对外联系方便,外向性强,便于对外服务,但特别重要的是它们不能对图书馆的正常业务造成干扰。这是现代图书馆设计遇到的一个新问题,应该严格把二者分开。一般将这一部分设置在底层沿街部分,这样,既可以简化人流,减少对正常阅览人流的干扰,又能发挥这部分空间的经济效益。

国内20世纪80年代后新建的一些公共图书馆在设计时,大多在这方面都进行了考虑,并取得了较好的效果。如江苏省如皋市图书馆(图8-11),该图书馆为新华书店和图书馆合建,新华书店在此建立图书市场。因此,在设计时,采用垂直布局方法,将图书市场布置在沿街的底层,2层以上为图书馆用房,有室外大楼梯直接将读者引向2层。建成后,经使用证明,图书市场与图书馆,两者相辅相成,取得了良好的经济效益、社会效益与环境效益。

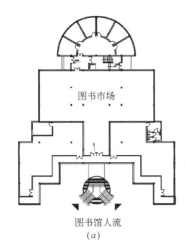
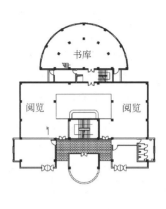

(a) 图书馆人流

(a)

(b)

图 8-11 如皋市图书馆
(a)1层平面;(b)2层平面

又如深圳市少儿图书馆,设计内容不仅包括图书馆的传统功能与业务,还要设置游艺,购物中心,图书服务公司、报告厅、展厅、餐厅、夏令营地等多种服务设施。因此,如何处理好图书馆日益综合化、多功能化的要求.便成为该工程首要解决的问题。该方案采用模块式的建构模式,将图书馆的几个功能区结合其空间要求分作几个模块。其中对外经营部分作为一个模块,沿街布置,除设单独的出入口外,内部又与图书馆的有关空间相连,既有自己的独立性,便于独立开放,又防止互相干扰,如图8-12。

总之,把公共图书馆的多种经营列入馆舍的整体规划设计中,不仅使现代图书馆更具开放性,其经济效益和社会效益相辅相成,也是现代图书馆及图书馆设计概念的重大突破。

(a)

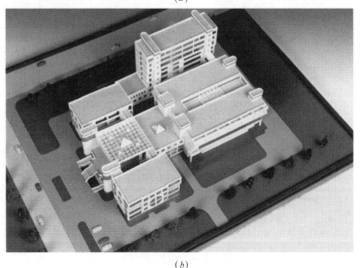

(b)

图 8-12 深圳市少儿图书馆设计方案(一)
(a)(b)模型照片

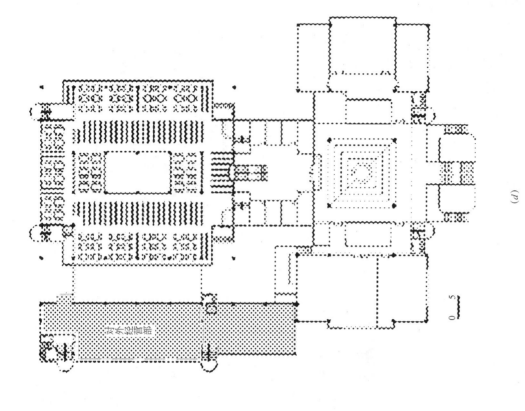

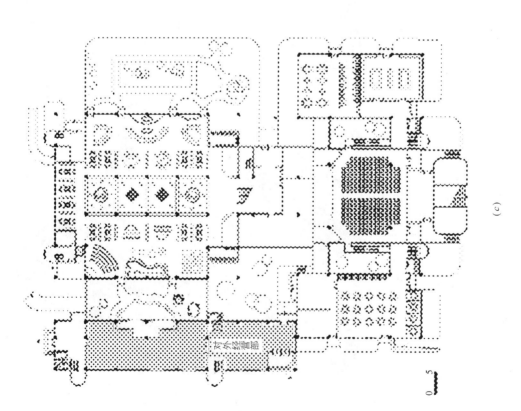

图 8-12 深圳市少儿图书馆设计方案（二）

(c) 1 层平面；　(d) 2 层平面

166

第九章　图书馆建筑造型

一个感人的图书馆建筑形象,能对人们产生巨大的精神力量,激励人们发奋学习,努力工作。不仅国家图书馆是这样,地方公共图书馆,乃至大学图书馆也都如此。因此图书馆长久以来一直被当作一个民族或者一种文化的象征,反映其所在地区的文化历史及当今的文化建设成就。而且它往往又置于城市或校园的重要位置,无论从城市规划或校园建设的角度来讲,都必然对图书馆的建筑形象有着很高的要求。

第一节　图书馆建筑造型设计原则

一、图书馆的功能是其建筑艺术创作的基础

图书馆的造型往往被看做是科学技术和文化艺术综合发展的一个象征。它有着严密的科学性,又有丰富的艺术性。其艺术与一般的艺术有着共同的审美特征,并以其静态的空间形象艺术来感染人。但是建筑并非是一种纯粹的艺术品,其真正的社会价值体现在图书馆的实用程度上。只有既适用于图书馆的功能需要,又表现出审美价值的建筑形象,才能构成真正的、适合于时代特征的图书馆建筑艺术。所以图书馆建筑造型的构思和设计应以功能需求为基本出发点,通过空间的合理组织,并使与基地环境有机融合,通过一定的物质手段,创造出既能适应现代功能需要,又具有时代感和文化氛围的有着自己个性的建筑形象。

长期以来,图书馆被过分强调其纪念性和艺术性,建筑师也常常一味地要把它作为自己创作上的纪念碑来进行设计。因此,19世纪末、20世纪初的图书馆大多采用严谨对称布局,空间高大、宏伟气魄、装饰华丽,致使空间浪费,造价高昂。现代图书馆以用为主,从功能出发进行设计,讲究实用、经济、高效;造型简洁,注意创造安静、亲切、宜人的气氛,不再单以庄严宏伟作为造型原则。当前我国图书馆正处于从传统图书馆到现代化图书馆的过渡阶段,从国情出发,处理好图书馆建筑造型与功能的关系,是搞好图书馆建筑设计的核心问题之一。

图书馆的功能是构成图书馆一切要素的总和。这些要素包括书籍、各种知识载体、读者、管理人员、管理方式、建筑设备以及心理要求等。这些要素是不断发展和变化的,因而图书馆的功能也是不断发展完善的。造型取决于图书馆的功能,在不同的时代也随着功能的变化发生相应的变化。传统的图书馆功能以藏为主,以外借为主,与之相适应的建筑馆舍采用"日"字形、"山"字形、"工"字形或"出"字形,即各种条形组合的体型。前为阅览,后为书库,中为借书处,即藏、借、阅典型的布局方式。层数不多,外观都取对称,壮观。功能的固定与造型构思的单一带来了长时期造型的单调和千篇一律。现代化图书馆由于新技术、新设备的相继引入,促使图书馆从内在功能到外表形式都发生了显著变化。其造型一般趋于灵活、自由、非对称的布局方法,并且努力表现内部的空间组织特征。

图书馆建筑的发展过程及大量案例充分说明图书馆建筑造型与功能密切相关。但是,功能并不能完全决定造型。功能是建筑本质的要求,是不断发展和变化的活跃因素,具有动态的特点;而造型则是个性的体现,更明显地带有建筑师的个性,是建筑师在社会文化环境、自然环境和美学心理综合因素的影响和支配下创造的。因此,不顾功能和使用要求,一味地追求形式是浅薄的,虚无的。另一方面也需说明,功能是造型的基础,但并非惟一的因素,如果走向极端而变成唯功能主义,持功能绝对论,同样也是狭隘的,其后果必然导致缺乏个性、千篇一律。"成于中者形于外",每一个好的图书馆建筑设计都应处理好功能和造型的辩证统一关系,只有这样,才有永存的生命力。如英国伦敦大不列颠图书馆新馆设计、北京中国国家图书馆设计及伊朗巴列维国立图书馆设计(在竞赛中获得一等奖)等都是较好的范例,参见图9-1。

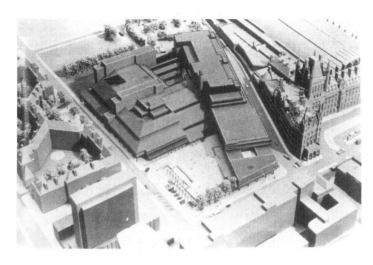

英国伦敦大不列颠图书馆新馆设计模型俯视图

英国伦敦大不列颠图书馆新馆室内透视

中国国家图书馆

图 9-1　图书馆造型设计实例(一)

伊朗巴列维国立图书馆设计竞赛方案(一等奖)模型鸟瞰图

伊朗巴列维国立图书馆设计竞赛方案(一等奖)模型透视

图9-1　图书馆造型设计实例(二)

二、建筑环境是建筑形象创作的客观依据

建筑形式的创造应该是建筑师对其设计的对象及对象所处的外界环境认真分析的结果,而不是先入为主或简单的模仿或照搬他人之作。形式是源于环境,生于环境,统一于环境,服务于环境。所以图书馆建筑形象的创造首先是要分析环境,分析建筑物所处的具体环境的特点,包括基地的地形、地貌(地上、地下)、建筑环境、人文环境、交通条件、基地方位形状等等,并综合考虑建筑对象内在的基本要求及特殊要求,从而找出矛盾,并努力分析出主要矛盾之所在,进而决定采取何种设计处理方法,以使新建筑与原有建筑相互协调统一,达到某种设想的建筑环境效果(图9-2)。

清华大学图书馆新馆的设计可以作为一个较好的例证。新馆的选址位于清华大学老图书馆西侧,东面与旧馆相接,北面有两幢三层的宿舍楼,南面正对清华园的中心建筑——大礼堂。新馆建筑周围的这些主要建筑风格是完全一致的,并在长期使用过程中已成为清华园建筑的形象特征:红砖墙、坡瓦顶、局部平顶女儿墙,主要部分或重点门窗多用半圆拱,西洋古典建筑细部。这些隐没在绿荫或爬墙虎之中,具有宁静的文化气氛。在这样传统的建筑环境中,新馆设计主要矛盾是如何与原有的建筑环境和谐统一。特别是这个老馆本身就是经过一次扩建而成的,而那次扩建是极为成功的,不仅内在功能统一,外部建筑形式也是天衣无缝,成为我国图书馆建筑扩建成功的典范。因此这次新馆设计最大的挑战就是如何使这种统

169

图 9-2 清华大学图书馆

一性得到加强而不应减弱或破坏。所以新馆设计采用了基本一致的建筑风格,并根据使用和技术经济条件做一定的变化处理,以形成完整和谐而又有一定时代感的建筑形象。

首先在体量处理上,将新馆划分为主体、南翼、北翼、东翼和连接体等6个互相连接的部分。其中主体设在整个新馆建筑较靠后的位置,以4层为主,5层部分退在中心位置,这就避免了2万 m² 的新馆在体量上压倒只有其1/3规模的旧馆,而不构成庞大的体量感,且其高度控制在低于礼堂圆顶5m左右。主体的东部以两层高的建筑围绕,使与旧馆保持尺度相同的较低体量,以衬托河对岸的礼堂,形成比例适宜的外部空间环境。由南面进入礼堂区的人从远距离北望,图书馆遮在浓荫中。从接近礼堂的中景看,由于透视关系,图书馆主体的高度远较礼堂为低,礼堂仍是构图的中心。过了河从近景看,首先见到的是图书馆的南面的2层体量,4层体量被其遮挡。所以从体量处理和形体组合来看,新馆完美的附于环境中,并且使清华园这一区域显得更趋完整。新馆除了在体量方面尊重环境外,还考虑尺度的一致,主要材料的一致以及某些处理手法的相同、相似或呼应。新馆建筑立面采用与旧馆相同的红砖灰瓦,并且采用一些半圆拱符号,如半圆拱廊,窗上的小弧形预制过梁等作为与旧馆半圆拱窗的呼应,这些是说明新旧建筑相同性质的主要语言,也是取得建筑环境和谐统一的重要手段。

图书馆除了与所处环境协调统一以外,还应努力改善其周围的环境质量。为此,在设计时就要分析设计对象在所处的建筑环境中扮演什么样的角色,是主角还是配角? 前述之例,虽建筑面积庞大,但在所处的建筑环境中,仍是配角而非主角,故采用化整为零的设计手法。而有些情况下,要求图书馆建筑形象成为周围环境的构图中心,即成为建筑环境中的主角,就要采用另一种设计手法。如以色列的里捷夫大学图书馆就为图书馆建筑结合环境设计提供了另一种构思方法。这个图书馆是此所大学的中心。由于校区坐落在干旱地区,靠近雷尔巴平原,为了在这个单调的地区增添一些趣味,建筑师将这个图书馆的外部造型设计成艺术性很强的雕塑品,图书馆完美的造型使其所处的环境成为这一地区的胜景。(图9-3)。

我们强调建筑物与环境相协调,并不是说新建筑一定要与老建筑的形式一样,也可采用以对比求协调的方法,同样可以达到与环境协调统一的目的,例如美国哈佛大学医学院图书馆(9-4)。由于图书馆建在校园用地紧张的地段,而周围又均为古典建筑,在这种条件下,建筑师没有仿效原有的建筑物形式,而采取了与原有古典建筑强烈对比的手法,选用现代建筑形式,但造型上也考虑了新、旧建筑形式的协调关系。新建的图书馆为8层,平屋顶做的很厚,并向外伸挑,以求与原有古典建筑的檐部相呼应,立面凸出的部分既表现了内部小凹室的幽静读书环境,又转达了古典建筑的"柱间"处理,同时,也使墙面形式与原有建筑之间存在对话。这种处理方法,不仅使新、老建筑形式彼此呼应,而且使新的图书馆建筑更为突出。

图 9-3　以色列里捷夫大学图书馆

(a)　　　　　　　　　　　　　　　　　　　　　(b)

图 9-4　美国哈佛大学医学院图书馆
(a)立面;(b)外观

　　图书馆的扩建是不可避免的,此时的建筑环境其外部条件常常又是非常苛刻的,既成的环境完整优美,基地可能就很窄小,此时要在其环境中扩建一个馆,头痛的问题可能是如何使扩建的新馆不破坏现成的优美环境,这就使建筑师必须采用新的构思方法,如采用地下或半地下的设计。它在有限的基地上进行扩建时,采用这种办法是有效的。它对于节约土地,开拓新空间,保护环境有独特的优点。对于美国和其他经济技术较发达的国家,由于大部分采用全空调和全人工照明的模数式图书馆,采用这种设计方式是可行的。这种方式的建筑艺术完全由外部转入内部,由地上转入地下,地面上只有出入口,屋顶上可以覆土种树栽花。加拿大哥伦比亚大学图书馆(图 9-5)及日本同志社女子大学图书馆(9-6)等即属此例。

　　三、建筑技术是建筑形象创作的物质手段

　　在建筑现代化的进程中,建筑技术上升到重要的地位。它完全改变了过去把建筑物作为手工艺品的加工状态,工业化建筑方法使建筑形式、功能、材料、设备和施工更加紧密地结合起来。复杂的外形和繁琐的装饰被逐渐淘汰,建筑不仅表现它的功能及其内在空间关系,而且也越来越多地注重表现建筑的物质手段——建筑技术,即建筑结构、建筑材料、建筑设备及建筑施工方法等。

(a)外观

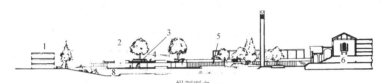

纵剖面之一
1—数学楼;2—流通期刊;3—图书馆入口;4—主要林荫道 5—将来扩建;6—老图书馆;7—花园;8—阅览室;

纵剖面之二
1—参考室;2—目录室;3—入口;4—阅览室;5—书库;6—阅览室

纵剖面之三
(b)剖面
1—走廊;2—研究室;3—书库

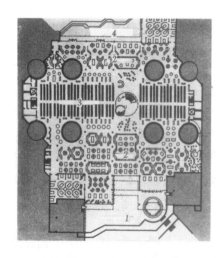

1—下层平面 2—阅览室 3—主要书库 4—东院

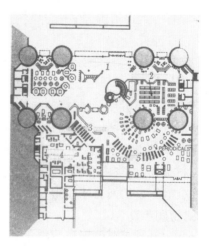

1—主要入口;2—成人视听室;3—出纳目录室;
4—技术服务室;5—参考室;6—期刊室

(c)平面

(d)地下天然采光设计

图 9-5 加拿大哥伦比亚大学图书馆

图9-6　日本同志社女子大学图书馆

图书馆建筑也不例外。建筑技术的发展为图书馆建筑形象的创造提供了新的建筑造型手段，从而有可能创造出富有时代感的新建筑形象，如英国埃塞克斯大学图书馆(图9-7)和美国威奇塔公共图书馆(图9-8)。前者是一座6层楼的建筑(另有一层地下室)，底层为入口的门厅，2层为出纳目录厅，3~6层均为阅览室和开架书库，阅览在下，开架书库在上，采用6m×6m的柱网。自3层以上，三面向外挑出，建筑造型充分表现了这种空间组合的特点，并把它的使用功能和建筑技术有机地结合起来。后者是公共图书馆。它平面开敞，布置灵活，外形简洁，但又富有变化，其建筑艺术的处理完全与建筑功能、结构、材料等密切结合起来，并与内部空间和谐一致，而没有虚假繁琐的装饰。它借助于新的建筑技术和新型空间组合原则，着力表现这个图书馆是城市中一个"社团起居室"。

(a)

(b)

(c)

图9-7　英国3个大学图书馆实例

(a)英国埃塞克斯大学图书馆；(b)英国谢菲尔德大学外观；(c)英国爱丁堡大学图书馆外观

(a)

(b)

图 9-8　两个美国公共图书馆实例

(a)美国威奇塔公共图书馆;(b)美国奥尔良公共图书馆外观

又如日本福冈县田町立公共图书馆(KANDA-CHO PUBLIC LIBRARY),建筑面积 2100 余平方米,藏书约 16 万册,其中 10 万册为开架书,采用柱网 4.0m × 5.4m 方整的开放型平面,空间灵活分隔。建筑为一层,屋顶采用棱形桁架结构,建筑师将这种结构形式充分表现于建筑的外部造型和室内空间中,并特意将它作成现代雕塑性的装饰物展现在屋顶花园上空。同时,该馆设计还表现了生态建筑的特征,将建筑物的上上下下、室内室外都设计了大量的绿色植物,表现出作者要把这个图书馆设计成"知识商品的植物"的象征性立意(图 9-9)。

(a) 鸟瞰

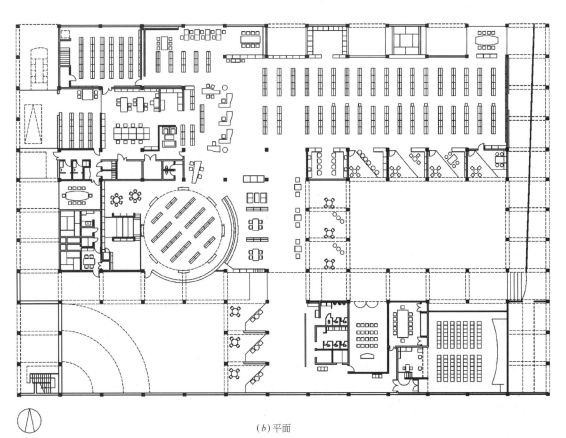

(b) 平面

图 9-9 日本福冈县田町立公共图书馆

在我国的图书馆建筑创作中,建筑师们也比较注意把建筑功能、技术和美观有机地结合起来,创造新的建筑形象。早在1978年末建成的南京医学院图书馆就是一例。该图书馆为一中小型图书馆,建筑面积3200m²,是一座3层升梁法施工的钢筋混凝土框架建筑,书库在下,阅览室在上,并向四边伸挑。其立面造型除表现上下不同的空间功能外,还特意把它悬挑的升梁梁头外露出来,努力反映材料、结构、施工的技术特征,达到了形式、功能和结构、材料等各种因素的统一。整个建筑造型简洁大方,而又新颖,如图9-10及实例1。

图9-10 南京医科大学(原南京医学院)图书馆

四、建筑个性是建筑形象创作的灵魂

建筑创作的另一个问题是如何创作建筑物个性的问题。建筑物的类型很多,功能各不相同,不论采用何种材料、结构和构筑方法,它的最终建筑形象都要能反映或表现它的个性,即在建筑艺术处理上必然赋予每一幢建筑物恰如其分的形象。对于图书馆建筑来说,它的建筑形象应体现它是一个安静的公共"文化中心"、"学习中心"和"信息交流中心"这一特征,而不再被人误认为是其他的公共建筑物。图书馆的造型和装饰手法既不同于商场、展览馆,也不应和其他文化建筑相雷同,而有其独特性。

要恰如其分地表现建筑物的性格,不是一件容易的事情,但是它又是可以被表现,并为人们所认识的。如前所述,内容决定形式,建筑物的性格取决于建筑物的内容。建筑物不同的功能要求,在很大程度上形成了它的基本外形特征,建筑造型就要有意识地表现这些基本特征,表现得充分、恰当、建筑物的性格也就容易被人们认识和理解。

对图书馆建筑来说,早期传统的图书馆建筑特征就十分明显,长久以来的"借"、"阅"、"藏"空间固定而分离的局面形成了其固有的风格,即造型明确地体现阅览室、书库和工作间三大组成部分。阅览室的空间要开敞明亮,常常设计成大片玻璃窗;书库层数较多,但层高不高,且都为砖混结构,往往开设成窄而长的窗户;另外强调纪念性,沉静之中更多的庄重、严肃,俨然科学殿堂。现代图书馆由于内容和方式都发生了很多变化,图书馆的建筑形式也与传统图书馆有很大不同,阅览室、书库和工作间往往变为灵活统一的大空间,并都采用框架结构,传统书库的窄长条窗已难以寻觅。现代图书馆的这些变化打破了传统的束缚,建筑形式的表达方式更加自由多样,这也是近10年来图书馆的营造所证明的。我们难以全面描述,但仍可以对现代图书馆的建筑形式从本质内容上进行概括。美国学者曾说"图书馆位于每一个人类文化的十字路口",这句话充分说明了图书馆建筑的文化特征。建筑的深层含义在于表达或表现文化,而作为文化建筑的图书馆则有着更直接的联系。它与一个国家、一个民族的文化历史有着密切的联系,从某种程度上说,图书馆建筑本身体现着一种文化气质。现代化图书馆作为这个时代的见证,同样要体现现代的气质和文化,其宗旨就是建筑艺术、功能要求和科学技术更高层次的统一。我们可以说,图书馆建筑造型是作为文化和技术综合发展的象征而存在的。综上所述,文化性是图书馆建筑形象的最本质的特征,建筑师在造型设计时应采用多方面的手法,表现其文化的性格。从实际案例来看,一些稍具品味的图书馆多是大方简洁的形体组合,不做虚假,亦不琐碎。各立面是统一的,具有连续性,适当地装饰以抽象的带有文化信息的符号,但是附加装饰又不要过滥,色彩也避免过分,而选用一些典雅宁静的调子。另外图书馆还通过一些抽象、象征等处理手法来表明它的寓意性和象征性。图书馆周围优雅宁静的环境也常常是烘托图书馆气氛的常用手段。这些都有助于表现图书馆的个性。

总之,要表现出图书馆建筑的个性,就要努力表现它是一个群众性的"文化中心"的这一特征。不仅如此,对建筑创作来讲,每一个图书馆的设计,还应有自己的特点,而不应彼此模仿,应提倡个性化和多样化的表现手法。曾几何时,常见图书馆是千篇一律的平屋顶,成排的大窗户,虽然在具体处理上也有所变化,但总的感觉似乎好像"见过面",缺乏自己的个性,不能给人留下深刻的印象。当前,我国图书馆建筑处于一个新旧交替时期,思想观念、功能、结构、造型艺术都处在激烈的震荡中,传统与现代的碰撞交叉越来越多,人们既不满足"方盒子",也不满足"大屋顶",呈现共生与多元化的格局。建筑师需对具体的设计作深入的分析,突出其与其他图书馆的不同特点,加以强调和发挥,做到因地制宜,因时制宜,因事制宜,特别是每个图书馆建筑的环境特点及其特有的功能特点(如不同性质,不同层次的图书馆)和社会、历史、文化等的背景。如能正确把握,将是使各图书馆建筑具有个性,避免千人一面。

建筑形象个性化的创造关键在于设计者的创意或设计理念,即你是怎样认识你的设计对象,你在分析设计任务的基础上要把它设计成什么样的,要表达你所追求的什么样的理念、创意或意境? 在国外,人们认为图书馆应是一个"能吸引人的文化中心",为了表达这一理念,采用多种表现手法,进而象征主义的手法又被重视与运用。例如,美国圣迭戈加利福尼亚大学图书馆的设计就是一例。该图书馆位于校园的几何中心,设计者为使图书馆不只是个藏书处,也不单是一个单纯图书馆建筑,而应当使之成为一个吸引人的公共活动中心。因此,设计者就设计了一个 61m × 61m 的大平台,设置成花坛、坐凳,既作馆外阅读之地,也作为学校的一个公共活动中心。它把 5 层阅览室架空设置,中间 1 层最大,上、下 2 层逐渐缩小,外轮廓像个扁球,每层四周均采用大片玻璃窗,建筑形象采用了象征手法,使人联想起这是用手高擎着一叠书本,给青年一代以智慧和力量。这个设计比简单的方盒子更具有感染力,它被誉为像"一尊雕像"吸引着读者(图 9-11);又如,美国达拉斯公共图书馆,建筑外部形象的创造采用逐层后退的设计手法,使其寓意着一叠叠的书籍在不断增长,创造了一个使人振奋,赋有活力的美的建筑(图 9-12)。

(a) 外观

图 9-11　美国圣迭戈加利福尼亚大学图书馆(一)

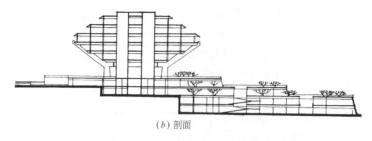

(b) 剖面

图 9-11　美国圣迭戈加利福尼亚大学图书馆(二)

图 9-12　美国达拉斯公共图书馆

今天在西方图书馆建筑设计中,人们认为图书馆应像个"知识的百货商店"。因此根据这样的理解和理念就有意把图书馆设计得像个商店,主张图书馆可以用五光十色的鲜艳色彩,像商店和超级市场一样来吸引人。例如,日本昭岛市民图书馆是一个全部开架的图书馆,就像超级市场一样,临街底层全部采用玻璃幕墙和陈列橱窗,透过大片玻璃,可以引人看到陈放在书架上的五光十色的书籍以及内部读者的活动,从而也构成了该图书馆的个性特征(图 9-13)。

表现图书馆建筑个性的另一要素是从使用者——读者的特点出发。公共图书馆与大学图书馆应有所不同,前者群众性及公共性强,后者学术性较浓。至于儿童图书馆则应着力表现儿童天真活泼的性格。例

(a) 外观

图 9-13　日本昭岛市民图书馆(一)

(b) 入口

图 9-13 日本昭岛市民图书馆(二)

如,巴黎巴拉马儿童图书馆,它由一系列大小不等,高低不一的圆柱体组合而成,外形起落有致,力求创造一个符合儿童心理的活泼有趣的建筑形象,以唤起儿童的学习兴趣(图 9-14)。又如日本日野市多摩平儿童图书馆,平面和内部空间处理都别具一格,其建筑外观似如一座幼稚园,给人以可爱亲切之感(图 9-15)。

此外,从环境分析着手,抓住环境的特性,针对建筑环境所赋予的特殊矛盾,用特殊的方法处理这一特殊矛盾,这种设计也自然就有了它的特点,从而形成了它的个性。例如,安徽省铜陵市图书馆,位于城市主干道一侧,但基地的方位与干道的关系不是正南北,也不是正东西,而是南北方向与主干道成 60°的夹角,主导风向也是西南风。在这样的条件下,设计中的一个主要矛盾就是图书馆建筑朝向与干道方向的矛盾。图书馆要求南北向,城市建设方面又强烈要求建筑物的正立面要长,要正朝干道。为了解决这一特殊的矛盾,设计者通过多方案构想,最后选用正三角形的平面,把三角形的底边平行于干道,三角的一边正对南向,这样,不仅使图书馆能朝南向,而且也使建筑物的正立面最长,正对干道,完全满足了图书馆建设和城市建设方面的双重要求。这种非一般方形或矩形的布局,自然形成了与众不同的特点。建成后,该图书馆馆长还撰文称"这个图书馆采用三角形平面是逻辑的必然"(图 9-16)。

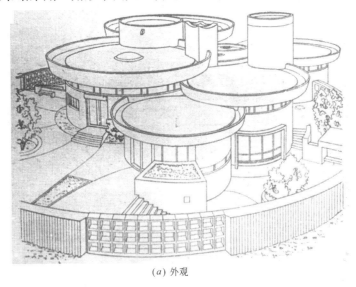

(a) 外观

图 9-14 巴黎巴拉马儿童图书馆(一)

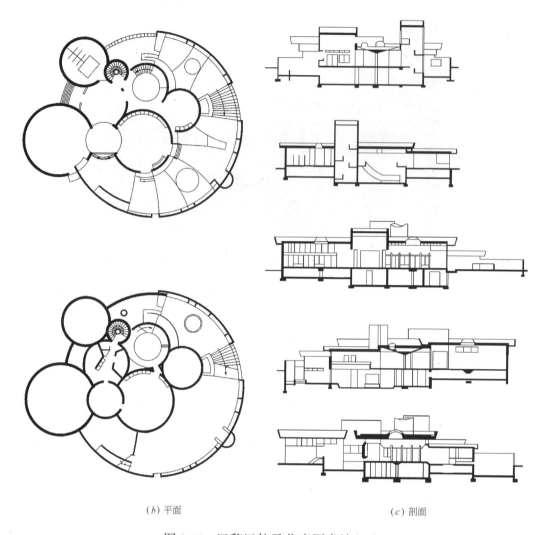

(b) 平面　　　　　　　　　　　　　　　(c) 剖面

图 9-14　巴黎巴拉马儿童图书馆(二)

(a) 人口外观

图 9-15　日本日野市多摩平儿童图书馆(一)

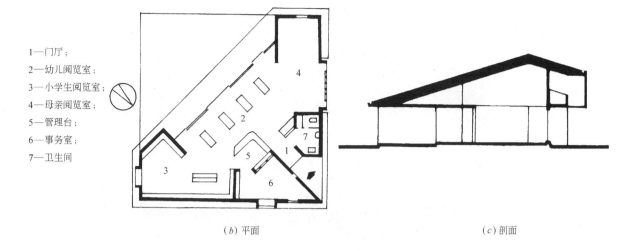

1—门厅；
2—幼儿阅览室；
3—小学生阅览室；
4—母亲阅览室；
5—管理台；
6—事务室；
7—卫生间

(b) 平面　　　　　　　　　　　　　　(c) 剖面

图 9-15　日本日野市多摩平儿童图书馆(二)

图 9-16　铜陵市图书馆

五、民族性和地域性应是建筑形象创作努力探索的方向

图书馆在造型设计中,应反映民族和地方特征,这是由图书馆建筑的文化属性决定的。图书馆既是文化建筑,必然要反映所在民族和地域的文化特色。它要求建筑师在满足功能要求的前提下,充分考虑当地文化历史背景、自然气候条件,运用空间布局、体型组织、色彩、建筑材料、传统地方建筑语言等综合手法来表现地方性与民族性,而绝非单一的大屋顶形式。我国文化久远,地域广阔,传统和地方性的素材有着深厚的源泉,关键在于如何继承和转化,形成乡土的、又有时代感的图书馆形象。我国建筑界对此曾经过理论和实践上的热烈探讨,从形似走向神似,也积累了许多经验和手法。福建省图书馆的设计一方面采用了内外空间流通,富有魅力的共享空间等现代设计手法,同时建筑造型又借鉴闽南传统红砖民居中最有特色的土楼中的一些建筑语汇,以现代的手法加以改造,变形重组,使之具有鲜明的地域特点和突出的建筑个性,又有一定的时代感(图 9-17)。

民族性和地方形式并不求取统一的模式,作为外观造型,不能机械套搬。如果民族性和地方性仅仅是作一些"穿靴戴帽"和贴标签式的虚假装饰的处理,就会显得生硬、勉强,反而流于肤浅。日本的新建筑在

图 9-17　福建省图书馆

民族性与地方性的继承与发展运用方面给我们提供了一些有价值的启示。他们较早地重视民族性、地方性与现代的契合点的探索,他们的不少新建筑,有较浓厚的传统神韵,在图书馆建筑创作中也不乏其例。如由著名建筑师丹下健三设计的东京立教大学图书馆就很有特色:利用旧馆的两层作为一部分阅览室,读者来馆先经过一部室外楼梯,直登上屋顶平台,由平台进入借书处。这个3层钢筋混凝土的图书馆建筑,在造型上颇有日本建筑传统的民族风格,它既不是陈旧形式的抄袭,又没有盲目搬用"国际式"建筑样式,使人对它感到既有时代感,又有民族特征(图9-18)。墨西哥大学图书馆则是现代建筑中表现民族形式的又一种手法。如图书馆正立面上镶贴彩色图案,它继承了墨西哥民族文化的传统,又因题材内容独特而具有浓厚的地方特色(图9-19)。

图 9-18　东京立教大学图书馆

图 9-19　墨西哥大学图书馆

　　我国目前绝大多数图书馆都采用现代的建筑形式——平屋顶、方盒子。对民族特点及地方风格的探讨也作了一些尝试,也有不少好的个案,都有不同的特点。例如前述北京图书馆作为我国国家图书馆,采用我国古典建筑的传统手法,运用局部传统屋顶形式,并注意吸取我国传统园林的特点,创造了"馆、园结合","书院式"的、具有较浓郁民族特色的图书馆建筑形象,作为国家图书馆是很恰当的,受到人们的喜爱。上述中外之例虽然各自手法不尽相同,较为趋向一致的是在女儿墙处着墨,这种处理手法工程不复杂,效果却明显,也确能透析出民族的神韵,但如果用的太滥,则会导致另一种呆板的局面。民族文化与地方文化不是仿古移植,不是简单地拼凑,而是一个继承、吸收、发掘、升华的创造过程,设计时应探究其中深刻的内在特性。作为文化建筑,图书馆建筑是一个鲜明的文化形体。有民族文化意识的自然渗透,和地方风格的外在表现。

第二节　图书馆建筑造型的设计手法

　　建筑设计单纯地进行造型操作是无意义的,首先要有"意"。西晋陆机在其作品《文赋》中有"意司契而为匠"之说。"契"是指图样。从词义来看,意与匠主要取决于意。这里的"意",我们可以理解为建筑师的设计哲学、思维层次及建筑所表达的情态、意向、风格或者思想,"匠"则是指解决实际问题的能力、技巧及方法。进行图书馆建筑的造型设计时,必须先有"意",即原有造型的理念,继而是考虑如何表现的问题,考虑具体采用何种设计手法。通俗地讲,就是先有想法、方法,然后是手法。"意"在很大程度上表现为主观性和能动性,而"匠"则有其基本的规律和原则。上一节说的是"意",这一节我们试着探讨图书馆建筑造型设计"匠"的范畴之内的设计手法问题。以下从几个方面进行阐述。

一、主从分明、有机结合

　　一幢建筑物,无论其体形怎样复杂都不外是一些基本的几何形体组合和体量的加减而成。图书馆建筑的造型只有在功能和结构合理的基础上,使各个要素能够巧妙结合成一个有机整体,才能具有完整统一的效果。体量的组合要达到完整统一,最起码的要求是要建立起一种秩序感。空间体量的秩序感主要是通过平面布局的良好的条理性和秩序性来表现的。所以在进行体形组合时,还是应先从平面组织开始,平面组织与体量组合结合考虑。

　　传统的构图理论,十分重视主从关系的处理,并认为一个完整统一的整体,首先意味着组成整体的要素必须主从分明,而不能平均对待、各自为政。更不能是"二元论"或"多元论"。不论采用对称或不对称的平面布局都应如此。如北京图书馆的设计,采用对称平面布局,对称严谨,中央部分是高层书库,以较高较大的体量成为整个造型的主要控制因素,其他部分也按照对称的方式组合在一起,高低有致,共同形成一个具有中国特色的建筑群。

若采用不对称的体量组合,就要按不对称均衡的原则进行设计,以达到主从分明。如前面章节中提到过的上海图书馆的设计是近几年现代化图书馆设计中较为成功的一例。上海图书馆作为国家科学文化的一个象征,具有特定的纪念性。基于环境和功能的要求,设计时摈弃了较易体现纪念性的传统的对称模式,而采用了反映环境和建筑内部空间关系的不对称模式,如图 9-20 所示。阅览居中,左右书库高低对峙,虽然总书库仍占居最高与最大的体量,但是它不处于主体地位。而阅览部分则为体量组合的中心,体现出现代图书馆以阅为主的宗旨。这种均衡的现代构图手法,在不对称中体现出对称,即尊重环境,也不妨碍内部功能关系,同时表现了国家大型图书馆的严谨庄重和永久的历史意义。

图 9-20　上海图书馆不对称模式

二、比例尺度的处理

比例与尺度是经典美学的两个基本内容。一切的造型艺术,都存在着比例关系是否和谐,尺度是否恰当的问题。由于技术、经济和文化的发展,人们的审美观念已发生了一些改变,但对于现代图书馆建筑来说,造型设计仍是需要处理好比例与尺度的问题。

在设计过程中,首先应处理好建筑物整体的比例关系,也就是从体量组合入手来推敲各基本体量长、宽、高三者的比例关系,各体量之间的比例关系以及各部件的尺度问题。当然,体量是内部空间的反映,而内部空间的大小和形状又与功能有关。根据用地条件和功能要求,平面布局确定以后,由于层高有一常数范围,那么体量的关系就已大体上被固定了下来。所以设计时不能撇开功能而单纯从形式上去考虑问题,不能随心所欲地变更比例关系,然而却可以利用一些灵活的手法来调节基本体量的比例。此外,也可通过竖向分割与垂直分割相结合的办法,来调整建筑整体的比例关系。

在处理好整体的比例关系时,也要注意整体和局部、局部与局部以及建筑各构件之间的比例关系。如果处理得不当,则会产生不佳的效果。

三、虚实与凹凸处理

体量、体型确定以后,虚、实和凹凸的处理就成为造型设计需深入研究的一个重要问题。而虚实处理本身也存在着比例和尺度问题,这要不断积累经验,巧妙地取得虚、实对比,以产生一种具有时代感和文化气质的现代图书馆形象。浙江师范大学邵逸夫图书馆的设计,就通过虚、实对比的手法,给人以强烈的印象。图书馆的主入口处于对图书馆来讲颇为不利的西面,整个用地也是东西向长于南北向,设计师正是从这一不利之处作为突破口,平面布局时设计了一个内院,并将整个平面分为几段,每段都保证有南、北向采光与通风。而在 2、3 层阅览与办公部分的西向,全部采用大片石墙,避免西晒,而底层入口则可以设计成大片玻璃门窗,上实下虚表现出图书馆沉静端庄的性格(参见实例 4)。

由于图书馆建筑对光线的特殊要求,立面处理时,也常常采用凹凸的处理手法。前面章节中曾提到过的深圳大学图书馆 3~6 层外墙均采用墙面凸出,落地窗凹进的手法,形成挺拔的虚实垂直线条,与两侧建筑的横向线条成对比,也将直射入阅览室的直射阳光变成柔和漫射光。也有的图书馆由于采用连通的带形窗形成的水平凹凸变化,同样可以避免阳光直射,而且还可形成强烈的虚实对比与丰富的光影变化。

巧妙地处理凹凸关系还将加强建筑物的体积感,这一点可以从上海交通大学包玉刚图书馆的造型处理上得到启示(参见实例 8)。

四、韵律与重复

在描述建筑的艺术属性时,常用"建筑是凝固的音乐"这样一句话来表达。最能解释这两者之间的共通性的便是,这两者都讲求因重复性而产生的美感。音乐中最重要的表现形式之一就是它的韵律,将一些固定的音符组合、重复而适当地出现,就形成了音乐上的韵律。建筑中的韵律也是经由重复性而得到。图书馆建筑也可以利用一些构件的重复使用与变化形成韵律的美感。例如近两年才完成的美国凤凰城中央图书馆,便利用钢架撑起随风飘扬的三角纤维布(参见实例 34),除提供遮阳的功能外,重复而变化多端的形式,也提供了灵活而动态的韵律美感。

墙面和窗的组织是立面虚实处理的重要内容。墙面的处理不能孤立地进行,它必然受到内部房间划分、层高变化以及柱、梁、板等结构体系的制约,既要使之美观又能反映内部空间和结构的特点。一般图书馆在立面设计时,墙面和窗子的组织就很有讲究。阅览室的空间开敞明亮,常常设计成大片玻璃窗;而传统书库,层数较多,层高不高,往往开成窄而长的窗户。这种处理手法长期以来已经成为传统图书馆立面造型的特征。武汉交通科技大学图书馆的墙面处理就是比较典型的一例。其建筑的体型由 7 层主楼与 1~2 层的裙楼组成,裙楼部分为大面积的玻璃窗,主体部分则忠实地反映出由交通厅连接的阅览区与书库。阅览区层高 5m,开设通长的高大玻璃窗,书库部分原高为 2.5m,按其层高形成低矮的条窗,中间的交通厅在侧立面采光,正立面处理成大片实墙,作为两片不同划分与处理的墙面的连接与过渡,也加强了整个立面的对比效果。这种处理非常简洁,比例也十分恰当,具有明显的图书馆建筑特征(图 9-21)。

图 9-21　武汉交通科技大学图书馆

现代图书馆,由于灵活性与高效性的要求,采用统一的大开间,柱网、层高都是统一的,都有一定的模数,因而形成的空间的结构网格是整齐划一的。为了正确反映这种关系,窗洞也只好整齐均匀地排列。这种墙面常流于单调。但如果在不影响功能的条件下进行变化,也能取得较好的效果。图 9-22 是天津大学科学图书馆,整个立面以平的墙面和方窗为主,点式方窗在重复中又有变化,体现出韵律的美感,局部点缀以条窗和出挑的墙面,形成阴影和虚实对比,整个立面体现出简洁明快与独特的风格。

图 9-22　天津大学科学图书馆

五、色彩、质感的处理

在视觉艺术中,直接影响效果的因素从大的方面讲有三个方面,即形、色、质。因此建筑的色彩、质感的处理也是造型设计的重要内容。

对图书馆建筑来讲,色彩的运用要满足人们对图书馆建筑的习惯心理,不能太商业化,而是要有一定的品味和格调,多选用朴素淡雅的色调。设计时按一定的构思来调配色彩,表现出一种主调和风格。此外,还要注意与环境的协调。一般说来,图书馆的外立面颜色不宜多,以体现图书馆沉静、朴素、大方的风格。尤其是对于体型丰富的图书馆,颜色更不宜纷乱,这样有助于加强光感和立体感。

质感表现的处理,一方面要考虑材料天然情感,另一方面还要注意表现人工处理以及材料组合可能引起的感情效应。至于质感处理中的组合,最常见的有两种,调和组合与对比组合。前者自然真诚,含蓄而不刺激;后者则具强烈效果。两种组合方式结合使用,能收到多变的效果。这几种处理方式在图书馆立面设计中都可以见到,具体要从图书馆的表达立意来定。例如著名建筑师路易斯康在美国艾其特学校图书馆中将清水混凝土墙和木窗放置在一起,透过清水混凝土粗糙而又有些光滑的质感,和木材平滑而又稍微粗糙的对比下,再加上两者颜色的对比,而形成一种深沉内敛的和谐。

六、象征与隐喻

图书馆是颇具精神性的场所,所以许多图书馆的造型设计常常采用象征与隐喻的手法,使整体造型具有某种含义。意有所喻,情有所指,而非单纯的造型操作,许多独具创意的设计也是由此而生。如建筑师佩罗苦心孤诣,把法国国家图书馆的 4 座高楼设计成 4 本打开的书,使这座落于塞纳河畔的世界第二大图书馆从形象上就成为人类文明的象征(参见实例 29)。

再如前述美国圣迭戈加利福尼亚大学图书馆,把 5 层阅览室架空设置,中间 1 层较大、上下 2 层逐渐缩小,整个形象使人联想起用手高擎着一本书,这个设计比简单的方盒子更具有感染力。

七、符号、装饰与细部

符号是利用一种约定了的、可以通过联想得到暗示的一种建筑语汇。近几年来,随着商品经济的发展,我国一些商业建筑和文化建筑中经常运用一些符号,表现出一种商品化、世俗化和大众化的情趣。但是一般的作品都是被动的运用符号,参照别人的风格和形式,装饰性地运用符号。例如,如今大量可见的实的、虚的、完整的、残缺的拱券、三角山花以及装饰用的檐口、女儿墙、柱式等,有的已流于肤浅和虚假。这说明建筑符号表现为抽象的含义,不仅在表达层次上具有多层次性,而且在立意构思上也需要下功夫。

图书馆作为文化建筑,也常运用符号来表达多种深层含义,为避免流于商业与肤浅,应以环境、功能和文化内涵为依据,抽象或还原出最有表达性的符号。如清华大学新馆的拱门以及窗上装饰性的拱形过梁,就是清华园经典的原型,使新馆别具历史性。再如内蒙古图书馆,(参见实例9)为求造型的简洁、粗犷、朴实,大胆地选用一些具有民族和地方建筑语言的符号,经过简化、加工得体地移植到建筑中。主体采用灰白色墙面,简洁明快,主入口上方7块紫红天然花岗岩从内蒙古传统民居中——蒙古包形式简化和抽象出的简洁粗犷、富于雕塑感的体块,通过浑然一体的灰白色调墙面的衬托,和室外入口楼梯的呼应,既强调主入口庄重气势,又表现了内蒙建筑坚实粗犷的特性。圆形报告厅借鉴蒙古包质朴、浑厚、圆润的特色。另外拱窗、檐口、装饰线这些传统的建筑符号,按照今天人们的审美观加以变形简化,移植在现代图书馆建筑上,显示了公共建筑的地方特色,增加了建筑个体的可识别性。所以,对于符号的运用,应根据社会、历史、文化、环境及类型等巧妙地汲取含有信息价值的符号,高度概括和抽象,并且巧妙地利用而不应虚假地、装饰地对待。

建筑艺术的表现力主要还是通过空间、体形的巧妙组合,整体与局部之间良好的比例关系,色彩与质感的妥善处理等来获得,而不应企求于繁琐的矫揉造作的装饰,但适当的装饰与符号的运用可以加强建筑的表现力。装饰的运用一般只限于某些重点部位,并且力求和建筑物的功能与结构巧妙地结合。细部的处理也是同样的原则,一些纹样、划分线、隆起、粗细程度、色彩、质感的选择等都要从全局出发,是整体的一个有机组成部分。同时,也需深入地考虑一些细部设计,以使造型处理有一定的深度感。例如国外图书馆在简洁而富有感染力的总体造型设计之余,还做出许多巧妙的细部设计,以达到高技术、高情感的更丰富的境界,这是值得国内图书馆设计借鉴的。

第十章　图书馆设计过程与案例解析

第一节　图书馆建筑方案设计过程

图书馆建筑设计与同建筑师设计其他类型建筑一样有许多共同点,作为有经验的建筑师用不着单独阐述图书馆设计过程,这一节主要是为建筑学专业的学生学习图书馆建筑设计作个引导,但对第一次接受图书馆设计任务的建筑师来讲也可作为参考。因为毕竟不同类型建筑有不同的特点和要求,与设计其他类型建筑具有共性,但也有异性。何况,图书馆也随着时代的发展,其内容和形式都在不断发生变化,也需要进一步学习和了解。

设计过程与设计工作方法是分不开的,设计方法又是与一个人如何进行工作的思维方法分不开的。接受设计课题后从何下手? 工作计划如何安排? 方案设计过程需要经过哪些环节等等都要做到心中有数。为此,提出以下几条供初学者参考。需要说明的是,工作方法是因人而异,设计自然也不同,因此不应受到限制。根据一般建筑师实际工作的经历,我们可以归纳以下几点:

一、熟读设计任务书(或课程设计题)

这里提"熟读",也就是要把设计任务要求及基地条件进行深入理解,并记入脑海中,特别是一些特殊的要求及特殊的条件等都要记得一清二楚。把它们都变成一个个的问题要求自己去求解。"熟读任务书"这是40余年前我的老师教导的,我用了一辈子,感到非常有用。因为一个设计投入的建筑师,一旦接受了设计任务,几乎"全天候"都在思考着方案的构思;设计的过程就是发现矛盾、分析矛盾、解决矛盾的过程。如果我们对设计对象的要求,矛盾都未理解,都记不清楚,也就不会深入地去思考它,或不会抓住主要问题去思考它,自然也就不会产生好的"点子"、好的主意来。当然,"熟读任务书",也不是硬要把每一个细节、每一个房间、每一个房间的面积大小都记得一清二楚,而是要把一些关键的数据,特殊的要求和问题记清楚。如图书馆设计任务包括哪几大组成部分,各部分的总面积要求,多少藏书量,提供多少阅览桌位,有哪些特殊要求的房间,如有的需要设计报告厅(或多功能厅),要求座位多少? 就外部条件来讲,地形有什么特征,城市建设部门有何规划要求等等。只有把设计对象的条件和要求了如指掌,你就能够驾驭它,从而能综合地思考并找到解决的方法。

二、现场踏看基地,寻找设计的难点

建筑物都建于特定的基地上,做设计不能闭门造车,一定要亲自去现场踏看基地,踏看基地目的要明确:

(1) 熟悉环境,了解基地条件。包括基地地形、地貌(包括地面上、地面下)及地面上空、周围建筑环境、道路交通、市政管网走向及基地四周今后规划发展情况等。

(2) 分析基地特点,发现矛盾,寻找设计的难点,特别是主要难点之所在。是交通问题? 地形问题? 方位问题? 基地大小问题? 新老建筑关系问题? 还是城市景观问题……在分析的基础上,找出客观条件与自己主观设计意念矛盾之所在。

(3) 现场构想方案。把主观的想象与现场实际虚拟比照,寻找适宜的体形、探求合理的布局,如入口如何安排,内外交通如何组织,几大功能块如何摆放,体形、体量如何控制,与相邻建筑关系如何处理等等,力争在现场有一个大轮廓粗线条的构想。最好有几种不同的设想,彼此进行比较,找出各自的优劣,这也就是常说的"从外到内"来构思,即解决主要矛盾的几种不同的途径。

三、深入体验,向馆员讨教,争取图书馆专家参与设计

图书馆的使用有其特定的要求,尽管每个人都经常使用图书馆,但大多数都只是了解前台(阅览区)而不了解"后台"——书籍的加工及收藏。我们只有读者的体验,即阅览的体验、检索的体验,而缺少管理的体验、馆员的体验。这就要求我们要进行调查研究,深入馆内各个部门,了解他们,熟悉他们,通过耳闻目睹及亲身的体验去主动积极地发现问题,这样对设计对象就会有更深入而切实地了解。因为作为建筑师既要有宏观思维,又要有微观的体察,在设计过程中不仅是设计者,而又要充当不同的角色。设计图书馆,需要从读者、馆员、工作人员、管理工作者及投资者、行政长官等不同角度去体察它,思考它。这样自然就较易发现方方面面的很多实际问题,从而使设计者更加明确设计方案需要探索的方向。20世纪70年代,我带8个毕业班学生,做了2个图书馆设计,即今日的南京图书馆和南京医科大学(原南京医学院)图书馆,为了做好设计前期的调查研究,深入体验生活,把学生分配到图书馆参加劳动,实习一个星期,有计划地分配他们轮流到图书馆的各个业务部门去工作,如参加书库的"跑库"、出纳目录厅的管理、采编部门整套的工作流程以及阅览室的管理工作等等。并与馆员开座谈会,倾听他们的声音,了解他们的要求,共同磋商,讨论问题,这对我们构思图书馆平面空间的布局很有好处。例如,在南京医科大学图书馆的设计中,通过调查深刻体验到国内图书馆的出纳目录厅及业务办公用房工作条件普遍较差,冬冷夏热,夏天室内温度有时高达40℃以上,同时也深深体会到书库内"跑库"工作的艰辛,不仅一天要跑几十里路,而且要上上下下,有时汗流浃背。对此,我们进行了认真反思,在分析图书馆传统布局的基础上一反常态,大胆地提出了垂直布局的新构想,将出纳目录厅和书库布置在下,阅览布置在上(2层和3层),缩短"跑库"距离,避免了过多的上下的劳累。同时将出纳目录厅及业务办公用房也都朝南布置,为工作人员创造了很好的工作条件,建成后出纳目录厅变成为全馆"冬暖夏凉"最好的地方,受到了该馆馆员和图书馆界的一致好评,有的馆要了图纸再去新建。

四、分析矛盾、借鉴他人经验,发散思维,进行多方案设计

1. 分析矛盾

设计就是认识矛盾、分析矛盾、解决矛盾的过程。前述一、二、三均是认识矛盾、了解设计对象的过程。在此基础上,就要认真的分析矛盾,进而寻找解决矛盾的方法,特别是要抓住主要矛盾及主要的矛盾方面,多方设想解决的途径。例如,目前有的公共图书馆要设计的建筑面积大,有时几万平方米,而基地面积并不大,此时如何在满足城市建设部门规划要求的条件下,解决好平面布局问题?有的公共图书馆还要求设计开展对外服务和第三产业的用房,如何把图书馆的传统功能与现代新要求处理好,并且互不影响?有的图书馆坐落于交通繁忙地带,如何处理好内外交通,减少交通噪声的干扰,创造闹中取静的阅读环境?……,这些都可能成为设计中特有的主要矛盾。由于每个设计者对矛盾的认识和分析不一,解决同一矛盾采取的方法也不尽相同,自然形成了多方案的特点。如果主要矛盾抓不住,或解决不好,该方案的可行性就较小,即使画的再好,它只能成为一幅画了!我们可以说,方案的成败关键在于设计者思维水平的高低和解决方案的能力。

2. 借鉴他人经验

由于初学者都是第一次接触图书馆建筑设计,因此不仅要了解图书馆设计的基本问题,同时要学习知晓前人设计图书馆的基本经验——解决图书馆设计问题的基本方式。如图书馆建筑平面空间布局的基本模式,以及每种布局方式的特点、优点及缺点;了解图书馆的由来和发展,了解它的昨天和今天,也要了解未来发展的趋向;了解某种类型处在发展过程中的何种阶段,对设计人员来讲就十分重要。了解当今人们关注的问题是什么?对图书馆的规划和设计有何影响等等,……这些都可能成为我们构思创新的一个新方向。如近20年,图书馆界关于开架问题的讨论、电子计算机在图书馆中的应用、多媒体技术的发展以及未来电子图书馆等等,都应该是我们需要了解和学习的。不从宏观上了解和把握大的发展方向,所谓的建筑创新也只是设计手法的变化而已。看书,翻阅资料也有个读书方法问题,浩瀚的知识如同汪洋大海,从何下手?比较捷径的方法是带着自己碰到的问题去看书,看他人在这个问题上是如何解决的,有几种途径,借以启发自己思维,甚至通过学习——模仿,达到自己创造的目的。对初学者来讲,模仿是不可少的,

但模仿不等于抄袭,不是生搬硬套。

3.发散思维

思维方法对建筑师来讲是极为重要的,而这一点并不为人普遍重视。在做方案的初始阶段,一定要打开自己的设计思路,从不同的角度探求不同的途径,千万不要一开始就为自己设计一个固定的框框,把在杂志上看到的某位大师的某种形式作为自己的"构思",从某种既定的形式出发,并把自己就吊在这棵树上,爱不释手。在设计全过程中,还要能认真听取各方面不同的观点、意见,哪怕只有1%的正确,你也要100%认真听取,并努力吸取合理的部分。特别是对自己的方案提出不同意见时,更应该耐心听取,让人家把话讲完,不要迫不及待予以辩解,甚至把人家的意见顶回去。这既不尊重人,也不是致学的好态度和好作风。近几年,有一些建筑院系学生上设计课,回避教师改图,不与教师照面,关在宿舍里自鸣得意,姑且不谈课堂学习纪律,就其设计的思维方法而言,也不是可取的。当然,这也不能全责怪学生,教与学都要提倡一个好的思维方法,教主要应该是"导",对学生的一些想法给予正确引导,使之不断走向完善和成熟,不宜采取简单"枪毙",另起炉灶。即使必须"枪毙",也要把道理说清楚,让学生乐意自己去"割爱"。

4.多方案的探讨

方案最初阶段(有的学校称之为"一草")应该要求自己至少能做两个以上的方案,并对这些方案进行比较,找出优点和缺点,以及如何保持优点,克服缺点的办法。对于"缺点"也要分析,是致命性的,还是一般的?是可以解决的,还是方案本身先天性所固有的?如果是致命的,先天的,固有的,难以改变的,那么这种方案不宜再发展,就需另辟途径。

初始阶段的方案,就是大块块的平面布局草图,即如何结合地形,基地的交通条件,把设计任务要求几大功能块设置好,甚至可以说,就是在总图上把体形研究好,不同的体形不同的摆法,也就构成不同的布局方案,表达不同的想法。设计是由无形走向有形的创作过程,是从无序走向有序的创作过程,也是由定性走向定量的设计过程,由粗到细的设计过程。具体着手可以参考图10-1所示。

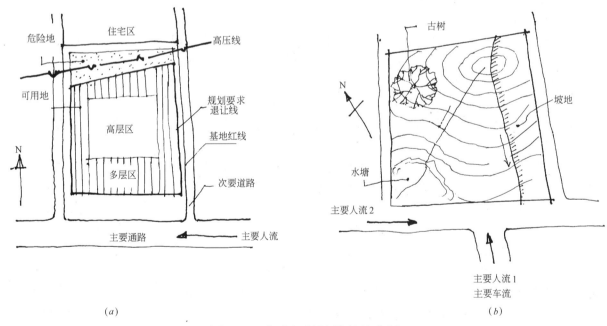

(a)   (b)

图10-1 方案初始阶段基地分析

(1)在地形图上确定基地可建的用地范围,包括空间高度范围,确定其可建的高度,这是为了满足城市规划层次的要求。如退让红线、房屋间距及建筑物高度控制等(图10-1a)。

(2)分析地形地貌,在地形有高差时,要划出地形地貌断面图,研究等高线的高差与走向,确定建筑物的布局方位和方式(图10-1b)。

(3)在可用地的范围内进行体形研究及大体的功能区的安排,并确定主要出入口与次要出入口的位置以及内外相应的主要交通流线的组织。包括外部的车行道、停车场及内部的不同流线的大致走向。

(4) 体形研究不只是二维的平面形式,如方的、圆的、三角形或多边形的平面形式,它应包括体形和体量两个方面,即要进行三维空间体量的研究。不仅要研究它的形,还要研究体量的大小、高低和虚实。先抓大的,再抓小的,先是粗线条的,再是深入细部,即先抓"西瓜",再拣"芝麻"的过程,不宜反其道而行之。这样设计有层次性,首先在高一层次上思考问题,解决好高一层次的问题,这样就较易保证设计方案的质量,保证设计方案在大原则问题上不出问题,不致走弯路或少走弯路。同时,不仅要研究本身的体量的相互关系,而且要研究其体量与基地周围建筑体量的关系。在此阶段,一定要明确你所设计的对象在建筑群体的大环境中,是主角还是配角,孰主孰次一定要分析好,把握好。要把它放到正确的位置上,是主角就要充分表现它,不仅在平面位置上要正确地定位你所设计的对象,而且在体量处理上都要显现出它的主导地位。但有的情况下,它并非是群体中的主体,这时要切记不要喧宾夺主,要愿意甘当配角,并同样要努力做好配角,争取"配角优秀奖"。

(5) 体形研究是一个定性设计过程,即在可使用的用地范围内,把几大部分的位置及相互关系搞好,这只决定它的位置、平面空间体形,而未确定其大小。在此过程后,就要进一步深入研究体形的大小、高低及层数。这既取决于外部的条件和要求,如基地大小、外观的要求,同时也要取决于设计对象本身的面积要求。在确定平面大小之前,你先要考虑建筑物要做几层,考虑不同出入口位置,确定内部交通组织方式及大体位置。这里,必须指出,在进行平面设计的时候,需同时兼顾考虑它的体量及立面,甚至有时还需先从剖面构思考虑着手,而不能仅仅是两维的平面设计。这时的设计应从外到内,又从内到外相互综合的过程。通过内外综合考虑,求得平面和体量的基本布局,并按比例画出草图。

五、制作工作模型进行体形研究

体形研究——在定性和定量大体确定以后,按比例画出草图,并制作工作模型,把它放到总平面图上再进行研究。不同的方案都把它制作成体块,放到总图上进行比较。在总图上,最好把基地周围的建筑物也做成块体置于图上,请些人议一议。这样,直观效果好,问题比较容易发现,通过模型直观比较,充分考虑与周围环境的关系,这样可以比较出相对较合适的一种方式,即确定一个方案。这个方案就是一个综合性方案,尽可能把不同方案的优点吸取进来。

六、深入研究,反复推敲,进一步发展和完善方案

通过工作模型研究体形、体量后,对其体形、尺度(长、宽、高)大小都有了具体确定的概念。这时就要进行深入研究发展方案阶段。这阶段主要工作就是要按一定比例研究平面、剖面和立面,特别是主要立面的研究。通过反复推敲,不断修改、调整,逐步使方案走向成熟。这一工作是由不确定到确定的过程,是由粗到细的逐步深入的过程,也是不断肯定——否定——又肯定的不断反复的过程。这里特别需指出,在设计全过程中,所有的草图都宜保留,而不要废弃,即使是已否定的草图,也应留着。因为人的认识是反复的,暂时被否定的东西可能还有它积极的有用的一面。在平面大体形确定以后,这一阶段具体工作可以包括以下方面:

1. 确定开间大小,合理设计柱网

它不仅要考虑图书馆本身功能要求,而且要考虑其他功能的空间要求,如地下室停车等。图书馆柱网常用的有两种,一是方格柱网,即模数式图书馆通常采用的形式,其柱网进深与开间是相同的;二是矩形柱网,开间和进深不相同,进深大于开间,主要是为减少一些柱子,使室内空间更开敞,更能灵活使用。除此之外,也有采用三角形柱网的。采用哪种柱网要根据所确定的体形来决定。如果采用圆形平面,除采用放射形柱网外,也可采用方形柱网。柱网确定后,最好按比例画出柱网的草图,这个网格图最好是用尺画,或用计算机画出,它可为后期工作提供很大的方便(图10-2)。

2. 画柱网轴线平面框架图

按一定比例画出柱网轴线平面框架图,并根据这个柱网图不断深入进行研究;通过不断调整平面布局,使方案走向成熟,这一阶段主要工作是:

(1) 确定入口,包括主要入口、次要入口的位置、形式、大小及其内部空间的关系。

(2) 确定内部交通组织方式,垂直交通和水平交通的位置、数量、走向和大小,规划主要人流的组织方

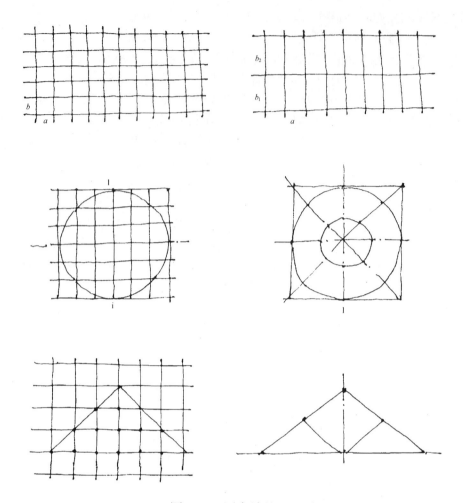

图 10-2 图书馆柱网设计

式。

(3) 确定主要使用空间(阅览区、目录出纳、藏书、采编等)的区域位置及大小,按设计任务书中要求设置的不同种类的阅览室,划为不同的阅览区,并确定各室的位置、大小和出入口。

3. 安排服务空间位置

安排好服务空间的位置,尤其是卫生间的位置,使之既要方便使用,又要位置隐蔽,数量适中,上下对齐。

4. 核算建筑面积

设计意味着既要有设想、计划,也要计算。这里是指控制性设计技术指标的计算。一般实际工程设计任务对建筑面积都是有一定要求和规定的。方案大体有了以后,就要计算总的建筑面积有多少,各部分所要求的面积是否基本满足。一般总建筑面积上下可超过 5% ~ 10%,超过太多,就要得到有关建设部门的认可和批准。此时,计算建筑面积,为简便起见,可以按轴线尺寸计算,把各个面积加在一起,最后乘以1.05,即是总建筑面积。

这里要提醒设计者,要注意使用面积和建筑面积两种不同的概念。一般甲方提出的大多是使用面积,而不是建筑面积,使用面积不包括交通面积(如门厅、楼梯、走道)和结构面积(墙、柱等),使用面积与建筑面积二者之比值为平面使用系数,通常又称 K 值,即:

$$K = \frac{使用面积}{建筑面积}$$

K 值大小说明平面设计的经济性与合理性,一般 K 值在 0.6 ~ 0.8 之间对图书馆来讲都是经济合理的。

核算建筑面积后,一般不是超过,就是不足,此时都需要对平面进行再调整。包括平面体块形状及大小的调整,平面柱网、开间及进深大小的调整,建筑层数的调整等等,以使建筑面积满足其要求。

5. 深入完成平、立、剖面设计

在定性、定量设计基本完成以后,就要对平面、立面、剖面更深入细微地进行综合研究,此时研究的重点将要转向建筑内部的空间研究和建筑外部的造型研究,即各个立面的研究。在立面研究的过程中,有时要根据立面的需要进一步调整平面和修改平面,最后达到定稿(定案)的要求。在方案基本框架确定之前,最好都用传统的"手头功夫",待方案基本框架确定以后,再开始用现代计算机绘图,这对学生训练达到"两不误"的要求是有好处的。

第二节　图书馆设计过程实例解析

本章试以两个图书馆设计实例具体解析一下图书馆设计的过程及在此过程中如何认识设计对象、如何分析矛盾的,并在此基础上如何进行设计方案的构思,从而寻求解决矛盾的方法。以下分述之。

一、公共图书馆设计——安徽省铜陵市图书馆设计

安徽省铜陵市图书馆是当年铜陵市政府两大重点工程之一(即铜陵长江大桥和铜陵市图书馆),设计于1993年,建成于1996年。

该馆馆址坐落于铜陵市区主干道上。图书馆总建筑面积8000m²,要求一次规划分期建设,第一期工程建筑面积5000m²。市长要求该馆要建设成为铜陵市形象工程,成为铜陵市区一个新的景点。

我们在接受设计任务后即赴铜陵进行现场考察,观看地形,并与文化局及图书馆人员开座谈会,以深入地了解设计任务的要求、特点及基地的条件,努力准确地把握设计对象的内涵及其矛盾。

在考察的基础上逐步形成了对该设计对象的认识,计有以下几点:

1. 该设计对象是市长工程、形象工程、设计要求高,责任大,压力大

作为市长亲自抓的工程无疑对建筑形象要求高,建筑形象的创造能否过关成为我们设计必须攻克的一大难题。创造优美的建筑形象是建筑师本分工作,应该是责无旁贷。但是建筑师创作的建筑形象能否得到领导的认同,能否得到社会的认同往往是一个很大的问题。经过一翻思考我们认为这个建筑形象的创造应该具有以下特点:

(1) 它应是铜陵市建筑中还未见过的形象,应该是新颖的,也应是其他建筑,尤其是图书馆建筑未曾有过的形象;

(2) 它应是具有一定寓意的、富有深刻内涵的建筑形象,即能再现图书馆文化性建筑的特点;

(3) 它应该满足城市建筑的要求,面向城市干道的主立面要宏伟、气魄,要以最大的长度面向城市干道;

(4) 它应该是图书馆内部空间的外在表现,其形式与内部空间功能、结构是一致的,而不能是任何虚构的空间形象。

2. 基地条件复杂,难度大

该馆地址有其特殊性,它是一块凹地,低于城市干道,这给设计工作带来了一定的难度,但也为设计创作提供了新的机遇。在分析基地条件后,发现的一些难点是(图10-3):

(1) 该馆址基地低于城市干道近3.0m,从城市干道看,建筑将显得较矮,与宏伟、气魄的要求有一定的矛盾;

(2) 该馆基地是一个长方形,但其方位非正南北,也不是正东西,而是面向西北和东南;西北的一面朝向城市干道,它为建筑平面空间布局带来一定的难度;

(3) 该馆基地上有两个荷花塘,一大一小,位于基地一侧,是填掉它还是利用它?

3. 设计任务本身特定的要求

(1) 该馆要分二期建设,既要保证一期工程建筑形象的完整性,又要使其与二期工程形成一个完整的整体。一期工程面积并不大,但要求宏伟、气魄、至少要做4层;

(2) 除了图书馆传统的功能外,还要为图书馆"以文养文"创造一定的条件,即能提供为第三产业需要的使用空间,而后者又不能干扰和影响图书馆正常业务的开展。

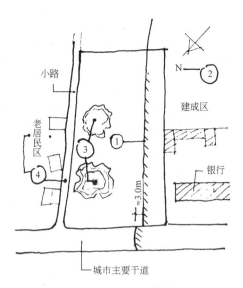

图 10-3　基地分析

在认识上述矛盾的基础上,开始进行认真地分析。上述矛盾都是设计必须解决好的问题。但谁是最首要的呢?我们觉得形象问题是重要的,但设计构思一开始不能就从形象出发,平面空间布局形式还未确定,如何去创造形象?形式是设计过程中分析的结果,而不是先入为主的。每一幢建筑物平面布局形式都应是根据基地环境特定的外部条件、建筑物本身内在功能及空间要求相互制约的,通过建筑师不断整合而构成的。只有确定了建筑布局问题以后,才有条件进行建筑形象的创作。就像穿衣服一样,只要有了具体的穿衣者才可以购到合身的衣服。至于什么样的形式,什么样的质地,什么样的色彩会因人而异的,可以多听听各方面的意见,以利于得到公认。因此首先是要研究建筑布局问题。为了解决好这个问题,我们认为最主要的矛盾首先就要解决好基地的方位与建筑布局的矛盾问题。这是该基地条件对建筑布局最大的挑战,也是最大的难点和最大的机遇。解决好这个问题,方案就有成功的可能,反之难以成为一个好的方案;解决好这个问题,方案本身自然就有了它自己的特点。因为它必须用非正常的、独特的方法来解决它。

在分析的基础上,明确了构思的主攻方向,就开始集中精力进行方案的构思。按照设计层次观念的原则,构思分三个层次,即:城市设计层次,建筑设计层次和室内设计层次。城市设计层次的构思主要是解决总体布局问题,满足城市建设要求,处理好基地外部环境协调问题及外部条件与内在功能要求之间的矛盾。建筑设计层次的设计是在上一层次制约下进行的,主要解决好建筑单体与外在的交通联系问题、建筑单体内部的功能分区、空间组织及内部交通系统的组织、立面造型的设计等;室内设计层次的设计主要是深入具体地安排好各种功能用房及面积大小、各种空间门窗的开设。三个层次即表示设计构思三个不同的阶段,它是由无形向有形、由定性到定量、由粗到细、由大到小的思维设计过程。在方案的构思阶段首先是在城市设计层次上进行,即总体布局的设计。现按以上三个层次分述之:

1. 城市设计层次的构思——总体布局的设计

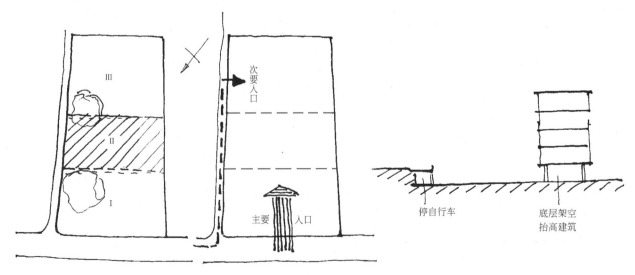

图 10-4　总体布局位置分析

194

根据基地环境及具体条件,经过分析这个图书馆的总体布局(图10-4),我们认为应确认以下几点:

(1)建筑物主体应该相对远离城市干道布置;

(2)建筑物应该避开基地上的荷花塘布置,要尽量保留它、利用它;

(3)二期工程应布置在一期工程的后部,一期工程正面面临城市干道;

(4)主要人流从主要干道进入图书馆,书籍入口和服务入口从基地侧面小道进出;

(5)建筑物要适当抬高,可考虑设置一架空层。

这就形成了总体布局的基本设想,即如何合理地使用这块基地(用地设想如图10-5)。方案A和B即是两种不同的总体布局设想。方案A将图书馆主体退后,并远离干道布置。方案B将图书馆主体临近干道布置。

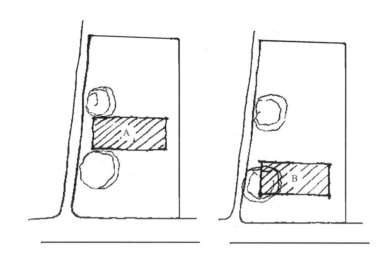

图10-5 总体布局设想方案

通过比较明显认识到,方案A优于方案B。方案A的主要优点是:

(1)主体退后干道,可以减少城市噪声的干扰,利于创造闹中取静的阅览环境;

(2)退后干道,避开池塘,利于在馆前造园,创造馆中有园、园中有馆的格局;

(3)有利于为城市提供新的景点,馆前花园与城市空间能有机结合,对城市是一个贡献。

2. 建筑设计层次的构思——建筑体形、体量与布局

经上述分析总体布局决定采用方案A的方式。即确定了主体布局的位置及主次入口的方向。在此基础上,就是重点研究建筑体形、体量与布局问题。其构思的着眼点是:

(1)建筑物主要面应对着城市干道,以满足城市建设要求;

(2)该馆建筑规模不大,建筑面积不多,图书馆不宜过高,故应以4层为主,局部5层,不能太高;

(3)要尽量创造较好的南北朝向、自然采光和自然通风条件;

(4)有利于分期建设,要确保一期建成后建筑形态的完整性和二期建成后二者的有机性统一性、整体性;

围绕上述出发点,运用发散思维,进行了多方案的探索(如图10-6所示),归纳如下:

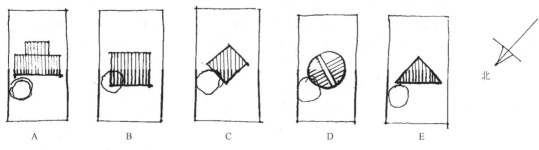

图10-6 总体布局的体形研究

(1) 矩形方案,使其长面平行于城市干道;

(2) 方形方案,与城市干道平行;

(3) 方形方案,旋转45°,与方位协调;

(4) 圆形方案,无方向性;

(5) 三角形方案,使其一边平行于干道。

对上述五个方案,进行多方案比较,明白它们的特点、优点和缺点,以便分析后进行取舍,现分析如下:

方案	特　点	优　点	缺　点	备　注
A	矩形,平行于城市干道布置	常规做法,易于接受 长面面向干道,利于城市造型	未考虑基地与方位的矛盾 朝向不佳	投标方案之一
B	方形,平行于城市干道布置	常规做法,易于接受 长面面向干道,利于城市造型	面向干道之面短,不如矩形大;朝向不佳	投标方案之二
C	方形,与城市干道成45°角度布置	解决了基地方位与建筑朝向矛盾,朝向好 自然通风好,与主风向一致	与城市干道成45°角布置,主体造型与干道也成一个角度,不够气魄	
D	圆形	无方向感 建筑朝向解决有选择性 形式新颖	占地较大,二期布置较紧张 内部不好布置 沿街立面小,不气魄	
E	三角形 等腰三角形(45°夹角) 长边面向城市干道,并平行于城市干道 三角形作为母体	解决了基地方位与朝向的矛盾,图书馆主要使用区朝向好 与当地主风向一致,自然通风好 长边面向干道,提供了最长的立面,利于城市建筑景观	三角形属非常规平面体形 能否被认可,平面中三个角的角部要处理以利使用 结构如何布置	我们提供的投标方案

在经过上述比较之后,认为 E 方案是最适应该基地条件和适应城市建设要求的最佳体形方案。因此确定发展三角形方案,努力把平面布局和空间组织设计好。

平面体形确定后,重点是确定体量和造型问题,对这些问题构思的出发点是:

(1) 新颖性:与众不同,未曾见过面,并要略有新意;

(2) 宏伟性:最大的临街面,一定的高度,设法处理地势低的问题,从街道上看相应的比例,合适高度;

(3) 文化性:要不同于商业建筑,富有一定的寓意;

(4) 合理性:造型要与平面、空间结构内在要素相符,使其存在具有合理性,而不虚假。

遵循以上想法,也做了几个立面方案,由于要宏伟庄重,所以都采用对称式的立面,但在体量和造型上作了不同的处理(图 10-7)。

方案 A:对称构图,入口在中间,底部设较高的台座;

方案 B:设置架空层,即把底座抬高,图书馆主入口从 2 层进出,设置室外大楼梯,入口设计大片玻璃墙,其余同 A;

方案 C:重点加工中部入口处,改大片玻璃墙为三开间的柱廊,并将两侧楼梯间升起,使立面天际轮廓线丰富一些;减少商业气息,增加文化氛围;

方案 D:立面两侧体量采取退台式,使立面造型成台阶形,改变前三个方案一般化的弊端。这种退台处理也是削减建筑面积,使其建筑面积适应设计要求的一种很好的"减法",同时也改善了"角部"空间的使用条件。

在分析比较的基础上,最后决定发展方案 D,因为它比较符合上述构思出发点的要求。

3. 室内设计层次构思——柱网、平面与剖面

以上所述,都是设计过程中定性的设计,只是一个最基本的设计概念的表达,在此基础上要进行深化设计,逐步由定性走向定量的设计,这种定量设计当然是概念设计阶段,即方案设计阶段的定量要求。这

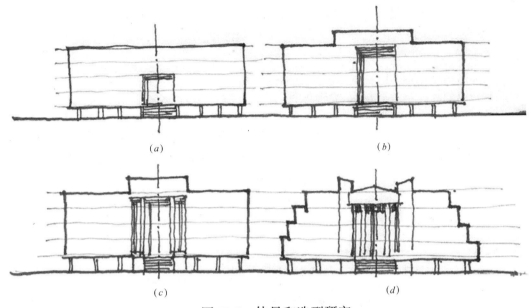

图 10-7　体量和造型研究

个过程包括：

(1) 合理进行柱网设计。根据三角形的平面形式，我们选用三角形柱网，等边三角形边长为 7.2m；这样，结构合理，空间内外一致，室内空间也较丰富。

(2) 深入进行平面设计。柱网确定后，按通常比例(1:200～1:500)画出柱网轴线平面图，并根据这个柱网平面图深入进行平面设计，确定入口位置，形式、大小；确定功能分区，即将主要使用空间(阅览区、目录出纳、藏书及采编、行政办公等)的区域位置及大小；按设计任务书的要求设置不同种类的阅览室，划分不同的阅览区，并确定各自的位置、大小和出入口；确定内部交通组织方式，即水平交通和垂直交通的位置、数量、大小和走向；安排好服务空间的位置，尤其是卫生间的位置及数量。

(3) 进行剖面设计研究。当建筑内部空间，层高不等时，或当建筑处于地形高差较大时，建筑布局必须重视剖面设计研究，以使空间合理。此馆因为设有共享空间，图书馆都设在二层以上，需设室外大楼梯，因此进行了剖面设计的研究。

(4) 立面设计。按照比例先画出立面网格，即轴线和楼层层高线，根据这个立面网格进行立面设计。可运用建筑加法和减法的办法调整立面的比例，并按照构图原则，设计立面的体量关系、虚实处理及各部分的比例与尺度关系，进而研究线条、材料、质地和色彩的处理(最后的平、立、剖面参见建筑实录 13)。

以上过程是综合的过程，反复推敲的过程，即由大到小，由粗到细，即由体(量)——面——线——点——色彩——质地——细部的过程；只有经过反复的推敲，不断的修改、调整，才能不断的完善，从而使整个设计逐渐走向成熟，建成后的立面见图 10-8。

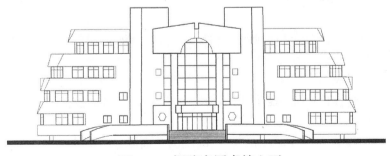

图 10-8　铜陵市图书馆立面

二、大学图书馆设计——山东聊城师范学院图书馆设计

山东聊城师范学院图书馆是聊城市和聊城师范学院合建的图书馆,它建于校园的东北角,东临城市干道,北临城市次要道路。由于该市目前尚无图书馆,故采取合建的办法,建成后分开管理。图书馆总建筑面积22000m²,要求一次建成。

这是招标的工程设计,我们在接受标书后,即赴现场进行实地考察,听取校方介绍,了解意图,参观校园及图书馆基地的周围环境与现有建筑,力求做到"知己知彼"。设计主要过程是:

(一)分析

就在考察的当天晚上,在校园招待所的房间里趁热打铁,对基地进行了分析。由于招待所离基地现场很近,不时还返回现场进一步考察,使我们对基地的环境特点有了比较详细的了解,取得了第一手感性认识,归纳起来,该馆基地具有以下明显的特点,参见图10-9。

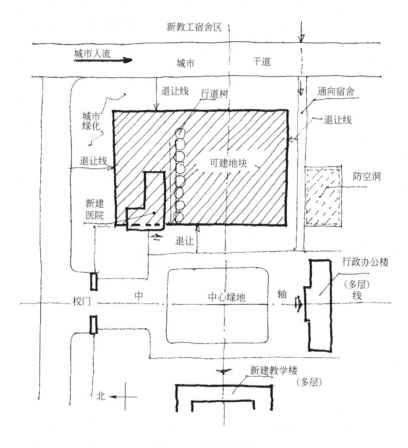

图10-9 基地分析

(1)该校园入口广场具有明显的中轴线,中轴线上布置有学院的大门和学院行政中心大楼。图书馆则位于校园中轴线的东侧,中轴线的西侧是新建不久的教学楼,图书馆则是以这条中轴线为中心的建筑群中必不可少的重要组成部分。

(2)图书馆基地的南面为一条东西向通道,东面通向教职工新住宅区。通道的南侧则是人防地下室,此边界面是不可改变的。

(3)基地的东面为城市对外的主干道,这一带建设刚起步,多为一般住宅或商业建筑,有分量、有影响的建筑不多,这就需要一座有影响的新建筑,以增加城市的景观,市政府投资在此合建图书馆也有这方面的考虑。因此建设单位提出该建筑要建10～12层高。

(4)基地北面是一座刚建成不久的新校医院,医院的北面则紧邻城市的绿化带,该医院是拆还是不拆,设计者可自行考虑。

(5) 校园入口广场现有建筑都是 5 ~ 6 层，平屋顶，各自都有自己的入口轴线。

(6) 基地地势平坦，形状规整，现有的基地上的建筑物均为简易的生活平房，且为学校自己用房，无校外的拆迁住房，也无值得保留的树木。

(二) 构思

根据以上基地分析，逐步形成了设计构思的一些基本理念 (图 10-10、图 10-11)。

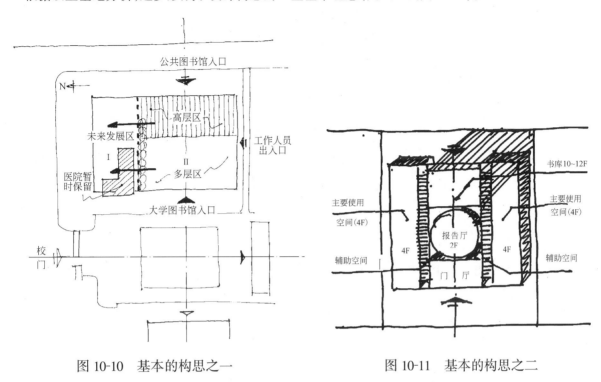

图 10-10 基本的构思之一   图 10-11 基本的构思之二

(1) 图书馆的位置及平面设计必须考虑该校园入口广场的纵横轴线关系。通过轴线的对应关系，将入口广场的各幢新老建筑形成一个完整的建筑群体。

(2) 图书馆的位置宜介于南面通道和北面新建医院之间，保留新建医院及其通道，今后医院异地建后，此处可作为图书馆未来发展之地。

(3) 图书馆必须设置两个主要入口，以适应市与学校共建一个图书馆，建成后又实行分开管理的要求。很明显，两个主要入口一个是东入口，一个是西入口。前者作为市图书馆入口；后者作为学校图书馆的主要入口。

(4) 由于地形规整，周围现有建筑也是规整的，所以设计的图书馆建筑平面也宜是规整的。建筑的层数不求统一，可以区别对待。

(5) 图书馆的使用性质及其规模都不宜将它建 10 ~ 12 层高，只能是局部的。故阅览区以 4 层为主，书库和研究室可以高一点，两入口处可以低一点，东入口区可以高一点 (如 10 ~ 12 层)。前者与校园环境适应，后者以满足城市建设街道景观的要求。

(6) 报告厅要合用，既对内也要对外，因此可把它放在东西两个入口之间，以满足上述要求。

(三) 体型研究

基于以上的分析及构想，由逻辑思维逐步转向形象思维，由无形思维逐渐转向有形思维——即进行体形的构思，逐步形成了方案的初步轮廓，其平面及体量的示意图参见图 10-12、图 10-13。

这个方案的特征是

(1) 平面形式规整，以与周边方整的环境相适应，并充分考虑与四周边界退让的要求。

(2) 严谨的对称布局，以东西向中心轴线为主轴，使与校园入口广场西侧的教学楼入口相对应，并以此来组织图书馆各功能空间。在轴线上设置东、西入口，分别作为市图书馆入口和学校图书馆入口。轴线

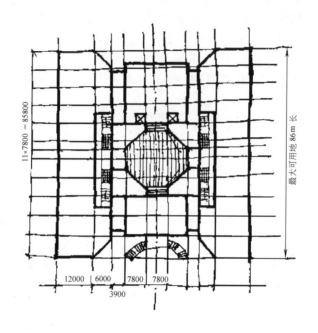

图 10-12　体型研究之一

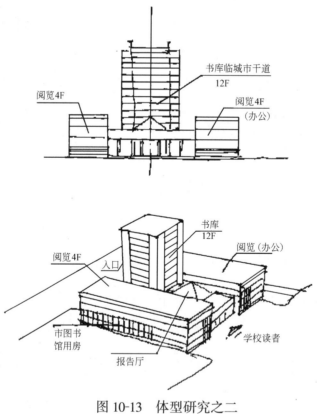

图 10-13　体型研究之二

南北二侧为图书馆的传统专业用房,即阅览空间、开架藏书空间及业务管理行政办公空间。层数为 4～5层。出纳、目录信息服务中心及藏书空间也分别布置在轴线上,藏书空间层数较高,约 10～12 层,布置在轴线东端,临近城市干道。图书馆的主层设在 2 层,大学图书馆入口也就设在 2 层,由室外大楼梯直达门厅,底层部分作为图书馆业务技术用房和行政管理办公空间;2 层(包括 2 层)以上为各种阅览空间。

(3) 体量上以4层为主,靠近城市干道的一侧采用10~12层,以满足城市建设的景观要求。

(4) 应用开放建筑的设计观念,将交通、卫生间等辅助服务空间沿着平面的内圈布置,它们是属于不变的空间,而将图书馆的阅览空间、藏书空间及业务管理用房等空间沿平面外圈布置,以提供灵活的大空间,因为它们是可变的空间,要求有很大的使用灵活性。

(5) 基地坐东朝西,主要入口设在东、西两端。从朝向上分析,这个方案朝向、通风好,阅览及工作区都布置在南北向,朝向东、西方向的部分基本上是交通空间。注意:体形研究不只是平面上的形式,二维的研究,而应是三维的,在体形研究的同时,应同时考虑体量的大小及高低,考虑建筑造型的多种可能性。

(四) 深化方案研究——由定性到定量的过程

上述基本方案构想都是定性的,即是"大致的",而不是准确的尺寸,也可谓之"大块块"的方案。方案构想产生以后,就应该考虑定量化的设计,这些问题包括:

(1) 体量各边最大的可利用(即可设计的)长度,以充分满足"退让"及消防、日照的要求;

(2) 合理的确定开间、进深的大小,合理设计柱网;

(3) 合理的确定层高和楼梯的尺度;

(4) 合理的确定层数,即从建筑物的用途、四边环境、建筑面积及地质条件等多方面考虑层数问题;

(5) 粗算一下设计方案总的建筑面积,检查一下与设计任务书的要求是否相符;

(6) 根据计算结果,进行调整,以满足设计任务书的要求;

(7) 检查方案技术方面的可行性,包括结构问题,消防问题及对周围环境的影响问题,如日照、通风、视线等;

(8) 发展和完善立面设计。在平面布局大体已定量化的基础上,就需进一步发展和完善立面,进行多方案的比较,逐步优化,定型。在立面设计中也要遵循由无形到有形,由大到小,由粗到细的,由定性到定量的过程,设计的过程可以包括:

1) 定性分析

设计成什么形式的立面,是仿古的还是现代的? 是中国的还是"欧陆风"? 是国际式的还是要有地域特征……,这要从地域环境、基地环境等多方面因素综合考虑。

2) 体量和体形研究

研究体量和体形本身的大小、高低及相互的比例关系,以不同的体量和体形的组合关系表现方案的多种设想,在分析、比较的基础上进行优化。

3) 立面处理研究

在体量和体形研究的基础上,进一步深入到各个面的处理,特别是主要立面的设计。在立面中要处理好尺度与比例、面的虚与实、重点和一般、水平和垂直划分以及色彩和材料质地等。在立面研究过程中,也要进行多方案的比较,最后综合优化而定型。在研究的过程中,有时为了立面的处理要适当的调整平面,甚至要调整柱网。

必须指出,在进行方案设计时,除了平面和立面研究外,剖面研究也是不可忽视的,特别是在基地地形有高差、基地四周道路交通复杂或者基地小、建筑面积大的情况下……,有时从剖面着手进行空间的构思,往往会创造出颇有特点的方案来。

第十一章　图书馆的现代化设备

美国学者约翰·奈斯比特(John Nasibitt)指出"现代社会的战略资源是信息。尽管它并非惟一的资源，但却是一种最重要的资源"。这句话反映了20世纪80年代美国社会进入信息时代的状况：以信息和服务为主的第三产业产值超过第一、第二产业，成为引导经济增长的推动力量。它产生的原因是与以微电子技术为标志的新技术革命分不开的。大批电子科技产品改变了人们的生活形态，建筑物作为人生活的空间必须容纳这类设备。图书馆建筑也不例外。正是采用了先进设备，使得图书馆现代化得以真正实现。电子计算机、终端设备、电传设备、复制设备、缩微设备、电话对讲机、甚至卫星接收设备都进入了馆藏空间。现代设备还包括交通运输、通讯广播、空调、照明系统及安全系统等。现代图书馆的信息设备化，在建筑上产生的问题有两个，一是各种电子线路(弱电、强电、光缆)的预先设计，二是各种信息的空间布置，必须在建筑设计上予以考虑。

在进行图书馆建筑设计时，应根据图书馆的性质、任务，提出图书馆采用现代化设备的规划，其中包括：电子计算机在图书馆工作中要解决的问题和应用范围；馆际互借的要求、信息情报资料的电子化、缩微化与复制化的程度；视听资料与视听阅览室的规模与设备条件；书刊资料检索、传送手段自动化、机械化的要求及计算机监测系统、空调、自动报警、消防系统等标准。从目前我国现代图书馆的发展趋势来看，图书馆现代化的主要方面是应用电子计算机技术使图书馆工作程序化、书目及书刊文献资料检索的自动化、解决图书情报资料存储高密度化以及利用现代通讯技术及网络技术实现大规模的联机检索，实现馆际资源共享化。

我国现阶段图书馆对于现代化技术及设备的应用很不平衡，有的图书馆步子迈得比较大，已经应用于图书流通、管理和文献检索，如深圳大学图书馆和天津大学图书馆。天津大学图书馆使用了小型计算机及其附属设备，开发出"实行多用户联机书目检索与管理系统"，并已在书目检索方面应用。在新建科学图书馆中，将五层辟为新技术应用区，布置了听音室、视像厅、缩微阅读、视听资料库及计算机房，增加了高档微机、光盘、缩微阅读及复印机等设备。为了迅速检索世界最新文献信息，在三层文献检索区设置了国际联机检索终端，并通过国内CNPAC分组交换网与美国DIALOG数据库系统开通。但是更多的图书馆还处在筹备和摸索阶段。进行新馆舍设计时，需要在技术和经济上考虑分期分批逐步地采用现代化手段。

现代新技术、新设备的继续发展和应用，对当今图书馆的建筑创作会发生根本性的影响。所以作为建筑师，我们有责任获取这方面的最新信息，并将其反映在建筑设计中。

第一节　电子计算机在图书馆中的应用与设计

如同汽车是工业化时代的价值象征一样，电子计算机已成为信息时代的价值象征，而被广泛地运用于各行业。在图书馆方面也从研究开发进入装备实用阶段。目前在我国现代图书馆中，电子计算机主要用于文献检索，建立数据库机联机检索系统，并用于图书馆管理的各个主要环节。计算机在图书馆的应用引起了图书馆的巨大变革，极大地改变了传统的服务方式，促使整个图书馆事业迈上新台阶。计算机的全面控制及其他各种现代化设备，使得图书馆以一个崭新的面貌出现在读者面前，同时也给建筑设计带来了一系列的问题。本节将电子计算机在图书采访、分类编目、文献检索、流通外借、行政管理等方面的应用和设计作一简述。

一、图书采访

图书采访工作是图书馆信息资源补充工作的首要环节。在传统模式的图书馆中，图书采访工作都是以低效的手工操作方式进行。它历来是图书业务工作中的一项繁琐、费工、费时的工序,而且还难于做到及时、有针对性地采购图书。如果图书采购工作实现计算机操作,就会改变这种落后面貌。在运用计算机运行书刊采访时,将连续编制的馆藏书目换为数据输入计算机中,根据指令与已经储存在数据库中的图书书目自动进行查对,确认是否重复,结果由视频终端显示器立即显示出来,并告之是否已收藏或已订购。其数据文件可提供给编目部分参考。计算机完全代替了过去人工查卡、登记、记账等各项工作的繁琐劳动,加快了图书运转速度,大大提高了工作效率和质量。如需设置计算机主机房,则需根据选用机型另行设计。

二、书目检索

图书目录是图书馆业务工作的根本。无论采访、编目、借阅、典藏、参考服务等工作都离不开目录。目前计算机在书目处理方面的应用已经非常普及。因为机读目录具有体积小,密积存储,节约空间,可以连续积累,成本低,无需装订,加工简单,复制方便及查询高速等优点。机读目录是实现目录工作现代化的重要手段。从目前实际使用来看,机读目录不仅包括图书、期刊、报纸、科技论文及文献资料等,而且包括非书、非印刷的视听资料。但是目前我国图书馆正处在过渡阶段,机读目录和卡片目录在一定时期内将是并存的。美国是使用机读目录和计算机最早的一个国家,已有20余年历史,但到目前为止,美国国会图书馆也还没有完全停止使用卡片目录。但从发展的观点来看,机读目录最终要代替卡片目录。所以,目录厅的设计要考虑使用的灵活性,考虑今后改为其他用途的可能性。在设计新的现代化图书馆时,不但目录厅要设置供读者直接使用的终端设备,在阅览室、出纳厅、参考咨询处等读者活动场所,都应提供直接用于书目检索的终端设备,而且在作新图书馆馆舍设计之初,应对计算机使用做远期的规划,在此基础上,考虑分期安装,预先考虑电源供给、通讯线路布置及管道的预埋。

现代图书馆愈来愈重视联机检索的使用。联机检索具有很多优点,各馆之间的馆藏书目可以互检,信息资源实现共享,而且检索速度快,检索质量高。用户如果利用计算机终端设备,带键盘的视频终端,电传设备就可以直接和计算机文献信息数据库对话,进行检索,形成联机检索网,不必每个图书馆都安装高费用的计算机数据库设备,既节省空间,又节省投资,而且便于信息资源管理与使用。所以馆舍设计时,要考虑跨学校、跨地区、跨国家的联机网络,综合布置通讯管理。

三、图书借阅

使用计算机来管理图书馆的流通和外借服务工作,可以加快图书流通速度,简化借阅手续。使用计算机办理一件借还书手续只需几秒钟的时间,省去了读者、工作人员填写索书单、登记、排片等手工操作过程。目前一些图书馆都是借助于计算机来管理图书和外借工作,具体讲就是使用条形码系统和人工智能识别系统。

1.条形码系统

使用条形码系统来管理图书流通服务工作,是简化图书出纳手续和设立外借开架书库的必要条件。其具体管理方法是读者自己入库选书,选好的图书,只需把带有条形码的收袋卡和借书卡一起交出纳服务台,由工作人员用光电扫描设备将图书和读者借书卡的两种条码信息数据收入计算机,扫描过后,即发出提示,告之读者已完成了借书手续。还书时,也同样把借书证和书袋卡通过扫描设备在计算机内注销即可。采用这种借还书方式后,读者无需填写索书单,工作人员也省去了排片、抽片、登记等手续,大大减少了借还书的时间。

2.人工智能识别系统

人工智能识别系统适用于图书馆的图书流通、外借服务和出纳的自动化管理工作。

人工智能识别系统的主要设备是中小型电子计算机及其外部设备(光盘驱动器、CD-ROM,光盘或磁盘等,并且可以接多种功能的输入输出设备。如打印机、光笔等)。这个系统除了能解决自动借还书的功能外,还可以回答读者提出的有关借还书咨询功能,如查询图书去向,借书,还书日期,办理预约,浏览新书书目等等。甚至可以选用性能较高的工作站系统。

四、计算机站（房、室）的设计

图书馆的电子计算机系统具有采访、编目、借阅、检索、管理等多种功能,其使用已渗入图书馆的各个部门。根据这一工作专门化和空间分散性的特点,计算机用房在设计时采用集中和分散相结合的特点,即集中设置主机房,内置主机CPU系统,承担主数据库操作系统的功能。另外,在其他部门分散设置计算机终端,用以完成具体的功能。比如采访部门的终端主要用于采购、复查、制作订单、计算价格、统计报表等工作;而分编部分的终端机主要用于分类复查、制作目录、输放数据等工作。过去的图书馆集中设置一个计算机房已不能满足现代图书馆工作自动化的要求。

(一) 主机房的设计

在采用计算机系统的现代图书馆中,主机房既是全馆的数据中心、控制中心又是全馆的服务中心。其位置应综合考虑,既要与其他各部门都有方便的交通联系,又要考虑CPU主机、服务器与各部门计算机终端能方便、安全、经济地联系。所以主机房如能位于全馆的中心应该是比较合理的。主机房可以理解为"现代的书库"。但目前处于过渡阶段的图书馆,自动化程度还不高,主机房的数据资料还不能完全满足信息需求,必须保留一部分传统的信息服务方式作为必要的补充。这时的图书馆布局要考虑传统服务方式与现代管理方式相结合,传统的手工操作与先进技术设备相结合。这种布置方式的优点是便于主机房的主要使用对象——内部工作人员使用,并且靠近电源维修、空调等内部机房。

有的主机房的位置还要考虑安静与安全,将主机房安排在一层,临近书库与采编。也有的图书馆将计算机主机房与其他自动化设备用房及辅助用房独立布置成区。如清华大学图书馆新馆的设计(实例5),根据用地环境,它将主机房、辅机房、控制数据室、磁带库、空调机房等成区布置在基地东北角,并在2层过街楼处与主体相连。2层布置报告厅及拷贝翻拍等技术用房。这样可以集中布置管线,保证主体空间的灵活性不受设备布线的影响,并且缩短管线长度,使水、电与空调系统集中,使之有较好的经济效果。但与读者活动区联系不够密切。

主机房不能简单地看作一个房间,而应有相应的辅助用房,如配电房、数据库、耗材、文件存放、通信设备及防火设备等房间。这些具体要求需要与其他相关专业配合。主机房的内部空间设计要满足设备正常运转的工艺要求和设备运转所需的物理条件,如工作平面、周边设备、工作照明、反眩光、通风、温度、湿度等,甚至包括室内色彩、家具等都要周密考虑,以提供一个高效、舒适的工作空间。这些在计算机房设计规范中已有明确规定,这里不再赘述。

(二) 计算机终端设计

国内新建图书馆的设计常常设置专门的电子计算机用房来安排主机设备,而对终端使用的空间往往考虑得较少。但图书馆计算机系统的功能主要依靠各部门的终端机完成,若终端设计考虑不够,维护不好,那么整个计算机系统将无法发挥其高效、自动化的作用,不能提供高质量的服务。图书馆设计一般依据终端使用功能的不同,采取终端工作站区的形式,进行电源空间计划布置。所谓"终端工作站"是指以主要使用功能相同的一台或几台终端设备为一组,按其需要划定区域,与其他活动空间采用轻质隔断分隔,并配备辅助设备和家具,以便于操作与维护。这些灵活布置的工作站,可按服务功能的不同,分为服务区站、工作区站和管理区站等三种类型,在进行图书馆空间组合设计时,如果说建筑空间我们称之为实体空间的话,那么可以将电脑空间称为"虚体空间"。所以现代图书馆设计要考虑虚、实两种"空间"的设计。除将实体空间按不同性质、区域划分与组织外,还要考虑以下三种工作区的划分与组织。

1. 服务区站

主要是指用于直接服务读者的终端机。由于终端机的操作非常简便,可以为读者提供方便、准确、快速的服务。所以现代图书馆计算机应用的发展趋向是在服务区中普及终端机的应用。服务区站又可分为借阅、参考咨询和参考阅览三种。

(1) 借阅管理终端——它一般设在开架借阅区入口处。从人体行为学来讲,在入口左方布置较好,因为人的习惯是靠右行走,这样进出读者人流自然分开,不致产生人流交叉、阻滞。由于终端工作站的设备用品比较多(如磁性防窃装置等配套设备),采用终端管理以后的借阅台的面积要比传统的出纳台要大。

有关资料表明,借阅管理工作站的面积需要 $5.6 \sim 8.0 \text{m}^2$。同时,由于借阅管理工作站大大提高借还书工作效率,所以其前面的等候空间可以相对缩小一些。

(2) 参考咨询站——这是现代化图书馆信息服务中心的重要组成部分。它可为读者提供全面、准确的文献线索,从而改变了手工目录系统查准率和查全率不高的弊端。因此在图书馆公共活动区设置一个附有终端机的咨询服务区域。参考咨询站根据其服务功能,最好布置在读者入口附近,方便读者到达,与目录厅、开架书库及参考阅览也都要求有方便的联系。

参考咨询工作站可以利用灵活隔断和家具,布置多种咨询空间,以满足不同的读者的需要。图 11-1 是台湾淡江大学图书馆开放的柜台式参考咨询工作站。受数据库容量和经费状况限制的图书馆,在无法让读者普遍使用检索终端,而由图书馆工作人员来操作情况下,可以采用这种咨询工作站的布置方式,供较高层次的研究型读者使用。这一类工作站,既要提供较多的检索资料,还要考虑设置一些休息坐椅沙发、工作桌等,供小型讨论或读者与馆员交换意见、讨论检索课题,所以这种布置方式的工作站面积较大。

图 11-1　开放柜台式参考咨询工作站(台湾淡江大学图书馆)

在参考咨询工作站中,放置终端机的服务台既要考虑设置终端机、打印机等设备,还要考虑放置检索手册等参考工具书以及留出书写位置。

(3) 参考阅览工作站——随着光盘读物、电子出版物、视听资料的增多,使用计算机逐渐成为一种重要的阅读方式。所以在阅览区内要设置供读者使用的参考阅览工作站。根据我国图书馆采用的载体分类方式或管理方式,这一类工作站宜集中设置在安静区域,与参考阅览室和信息服务中心有方便联系。也可考虑在参考阅览区内设置一些研究小间式的参考阅览工作站。

2. 工作区站

是指设置在内部工作区,主要用于工作人员进行信息收集、加工、整理的终端操作空间,如采购和编目等部门的终端工作站。这些终端机作为主机的远距离存取点,主要用于工作人员建立新的数据库、文献著作的录入、检视或修改数据、打印报表和目录等等。工作区站的布置应满足信息加工整理、保存的工艺要求。过渡时期的图书馆,这一部分的工作现代化、自动化处理与传统手工加工两种方式并存,在这种情况下,工作区的终端可在采编区内通过轻质隔断分隔成相对独立的区域。这样既能保证终端工作站有安静的工作环境,又与工作区保持有机的联系。也有规模较大图书馆将这一部分工作站安排在独立的房间内。

由于采编工作人员长期坐在终端机前,从事重复的信息录入修改操作,工作站的空间设计应提供良好的工作环境,以利减轻疲劳,提高工作效率。

3. 管理区站

是图书馆用于行政管理的终端机,直接用于文件编辑、统计报表、财务计算、人事考勤等管理事务,也可以管理整个图书馆文献管理系统的运行。一般置于各管理办公室内,不需要单独设立房间。由于微机硬件设备的发展,对于环境的要求愈来愈低,管理区终端在建筑设计时只需为其留有放置设备的空间及预留管线即可。

电子计算机进入图书馆领域,不仅导致了图书馆工作方式的革命,而且导致了人对"文献"、"空间"等概念的变化,服务关系也从传统的人—人单一的关系转到以人为主体的人—机关系。即除了人—人的服务关系外,又增加了人—机的双重关系。所以建筑师要尽可能地了解现代化技术和随之而来的人们的生产、生产方式、生活方式、学习方式及其观念的变革,以及计算机对图书馆功能和空间所产生的影响,从工作性质、设备要求、空间环境等方面加以考虑,设计出灵活的平面和空间形式,以保证图书馆的功能的发展和不断采用新的现代化技术的可能,成为既能适应当前,又能适应未来发展变化的新型图书馆。

第二节　网络与通讯技术在图书馆中的应用

从1946年第一台电子计算机ENIVAC问世以来,计算机技术本身已有了飞跃的发展。以计算机为主体演变而来的各种各样的信息处理技术与各种各样的先进技术相结合,又逐步形成了新的发展领域,像人工智能、分布式数据库、图像处理和计算机网络等等,无一不是现代计算机高速发展的标志。而计算机网络技术又逐渐成为各种先进技术发展的基础。它不仅是社会向信息化迈进的必要条件,而且已成为衡量一个国家技术发展水平和社会信息化程度的标志之一。可以说,信息社会最大的特征就是信息网络化,与信息化社会生产力相适应的社会生产工具体系,实质上是一个全国性乃至全球性的信息网络。图书馆作为"第一信息部门"不可避免地要向网络化发展,而且将成为全国性或全球性信息网络的最重要的信息链。

一、图书馆网络与图书馆现代化

计算机网络是随着计算机应用领域的不断扩大以及用户对计算机系统功能要求的不断提高,从而促进计算机与通讯技术相互结合而发展起来的。从直观上讲,计算机网络是N个计算机经由通讯线路(包括光缆、双缆线、同轴电缆或电话线等)互连而组成的网络系统。这个网络系统以主体机为中心,多个终端按照多种拓扑结构关系相连,相互传递信息流,共享信息资源。这样不仅每台计算机的效率得到了较充分的发挥,而且各馆之间可以通过各自网络实现互联,最终形成一个全球性的、开放的网络结构。馆与馆之间传统的馆际协作形式,也将被现代化信息技术手段的互联网取代,而最终形成一个包括各个信息网在内的全国性或全球性的网络化的"大图书馆"。传统图书馆将变成"大图书馆"的一个个"图书馆单元"。图书馆网络的形成,不仅方便读者查阅资料,提高管理效率,更重要的是能扩大图书馆藏书量,使其信息量增加几倍甚至几十倍。例如日本名古屋商科大学图书馆的计算机系统不单管理本校图书馆资料,也通过国际联网管理国外的图书资料。该校图书馆藏书仅17万册,杂志2000种,但全日本主要大学和欧美大学的藏书该馆均可查阅。因此,该校不是17万册藏书,而是拥有全日本和全欧美大学的藏书。计算机网络在扩大"藏书"的同时,也相应扩大了图书馆的阅览空间。许多读者可以在办公室或家里通过终端来利用图书馆。图书馆的藏书和读者的距离缩小了,最终缩小到和自己家里书架的距离一样,图书馆的藏书,相当于自己书架上的书籍。将来通过计算机联网,图书馆将达到彻底开架管理,实际上也是高级的闭架管理。所以图书馆界认为:没有计算机网络,就没有现代化图书馆。

二、图书馆网络与开放式的馆舍设计

计算机网络技术的使用,极大地冲击了传统图书馆的概念。先进的电子计算机技术和通讯技术使得信息的存贮、处理和传播获得了革命性进步。电子信息取代了传统的纸介质文献信息,逐渐成为信息管理的主角。这已不是传统图书馆的内涵和外延所能容纳的。美国伊利诺斯大学情报院的兰卡斯特教授在《情报检索系统:特性、试验与评价》一书的最后结论中写到"我们正迅速地、不可避免地走向一个无纸社会"。并在其中写道"在2000年的情报中,利用者广泛地向计算机可读资料来源去选取信息,几乎全部的参考书目和期刊文章都可联机读取,因此对原文资料的信息存取,就已经没有必要再预订、购进和去图书馆了"。英国图书馆学会的汤普逊在《图书馆的消亡》中认为"由于现代科学技术的发展,电子计算机和远程通讯技术的结合必将取代图书馆贮存和传播知识的功能,从而使图书馆最终走向消亡"。这两者都从一个侧面说明了由于计算机技术和通讯技术的介入,使得现代化图书馆已大大不同于我们熟悉的传统图书馆。这里死亡的仅仅是封闭的、手工的、低效的传统图书馆模式,而图书馆作为信息选择、存贮、组织和传播机构,在现在和将来仍会存在。现代图书馆也必定是以一种崭新的模式来容纳新技术以及由此产生的新的图书馆的外延与内涵。

采用网络技术与通讯技术之后,整个图书馆电脑中介形成高度整合的网络,传统的专业化分工部门变为网络系统中的一个环节,只承担图书馆计算机管理的某项主要功能。而整个网络系统功能的发挥和系统的正常运转则是图书馆工作开展的关键。因此建筑设计同时包括物质流、人流与信息流的设计,不仅要考虑实体的建筑空间的设计,同时要考虑图书馆网络系统的设计,我们可以称之为虚拟网络空间设计。一个好的现代化图书馆设计无疑是"虚"、"实"空间的有机结合。虚拟的网络空间设计,应根据图书馆的性质、规模、管理方式选择合适的网络结构和各功能"空间"的拓扑关系,以确定网络的综合布线;选择性能匹配的硬件及适应的软件,并考虑整个网络系统发展的可能性。这一般是计算机工程师与图书馆工作者合作完成。对于建筑师来讲,比起传统图书馆馆舍设计,除进行建筑空间设计外,还应考虑建筑空间与网络空间的整合设计。进行图书馆空间组织时,传统图书馆是根据各部门空间的功能关系进行组织的,而现代图书馆各部门的关系更主要的是在计算机工作网络中通过通讯线路联系。也就是说,在网络空间中,图书馆各功能空间可以实现"零距离化"。这为图书馆的空间布局创造了极大的灵活性,但是也要考虑到综合布线的合理性及经济性。那么,现代化图书馆在进行布局设计时,可以从传统的、固定而又划分琐碎的空间中解放出来,采用一种开放的、灵活的布局方式。具体设计中,就是要在空间形式、尺度、柱网及荷载选择上充分考虑到既满足现代化管理,布置现代化设备的需要,又有适应图书馆的发展以及进行技术改造的可能,要有极高的灵活性。

由上所述,我们在进行现代化图书馆设计中,可以采用开放建筑设计手法,仅从网络布线及空间使用要求上将图书馆进行必要的分区,各区可采用灵活的、可供二次划分的开放式大空间。区与区之间的结点部分安排一些固定的服务空间(如厕所等)和设备空间(如电源、用水、信号接口等)。这种开放式的空间布局能在多层次上满足现代化图书馆的要求。读者从计算机信息网络中获取大量信息,在机器交流之余,更需要人与人之间的交流。开放式的布局提供了这样一种人与人进行交流的空间,摈弃封闭而固定的划分,从信息的开放与环境的开放两个角度满足读者的要求。

目前我国图书馆在使用网络技术与通讯技术方面还刚刚起步。一般图书馆内的弱电(电子)设施很少,往往只是电话通讯。在新馆设计时,必须考虑通讯线路的预装。在现代化图书馆中,计算机使用网络化,因而馆内各部门之间的通讯线路必须予以充分考虑。除了电话线之外,十分重要的是计算机终端之间或微机之间的专用联线。如果计算机系统未确定或正在扩展中,必须考虑管线的预埋,以便于日后的发展。

第三节　机械传送设备

我国目前在过渡时期的图书馆中,传统的纸型印刷资料仍占很大分量,为解决这部分图书资料在馆内的调度,提高服务工作效率,减轻劳动强度,节省读者借还图书时间,在建设图书馆时,有必要考虑采用适当的机械化、自动化传送设备。

图书馆的机械化传送设备主要用于图书馆资料进馆后,从验收、分编、典藏、入库、上架、外借,直到还书归架,这一传送活动过程中的水平和垂直方面的运输。

图书馆采用机械传送设备应根据图书馆的性质、任务、规模以及需要等实际情况来确定。

小型图书馆的传送设备,主要是在书库内合理设置楼梯、书梯等垂直运输设备,再辅之以各种运输设备及各种运书小车,以车代步解决水平运输问题,即可达到上述的使用要求。

大、中型图书馆,由于书库面积大,常采用多层乃至高层书库。因此,除了合理设备各种管道、楼梯、电

207

梯等必要的水平和垂直交通外,还要设置传送书条和图书的机械化传送设备。

索书条传送设备可以利用电视传真、书写传真机、压缩空气管道等通讯传送工具。

图书传送设备,常有下列几种形式:

一、水平传送设备

水平传送设备是书库内部或从书库中心站到出纳台这段水平距离的传送工具。水平方向的机械化传送带多是仿照工厂机械运输线制成的,但要求精细、轻巧、噪声低和震动小。最常见的水平运书设备,有以下几种:

1. 电动书车

电动机牵引微型书电动机、微型书车自带电动机、以蓄电瓶为动力的驱动书车。

选用电动书车传送设备时,必须保证各处地面标高一致,以利于书车运行。

2. 悬吊式传送设备

悬吊式书斗传送设备是利用书库流通层与出纳台之间的上部空间作为水平传送路线。它的优点是不占地面,不影响室内交通。悬挂式传送设备,一般是由悬挂书斗、悬挂导轨和电动机几部分组成。从使用和空间的安排上,一般将悬吊式书斗、传送机安装在书库主通道的上空,用钢丝绳作导索,置于书斗机的两侧。挂在上面的书斗,要求最少距书库地面为1800mm,以不影响书库工作人员顺利通过为限。这种设备操作简便,效率较高,制作简单,是图书馆使用较普遍的一种水平设备。

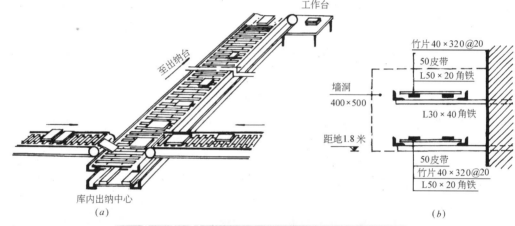

(a)

(b)

(c)

图 11-2　水平传送带式运书设备

(a)上海师范大学传送带式设备示意图;(b)上海师范大学传送带式设备剖面;(c)悬挂式水平传送设备实例

3. 传送带式运送设备

它是一种连续、循环式的传送图书设备。最常用的水平传送带的形式有"L"形、"十"字形和椭圆形等几种,也可根据使用要求来选用空间传送方式或地面传送方式。空间传送方式要求传送带距地面不低于1800mm。地面传送方式则要求传送带高出地面600mm,以方便工作人员取送图书(图11-2)。传送带的平面线路最好布置在墙内或紧靠墙面,以不妨碍库内交通。

在面积大或形状复杂的书库里,可以用若干条传送带组成相互连接的传送网,将库内不同角落的藏书,送至出纳台等处。

为了将上层或下层书库的藏书传送到主层的借书台,传送带还可以倾斜,但倾斜角不应超过30°,以免图书滑落。

传送带式的图书传送设备不仅可以用来水平传送图书,也可以经过改装用书斗来进行立体传送图书。如图11-3所示。

图11-3 传送带式立体传送设备

4. 运书小车

各种形式的运书小车广泛用于国内外图书馆中,它是一种方便的水平传送图书的工具,可以成批的集中运送图书。如运送已编目完毕的入库上架图书,或者读者归还的图书等。现代图书馆采用的灵活性的空间,解决了同层平层问题,运书小车因其灵活方便,对建筑空间无特殊限定,也没有其他附属设备,被越来越多地采用。另外,随着书库变闭架为开架,读者入库选书的机会增多,也就减少或取消跑库取书这道工序。因此,在有些图书馆中,使用运书小车便足以满足需要。设计中,对其他平面运输设备可不考虑。

二、垂直传送设备

垂直传送设备是多层图书馆或多层书库必需的运输工具。它包括电梯、书梯、升降机等,其中升降机是最常用的垂直传送设备。

此外,还有提升书斗和溜槽等运输设备。国内多采用提升书斗来传送图书。设计时要选好井道位置。国外图书馆还有用螺旋形溜槽式垂直传送图书。它的构造也很简单,主要是由弯曲的塑料板材制成,其边槽由两条螺旋线组成,内螺线是自然的弯曲光滑边界,外螺线是一条切割线,利用图书本身的自重向下滑行。

索书条的传送问题常采用压缩空气管道系统,它由导管、传送器、动力和控制系统等组成。使用操作简单,传送迅速,投递距离较远。图11-4是美国波士顿公共图书馆采用的传送索书条设施。图11-5为立体轨道式传送设备。

三、混合式传送设备

混合式传送设备就是把水平传送和垂直传送两者连接起来传送图书。这种传送设备便于任何一层楼

图 11-4　美国波士顿公共图书馆传送索书条设施

上的图书直接传送到指定位置,从而减少中间环节,提高传送图书的速度,节省读者候书时间。

混合式传送设备有几种形式,一种是轨道式,书斗随着轨道上升或下降,将书从库内连续运送到出纳台(图11-6)。另一种是链条式传送机,耙形书斗挂在一条环形的铁链上,随着铁链的转动,书斗上升或下降,源源不断地将图书从库内运送到出纳台。在国内,近几年,一些新建馆在研制和采用混合式机械传送设备方面也有较大进展,中央财经金融学院图书馆,采用 TM-1 型智能图书传送系统(利用计算机控制),实现把各层书库的图书运输到出纳台,把索书单和读者还书运送到各层书库的自动连续和多路的传送设备。但是,不论何种传送设备,都要占用一部分空间,因此,在设计时应合理布置,尽量使它靠近墙面,避免影响库内交通及其他使用要求。

图 11-5　立体轨道式传送设备

四、自动化传送设备

近年来,国外某些图书馆已发展到使用全自动化的机械手取书和传送图书的阶段。这种全自动化取书的传送设备,是利用电子计算机通过控制台发出指令,把需要的图书从书架上取出,并快速传送到出纳台,就可及时把书送到读者手里。由于它取还书、传送图书都由自动化机械手操作,不需要人去直接上架取书,因此书架的高度可以大大地加高,一般可以达到 7m 左右。书架之间的间距也可以适当缩小,一般 600mm 就足够了。这样便充分利用书库的有效空间,提高了书库的贮存能力。

第四节　缩微复制技术的应用

缩微技术是保护珍贵历史文献的有效手段之一,也是图书馆业务工作中非常有效的现代化服务手段之一。缩微品不但体积小,便于收藏(仅为印刷品占有空间的 2%),而且安全可靠,保存期长(一般可保存

图 11-6　书库自动化运输设备

500 年),并能做到规格化,查阅方便,便于管理。而且随着现代科学技术的发展和出版物总量的激增,缩微技术必将在现代化图书馆服务中广泛应用。在规划和设计图书馆时都要将缩微复制工作纳入图书馆的事业规划中。因此设计者要充分了解缩微复制的性能、使用要求,以便设计时能满足它的使用特点。

一、缩微复制技术的应用

现代图书馆有条件使用缩微复制技术向读者迅速提供一些书刊资料的缩微胶卷、平片和复制品。最近,随着缩微复制技术的改进和提高,缩微倍率从最初的几倍提高到几百倍以上。缩微胶卷、平片已成为一种新型的、高储量的信息载体。

另外,激光技术和激光介质的不断改善,全息摄影和超缩微技术的研制成功,又成百倍地提高了缩微倍率。

电子计算机和缩微技术的结合,是当代图书馆现代化的又一新内容。目前有些图书馆在电子计算机的储存器中,输入图书资料的书目索引、文摘等,而辅之以缩微胶卷、平片或光盘的全部图书资料内容,作为电子计算机的外储存——即建立缩微胶卷(片)库,供读者查目和借阅。而且随着电子计算机图像、文字处理技术的发展,可以用数字信息编制程序,直接转换为文字、图像信息,又自动记录在缩微平片上。这种设备不仅提高了图书馆的服务效率,而且提高了服务质量。这就为图书馆广泛地使用和发展缩微复制技术创造了必要的条件。

二、缩微复制系统

图书馆的缩微复制工作系统主要由缩微图书资料的制作、保管、阅览等三大部分组成。由于缩微型图书资料是一种高储量、小体积的缩微胶卷、平片等信息载体,它所记载的文字、图像等是人们视觉器官所不能直接进行阅读的"天书",必须借助于专用设备才能进行复制和阅读,在保管上它也有一定的要求。因此,与传统图书馆的建筑布局、平面组合、内部装修、设备以及各部门之间的关系都产生了新的变化和要求。

1. 缩微复制车间

缩微复制车间包括三大部分,即缩微复印办公室、资料整理室及拍照室、冲洗室、放大室等。

2. 缩微胶卷库

缩微胶卷库可单独建库,分室储存。

根据对图书载体类型容量的分析及比较,可以初步得出这样的结论:即在同等面积的书库中,库藏缩微型图书资料比印刷型图书资料的相对库容量要大得多,而体积和所需要库房的面积相对小得多。因此,缩微胶卷(片)库的藏书容量和所需要的面积应根据图书载体类型、容量比、储存容器(书库、框)等因素而定。

在确定缩微库的总的库藏容量与面积之后,还要严格地根据防火规范的规定来确定各类胶卷(片)库的面积。如硝酸胶片的贮藏室应按甲类生产采取防火及防爆措施,且每间贮藏室的容积不宜大于 20 ~ 30m²。

由于缩微复制部分的空间设置需要满足其技术要求,而且对于防尘、防震、控制温、湿度要求严格,所以这一部分空间相对固定,宜在安静区自成单元。

3. 缩微资料阅览室

缩微资料阅览室与一般图书阅览室有明显地区别,读者必须借助于阅读机才能进行阅读。因此,在室内设备和装修上也有特殊的要求。在规划设计新馆时,应根据需要设置一定数量的缩微资料阅览室和在普通阅览室内设缩微阅览专座。

缩微资料阅览室中的采光、温度、电源、洁净度均有一定的要求,在设计时,应予以满足。

第五节　静电复制技术的应用

现代图书馆中,静电复印技术的应用已经很普遍。随着静电复印机设备的不断改进,对操作环境的要求也越来越低,甚至在一般办公室里就能正常操作。然而,由于图书馆承担的复印服务的工作量很大,采取多机集中管理作用,有利于提高效率,故图书馆设置独立的复印机房是必要的。集中设置的复印中心宜靠近读者使用频率较高的信息服务中心。其面积大小应根据其任务和复印机的台数而定。普通复印机一般每台工作面积需 6 ~ 8m²,此外,还需考虑业务接待及存储面积。

同时,为方便读者使用,形成一个开放式的服务体系,现代图书馆设计也考虑在各阅览室设置供读者直接使用的静电复印设备。阅览室内设置静电复印设备,既方便读者,节约了他们的时间 ,又提高了图书的利用率和流通速度。现代图书馆对于信息流通速度的关注甚于对信息贮存量的关注。因此,在阅览室内分散设置静电复印设备是提高图书馆服务水平的重要环节。阅览室的静电复印机应靠近服务台设置,以便工作人员管理、维修和给予初次使用复印机的读者以技术指导。

综上所述,静电复制技术用房在建筑设计时,宜采用集中与分散相结合的办法,并安排业务工作使用的卡片复印机机房。北京农业大学在1层业务工作区内就安排了复印用房,在2层主入口处,近计算机终端区,设置了集中的复印中心,在3、4层的开架阅览区的咨询管理台附近,设置了复印房间,读者使用非常方便。

实　例

一、国内图书馆实例

1. 南京医科大学图书馆

建筑地点：南京

建筑设计：鲍家声

设计/建成：1975 年/1978 年

建筑面积：3200m²

此馆总建筑面积为 3200m²，其中阅览面积约 1400m²，包括教师阅览室、学生阅览室及研究室等。总投资 32 万元。阅览室采用大、中、小相结合的设计方法。书库为 1200m²（包括辅助书库），设计藏书量 30 万册。

此馆设计采用垂直式建筑布局，阅览室设在上部 2、3 层，层高 4.6m；书库设在底层，层高 5.5m，中设一夹层，构成 2 层书库。门厅、目录室、出纳台及办公、采编等用房都置于底层。这种布局比较紧凑，节约用地。书库在下面，而且只有两层高，这就减少了书籍的垂直运输，利于简化和加速图书的出纳运转，也简化了结构，使很重的书籍荷载直接由书架传到地上。阅览室在上，也为读者创造了更安静的学习环境。

借书部分全部设于底层，它既邻书库又靠近门厅入口，进出方便，适于高校读者利用课间休息借还图书。

此馆设计的特点：力图使图书馆的各个部分，包括阅览室、书库、出纳台、目录厅及采编、办公等用房都能朝向南北，以为读者和工作人员创造较好的学习和工作条件。建成使用后，效果良好。过去有的图书馆感到夏闷冬寒的出纳台，现在却是全馆中冬暖夏凉的好地方。

1 层平房部分采用混合结构，3 层主体部分采用钢筋混凝土框架结构，并采用了新的升板施工方法。柱网为 5m×9m。柱子预制，梁就地现浇，上铺预制空心板。梁柱节点采用齿槽式另加承重销。

立面造型采用纵横及高低体量相结合的处理手法，并充分表现升梁法施工时结构的特点。主体部分四周悬挑，又利用虚实的对比，使整个外形活泼新颖。

（a）设计方案透视

(b)竣工前外观

(c)入口

(d)南侧外观

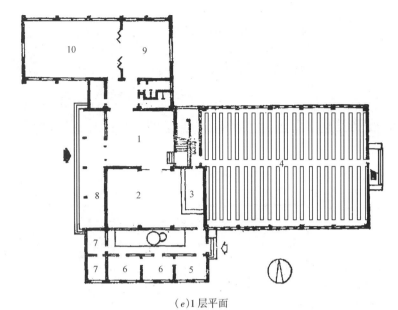

(e)1层平面

1—门厅;2—目录厅;3—出纳台;4—书库;5—采购;6—编目室;

7—办公室;8—报廊;9—期刊室;10—留学生阅览室

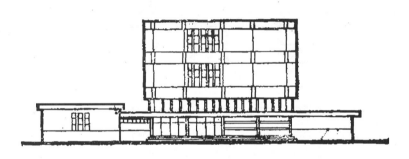

(f)主要立面

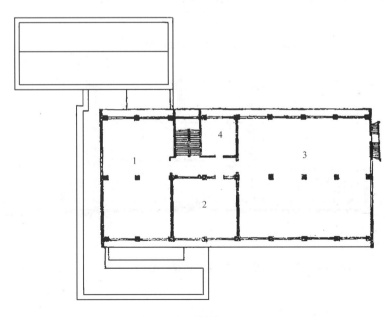

(g)2层平面

1—学生阅览室(中);2—学生阅览室(小);3—学生阅览室(大);4—工作室

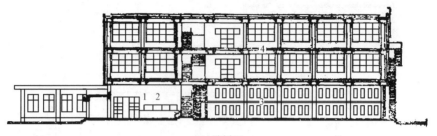

(h)纵剖面

1、2—门厅、借书厅;3—书库;4—阅览室

(i)东立面

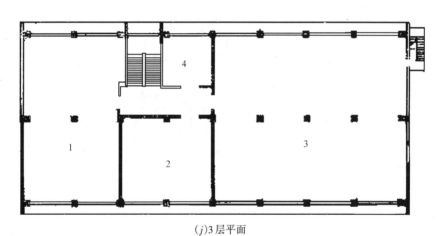

(j)3层平面

1—资料室;2—小阅览室;3—教师阅览室;4—研究室

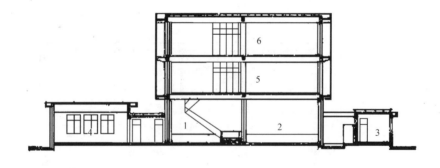

(k)横剖面

1—门厅;2—借书厅;3—办公、采编室;4—期刊室;5—学生阅览室;6—教师阅览室

2. 深圳大学图书馆

建筑面积:23370m²
建成日期:1986 年 9 月
设计单位:深圳大学建筑设计院
建筑师:陈正理

深圳大学图书馆位于该校教学区中心广场北端的高地上,坐北朝南,与东侧的教学楼群和西侧的办公楼共同围抱着中心广场,成为教学区的主体建筑,位置显要。

该馆建筑为地上 4 层,局部 7 层,地下 1 层。平面呈 60m × 60m 正方形,内设贯通 6 层的共享空间。地下 1 层设密集书库、声像资料制作以及空调、配电等用房。1 层安排多功能大厅及普通阅览室。2 层南侧设主要出入口,外接 18m 进深的廊柱平台,内部安排目录、检索、出纳以及编目等用房。3 ～ 4 层均为分科设置的开架阅览室。

设计采用钢筋混凝土框架结构,以统一的 7.00m × 8.00m 柱网、4.00m 层高、700kg/m² 荷载模数式单元,组合布置各种用房。内部除 4 组楼梯、管道井采用实墙外,其他隔墙尽量使用玻璃隔断,以具有使用功能的可调性。3 ～ 6 层四面外墙均采取墙面凸出、落地窗凹进的手法,构成挺拔的虚实垂直线条,与两侧建筑横向线条形成对比。

该馆功能分布合理,平面利用系数较高,人流、书流路线清晰,造型简洁、色调明快、虚实对比得当,与周围建筑、环境谐调,具有较浓厚的文化学术气息。

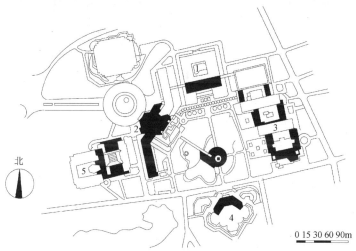

0 15 30 60 90m

总平面
1—图书馆;2—办公楼;3—教学楼;4—阶梯教室;5—实验楼

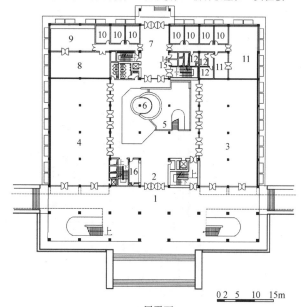

0 2 5 10 15m

1 层平面
1—1 层入口;2—南大厅;3—小说外借阅览室;4—普通阅览室;5—中庭;6—水池;7—北大厅;8—整理;9—装订;10—办公室;11—复制;12—暗室;13—配电间;14—垃圾间;15—饮水间;16—小卖部

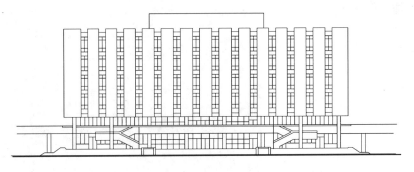

南立面

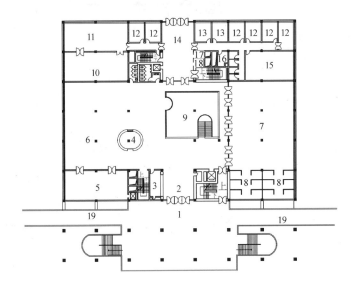

0 2 5 10 15m

2层平面

1—2层入口;2—门厅;3—咨询处;4—借书处;5—编目;6—目录厅;7—检索室;8—参考书、工具书室;9—中庭上空;10—编目室;11—采访;12—办公室;13—中控室;14—北大厅;15—会议室;16—配电间;17—垃圾间;18—饮水间;19—连廊

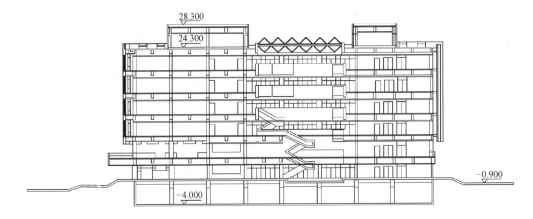

I—I剖面图

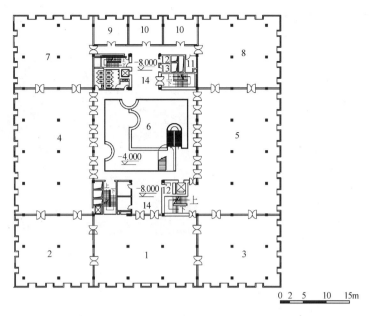

3层平面

1—参考书阅览室;2—社科中文阅览室;3—社科外文阅览室;4—自然
科学中文阅览室;5—自然科学外文阅览室;6—中庭上空;7—中文书
库;8—外文书库;9—线装书库;10—典藏书库;11—配电间;12—垃
圾间;13—饮水间;14—过厅

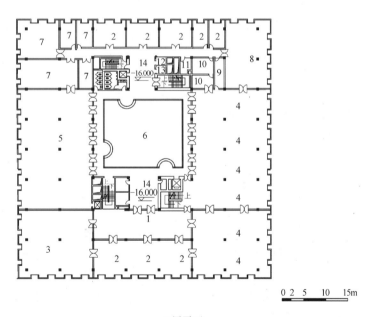

5层平面

1—活动大厅;2—建筑系办公室;3—建筑系资料室;4—学生设计教室;5—书
库;6—中庭上空;7—图书馆用房;8—建筑系会议室;9—教具室;10—暗室;
11—配电间;12—垃圾间;13—饮水间;14—过厅

3．南京经济学院图书馆

建筑面积：5102m²
建成日期：1986 年 8 月
设计单位：东南大学建筑设计研究院
建筑师：胡仁禄　高民权

南京经济学院（原南京粮食经济学院）图书馆，位于该院南大门西侧，与教学实验及办公楼等相互连通，成为该院主要教学建筑群的一个组成部分。图书馆南面毗邻花园，北侧入口前又有大片绿地，布局合理，环境优美。

该馆设计为一方形平面，外观简洁，功能布局采用低书库、高阅览的办法。采编、办公及书库分设于底层和夹层，并有专用的出入口。2 层为主层。中间大厅设有出纳台两处。厅外有室外楼梯及连廊作为读者的出入通道。2～4 层的阅览室环绕中厅布置，并有一定面积的辅助书库。底层书库内设有电梯两台，可将图书送到各层。

中厅的设计颇有特色。它既是目录厅，也是垂直交通的枢纽。一座剪刀楼梯通向各层回廊，交通方便。阅览室都设置在外围，有良好的采光与通风。

不足之处是：书库采光效果较差，虽三面有窗。但由于空间较大，需要依靠人工照明。

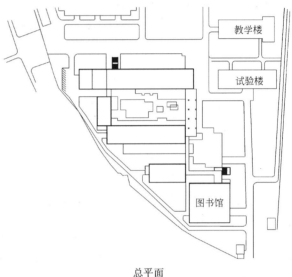

总平面

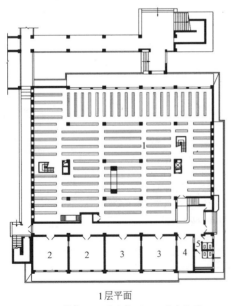

1 层平面

1—书库；2—外文编目；3—中文编目；
4—采编；5—厕所

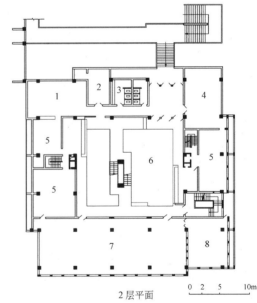

2 层平面

1—现刊、资料阅览室；2—咨询；3—厕所；4—报刊阅览室；
5—辅助书库；6—出纳厅；7—学生阅览；8—工具书借阅室

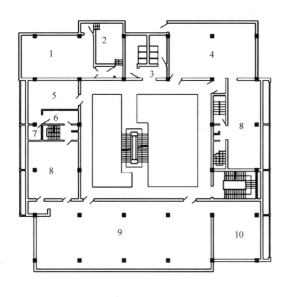

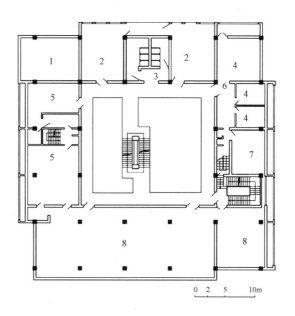

3 层平面

1—视听阅览室;2—工作室;3—厕所;4—过刊阅览室;
5—缩微阅览室;6—缩微胶卷库;7—贮藏;8—辅助书
库;9—学生阅览室;10—毕业生专题阅览室

4 层平面

1—内部资料阅览室;2—教师阅览室;3—厕所;4—研究室;
5—内部资料库;6—过厅;7—辅助书库;8—研究生阅览室

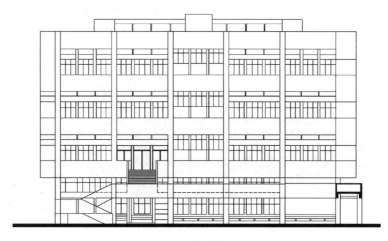

北立面

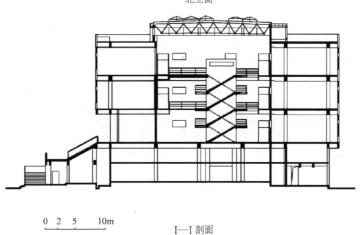

I—I 剖面

4. 浙江师范大学邵逸夫图书馆

建筑面积:10220m²
建成日期:1989年11月
设计单位:浙江省建筑设计研究院
建筑师:王亦明

浙江师范大学邵逸夫图书馆坐落在该校教学区中心,处于原有两个教学建筑群之间,南临水库,北接水池,位置适中,环境幽雅。

该馆设计采取按藏书、阅览、办公、报告厅的功能分区,自然布局。主体4层,底层为门厅、目录厅和办公用房。2~4层以开架阅览为主,书库6层位于东北隅,单层报告厅附于北端。布局紧凑,不同人流和书流路线清晰,互不干扰。设计采用框架结构,除特殊部位外,一般采用同柱网、同层高、同荷载,以适应今后使用功能调整。目录厅与门厅结合于一个空间内,既分又合,很有特色。

建筑造型朴素大方,严谨而不呆板,较好地表现了学校图书馆建筑的风貌。

该馆西立面入口处的大块实墙面给人以深刻印象:如果与其余三个立面的构图中适当呼应,可获得更好的效果。

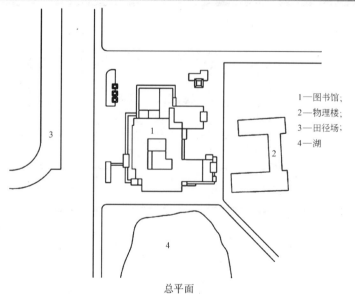

1—图书馆;
2—物理楼;
3—田径场;
4—湖

总平面

222

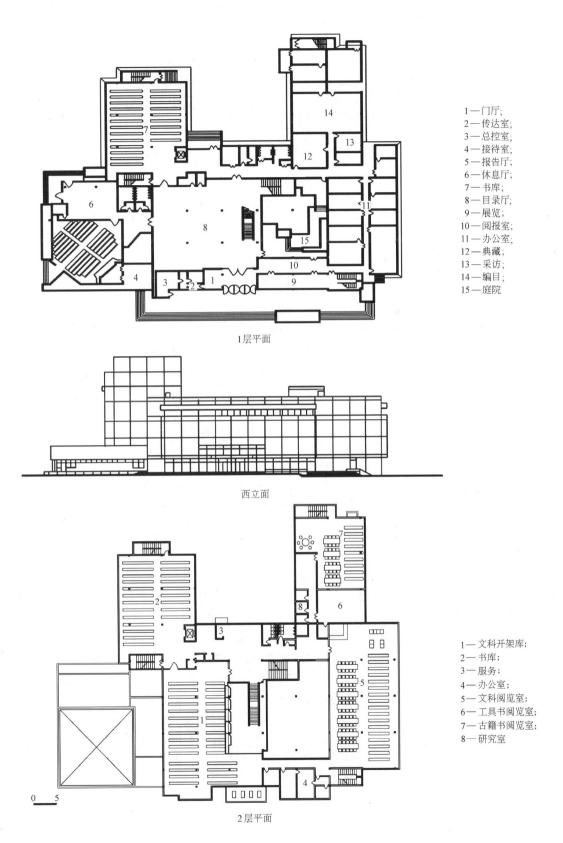

1—门厅;
2—传达室;
3—总控室;
4—接待室;
5—报告厅;
6—休息厅;
7—书库;
8—目录厅;
9—展览;
10—阅报室;
11—办公室;
12—典藏;
13—采访;
14—编目;
15—庭院

1层平面

西立面

1—文科开架库;
2—书库;
3—服务;
4—办公室;
5—文科阅览室;
6—工具书阅览室;
7—古籍书阅览室;
8—研究室

0   5

2层平面

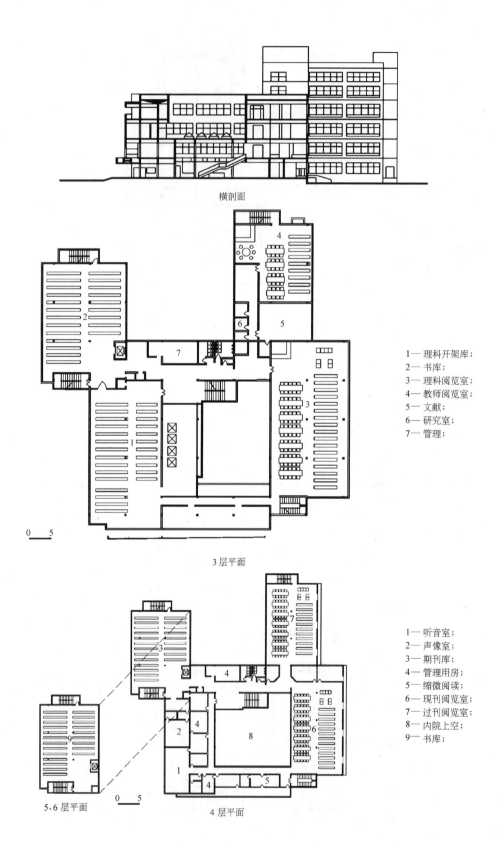

横剖面

3层平面

1—理科开架库;
2—书库;
3—理科阅览室;
4—教师阅览室;
5—文献;
6—研究室;
7—管理;

5、6层平面

4层平面

1—听音室;
2—声像室;
3—期刊库;
4—管理用房;
5—缩微阅读;
6—现刊阅览室;
7—过刊阅览室;
8—内院上空;
9—书库;

5．清华大学图书馆新馆

建筑地点：北京

建筑设计：关肇邺

设计/建成：1982年/1991年

建筑面积：21000m²

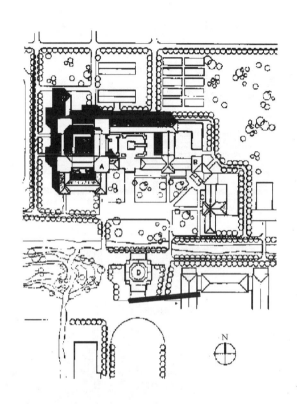

总平面

新馆与1918年及1931年两次建成的老馆联成一体,成为校园中心地段最大的建筑群,馆内设有阅览室16个,开架藏书200余万册,并设有各种现代化设施。新馆遵循"尊重历史、尊重环境、尊重前人创作成果"的原则,但又不拘泥于固有的建筑形式而透出一派现代的气息。图书馆以目录检索大厅为中心,各主要阅览室均围绕大厅布置。当读者进入大厅时,可透过玻璃墙看到四周多层环绕的书架。作为进馆后的第一印象,将产生进入知识宝库的心理而激发起努力学习的热情。空间布局严谨,形象庄重而朴素,具有强烈的文化气氛。由于受老馆和用地条件的制约,存在建筑进深偏小,书库朝西面较多,管理用房较为分散等不足。

新、老图书馆结合鸟瞰图(图中右下角建筑为老图书馆)

225

新图书馆东面外观

新图书馆拱形入口

建筑细部处理

新图书馆入口广场东视外观(主入口对面外观)

新图书馆入口广场西南角外观

新图书馆入口广场西视外观

图书馆内景

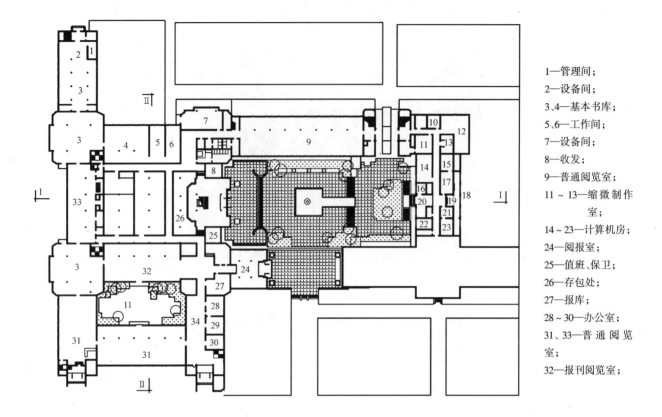

1层平面

1—管理间；

2—设备间；

3、4—基本书库；

5、6—工作间；

7—设备间；

8—收发；

9—普通阅览室；

11～13—缩微制作
室；

14～23—计算机房；

24—阅报室；

25—值班、保卫；

26—存包处；

27—报库；

28～30—办公室；

31、33—普通阅览
室；

32—报刊阅览室；

2层平面

1—流通书库；

2—新书阅览室；

3—教材中心阅览室；

4、5、6—办公室；

7—缩微阅览室；

8—办公室；

9—馆长室；

10—贵宾室；

11—休息室；

12—西文教材阅览室；

13—目录台；

14—目录厅；

15—中文科技书阅览
室；

16、17—办公室；

18—中文科技书开架
阅览室；

19～23—缩微制作室；

24—报告厅

228

6. 北京农业大学图书馆

建筑面积:12115m²
建成日期:1990年6月
设计单位:北京市建筑设计研究院
建筑师:马 利

北京农业大学图书馆位于该校校门内北侧,处于教学科研区中心。其东侧干道直通北部的学生生活区,南侧紧靠校门,临近校门外道路西侧的教职工生活区,位置适中,便于师生使用。

该馆采用国外现代图书馆建筑常用的模数式设计方法,主体为4层,平屋顶,平面呈55.60m×55.60m的正方形;并采用统一的柱网6.60m×6.60m,层

高3.90m和荷载650kg/m²。各层尽量少设内隔墙,形成空间开敞的平面,分区安排不同功能使用,从而具有很大的灵活性。主体1~4层为各种开架阅览室,共可容纳图书约100万册。并于1层设600m²密集书库,可容纳图书约50万册。西北两侧的1层裙房为管理用房。主体南侧设有进入2层主入口的通长平台,原设计台下为自行车存放处,现已改做报刊阅览、休息厅等使用。该馆建筑平面布置紧凑,使用面积所占比例较高,路线清晰,建筑造型简洁、大方、装修朴实无华,未采用昂贵装饰材料,体现了教育、文化建筑

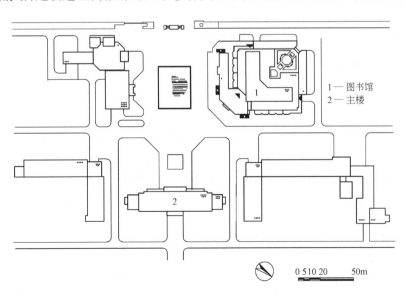

1—图书馆
2—主楼

0 5 10 20　　50m

总平面

的性格。

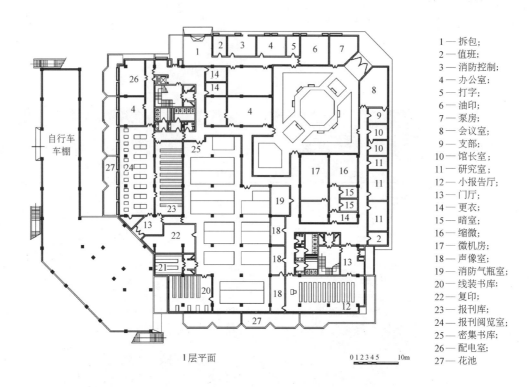

1层平面   0 1 2 3 4 5   10m

1 — 拆包；
2 — 值班；
3 — 消防控制；
4 — 办公室；
5 — 打字；
6 — 油印；
7 — 泵房；
8 — 会议室；
9 — 支部；
10 — 馆长室；
11 — 研究室；
12 — 小报告厅；
13 — 门厅；
14 — 更衣；
15 — 暗室；
16 — 缩微；
17 — 微机房；
18 — 声像室；
19 — 消防气瓶室；
20 — 线装书库；
22 — 报刊库；
24 — 报刊阅览室；
25 — 密集书库；
26 — 配电室；
27 — 花池

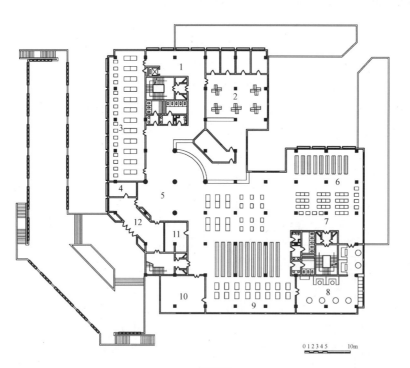

2层平面   0 1 2 3 4 5   10m

1—书站；
2—编目；
3—外国教材中心；
4—值班；
5—计算机终端；
6—教学参考书借阅；
7—声像资料阅览区；
8—读者休息室；
9—参考工具书阅览区；
10—参考咨询；
11—复印；
12—门厅

230

东北立面

0 1 2 3 4 5　　10m

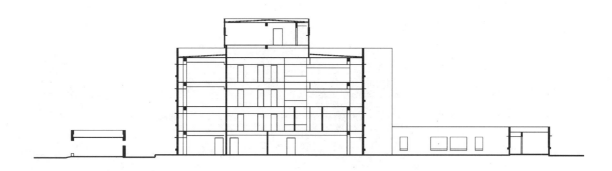

剖面

0 1 2 3 4 5　　10m

3、4层平面
1—书站;2—阅览区;3—讨论室;4—咨询;5—复印

0 1 2 3 4 5　　10m

5层平面
1—电梯机房;2—水箱间;3—新风机房;4—预留控制室;
5—预留冷冻机房;6—泵房;7—工具间;8—办公室;9—贮存

7. 华中理工大学图书馆新馆

建筑面积:15320m²
建成日期:1990 年 8 月
设计单位:华中理工大学
　　　　　建筑设计研究院
建 筑 师:李　勇　李文澄

华中理工大学图书馆新馆位于该校教学区西北部,兼顾教学区和生活区的人流,位置适中。南邻老馆,有地下通道供业务联系。新馆主要为开架阅览、开架书库及部分业务用房,老馆用作流通部和书库。

新馆为适应基地东西方向较长以及保证自然通风与采光的要求,采用了"H"形平面布局。主入口朝东,面向教学区,为此,在 H 形的东端 3～4 层设置了跨度 22.50m 过街楼,使东立面形成了一个整体,并强调了虚实对比,产生了独特的效果。H 形的西部也以辅助用房连接,如此构成了东西两个庭院。该馆在室外环境设计上得到各方面的好评。

该馆以开架阅览为主,功能较为单纯,南北二楼均以阅览为主。中部的连接体是主要门厅及交通枢纽。阅览室以大空间为主,层高 4.50m,局部架设夹层书库,并根据需要可用轻质隔墙分出一些小间作为特种阅览室或研究室之用。业务办公用房放在南楼底层,与老馆靠近,联系方便。

该馆的建筑设计简洁、合理,有高雅的文教建筑气质,但从整体上看,与周围原有建筑协调不够。

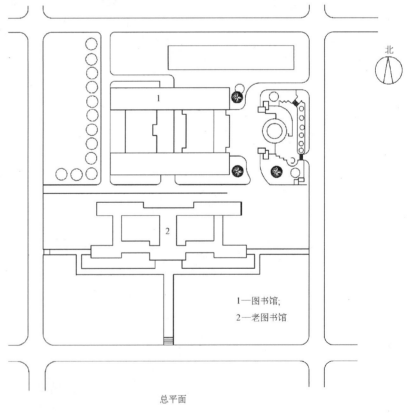

1—图书馆;
2—老图书馆

总平面

232

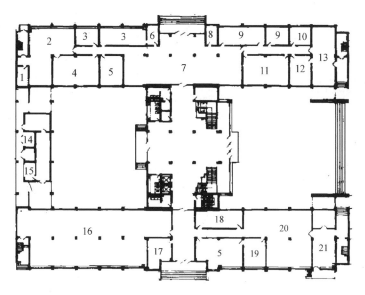

1层平面

1—烫字;2—装订;3—复印;4—期刊;5—典藏;6—馆长室;7—报纸阅览室;
8—会议室;9—办公室;10—总支;11—接待室;12—研究辅导室;13—图书馆
学阅览室;14—变压器室;15—值班;16—报纸阅览室;17—装订办公室;
18—采访;19—加工间;20—编目;21—验收

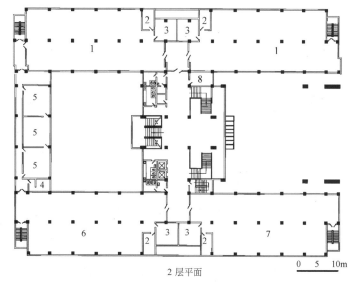

2层平面

0 5 10m

1—自然科学阅览室;2—工作室;3—研究室;4—卫生间;5—计算机房;
6—日文、俄文阅览室;7—西文阅览室;8—保管室

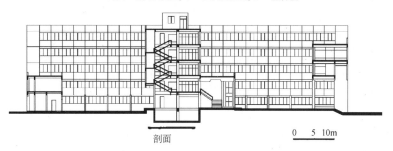

剖面

0 5 10m

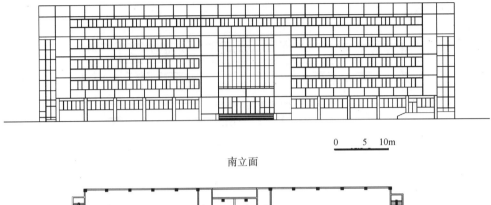

0 5 10m

南立面

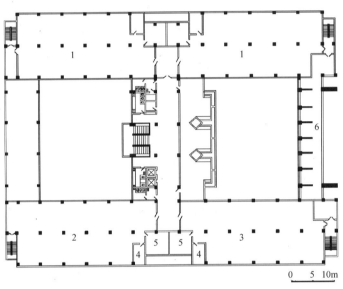

0 5 10m

3层平面

1—社科阅览室;2—英语学习资料中心;3—外文社科阅览室;4—工作室;5—研究室;6—教师阅览室

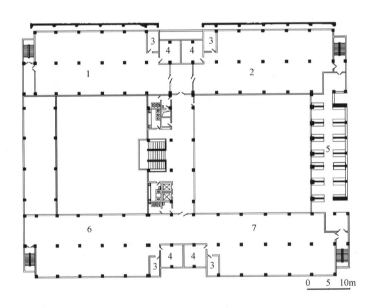

0 5 10m

4层平面

1—中文现刊阅览室;2—外文报刊阅览室;3—工作室;4—研究室;

5—日文、俄文过刊阅览室;6—西文过刊阅览室;7—中文过刊阅览室

8. 上海交通大学包玉刚图书馆

建筑面积:13563m²
建成日期:1991 年 10 月
设计单位:上海建筑设计研究院
建 筑 师:居其宏

上海交通大学包玉刚图书馆是由已故香港知名人士包玉刚先生赠款建设的一座具有现代化设施的图书馆。该馆建于该校闵行分校教学区的中心。南望湖水,东接湖畔教学楼群,北临实验室区,位置适中,环境优美。

该馆是坐北朝南的 6 层建筑,平面略呈东西长的哑铃形。底层中部前侧为门厅,后侧为展览厅,西部为阅览室,东部为办公。2~6 层的中部为交通厅,东侧为书库,西侧为阅览室。另在 2 层书库前方设出纳台,5 层西部设有报告厅。所有阅览室全部采取大开间、大进深、开架阅览。功能分区明确合理、路线清晰通畅、便捷。设计采用框架结构,统一用 7.50m×7.50m 柱网 3.90m 层高和统一荷载,内部隔墙多采用玻璃隔断,因此具有使用功能变化的灵活性。该馆南侧主要入口处设有便于残疾人使用的坡道。馆东侧与计算中心以 45°转角相接,成为该馆建筑体量的延伸。馆西侧 4~6 层端墙依次退进、形成梯级。建筑造型典雅活泼,并与馆前教学建筑群相互呼应,风格协调统一,处理得体。

该馆南侧,利用地形高差布置了馆前广场,北连门外大踏步,南临水面,是供师生休息、交往、聚会的多功能空间。

因阅览室采用大进深布置,有些地方自然采光、通风欠佳,报告厅设于 5 层,不便使用,并可能会对图书馆造成干扰。

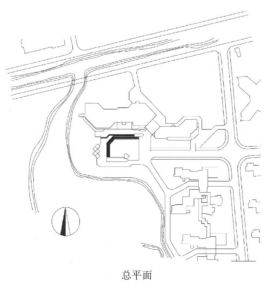

总平面

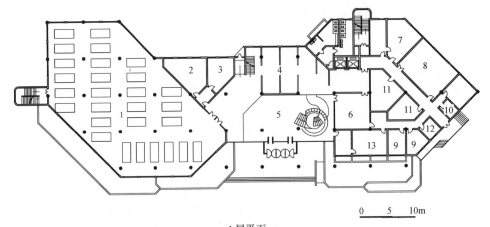

1层平面

1—中文阅览；2—工作室；3—配电间；4—陈列；5—门厅；6—接待；7—典藏；8—装订；

9—办公；10—值班；11—库房；12—打印；13—复印

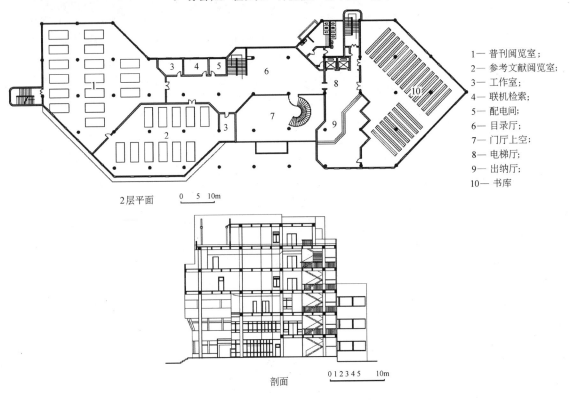

2层平面

1— 普刊阅览室；
2— 参考文献阅览室；
3— 工作室；
4— 联机检索；
5— 配电间；
6— 目录厅；
7— 门厅上空；
8— 电梯厅；
9— 出纳厅；
10— 书库

剖面

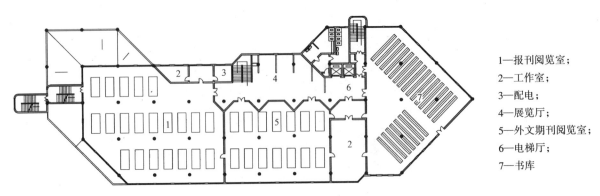

4、5层平面

1—报刊阅览室；
2—工作室；
3—配电；
4—展览厅；
5—外文期刊阅览室；
6—电梯厅；
7—书库

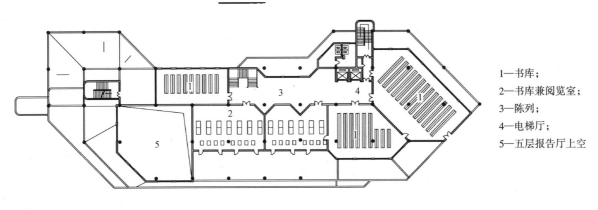

0 5 10m

1—书库；

2—书库兼阅览室；

3—陈列；

4—电梯厅；

5—五层报告厅上空

6层平面

9. 内蒙古图书馆

建筑地点:呼和浩特
建筑设计:高 薇 屈培青
设计/建成:1993 年/1996 年
建筑面积:20000m²

内蒙古图书馆是大型的综合性省级公共图书馆,藏书 280 万册,阅览室 2000 座,位于呼和浩特市东城区东风路。建筑师以民族文化作为创作背景,力图体现出建筑的地域性。建筑主体采用灰白色墙面,简洁明快,主入口上方 7 块紫红色的体量体现了北方建筑坚实粗犷的特性,产生了强烈的整体感和韵律感。针对内蒙古地区风沙较大,高层建筑对抗风沙不利,整个建筑群以多层为主,减少建筑表面积。建筑师将圆形蒙古包进行变异,形成八边形阅览室,既满足图书馆的使用功能,又隐喻了传统的居住空间。建筑群体集中布置,满足了使用功能及北方地区抵御风沙侵袭、提高冬夏热工性能的需要。

入口透视

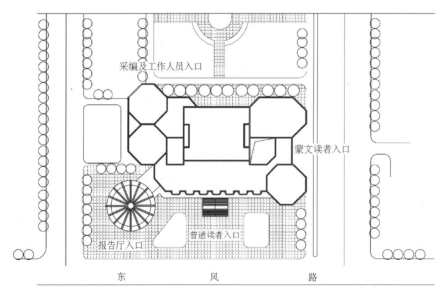

总平面

238

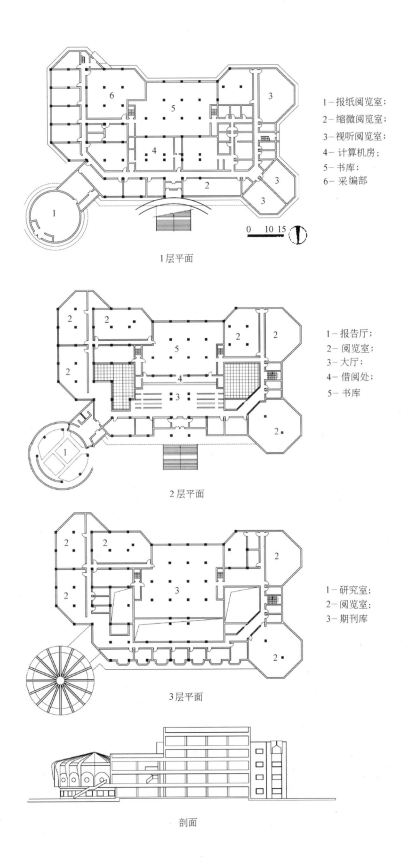

1层平面

1－报纸阅览室；
2－缩微阅览室；
3－视听阅览室；
4－计算机房；
5－书库；
6－采编部

2层平面

1－报告厅；
2－阅览室；
3－大厅；
4－借阅处；
5－书库

3层平面

1－研究室；
2－阅览室；
3－期刊库

剖面

239

10. 福建省图书馆

建筑地点：福州
建筑设计：黄汉民　刘晓光
设计/建成：1989年/1995年
建筑面积：22500m²

福建省图书馆设计藏书330万册。平面为均衡对称、适度集中的庭院式布局。中庭对两侧庭院开敞，内外空间流通，舒适惬意、富有魅力的共享空间成为图书馆内部的核心。建筑造型将福建圆楼——闽南传统民居中最有特色的建筑语汇（红砖），以现代的手法加以改造、变形、重组，使之具有鲜明的地方风格和突出的建筑个性。

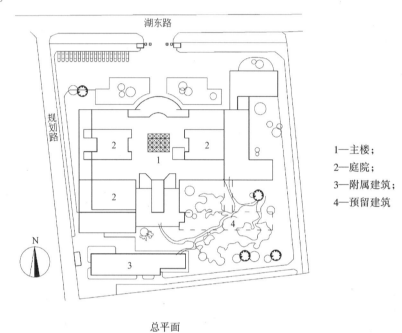

1—主楼；
2—庭院；
3—附属建筑；
4—预留建筑

总平面

图书馆全景

240

图书馆入口

图书馆门厅一角

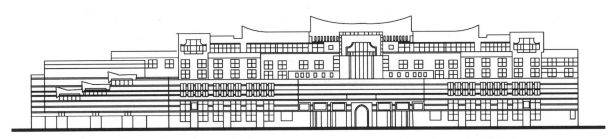

图书馆立面

11．深圳南山图书馆

建筑地点：深圳
建筑设计：程宗灏　张在元
设计/建成：1994年/1996年
建筑面积：14146m²

　　南山图书馆位于南山老城区一侧，设计突出了圆形的几何特质。贯穿其中的东西向轴线源自对街的街心公园，并沿这一轴线组织各项功能空间（读者区、办公区、灰色区及交汇区）。读者区围绕内庭院布置，平面柱网一律采用8m×8m方阵。设计试图通过完整几何形态的表达，强调建筑内涵与特征的自然流露。

图书馆外景之一

图书馆外景之二

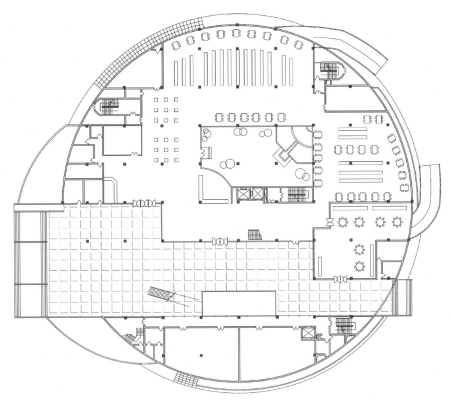

图书馆圆形平面

开架阅览室内

图书馆入口处外景

12. 上海图书馆新馆

建筑地点:上海
建筑设计:张皆正　唐玉恩
设计/建成:1986年/1996年
建筑面积:83000m²

上海图书馆新馆位于淮海中路高安路口,占地3.1万m²,总建筑面积达8.3万m²,藏书1320万册,规模仅次于国家图书馆。这座大型文化建筑以其典雅的形象,很好地反映了上海的文化背景。并通过广场、院落和中庭的空间组织,取得了与城市空间的良好融合。总体布局分为东西两部,古籍、近代部分位于东部,其书库为东塔,中、外文阅览在西部,其书库为西塔。功能上采用了以目录检索空间为中心的放射式布局,东区采用同层平面放射式布置,西区因阅览室多,采用4层阅览室围绕中庭立体放射式布置,最大限度缩短读者流线,提高了众多阅览室的通达性与易识别性。东西两楼均以多维台阶式块体造型,隐喻沉积人类知识的台阶,期待人们不断攀登。绿化面积有1万余m²,南面大花园是大厅、阅览室的借景之处,地形起伏,园林小品"静心亭"与建筑协调,融合于环境。

图书馆主楼西塔及入口广场

1—车行出入口;2—步行主出入口;3—步行出入口;4—书刊、内部出入口;5—主楼;6—副楼;7—培训中心;8—门卫、变电;9—知识广场;10—智慧广场;11—智慧树雕塑;12—自行车停车处;13—静心亭;14—中式庭院;15—西式庭院

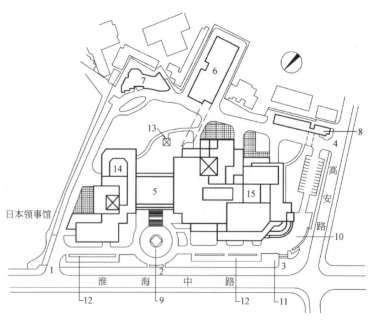

总平面

244

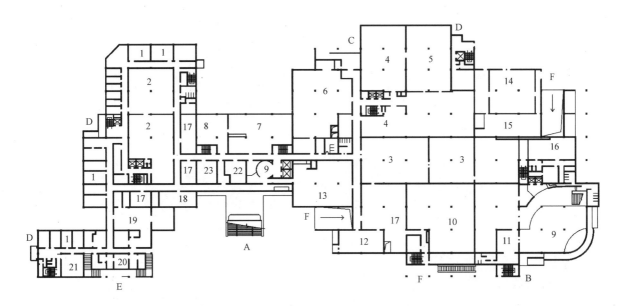

底层平面

1—办公;2—近代书库;3—声象库;4—外文采编;5—中文采编;6—报刊采编;7—报刊部;8—国际交换;9—门厅;10—展览厅;11—接待室;12—新书展销;13—读者餐厅;14—变压器室;15—配电室;16—声象工作室;17—空调;18—电话总机;19—拍摄;20—冲洗放大;21—拷贝;22—安保;23—防灾中心;A. 读者阅览出入口;B. 展览、视听、报告厅出入口;C. 图书出入口;D. 工作人员出入口;E. 自行车出入口;F. 小汽车出入口

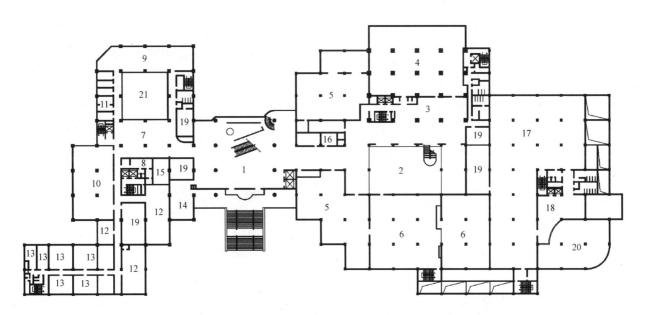

1层平面

1—门厅;2—中庭目录大厅;3—总出纳台;4—综合阅览室;5—阅览室;6—外借书库;7—近代目录;8—近代出纳;9—近代阅览;10—地方文献阅览;11—研究室;12—近代工作室;13—办公用房;14—存物;15—接待室;16—复印;17—展览;18—展览前厅;19—空调机房;20—门厅上空;21—中式庭园

图书馆全景（沿街）

裙房及环境

中庭目录厅

从近代目录厅看中式庭园

13．铜陵市图书馆

建筑地点:铜陵
建筑设计:鲍家声　岳子清
设计/建成:1993年/1996年
建筑面积:4500m²

铜陵市图书馆地处城市主要干道一侧,基地内原有一荷花塘,建筑师充分考虑到其自然条件,将图书馆退后城市主要干道布置,并结合原有荷花塘设计成一自然庭院。针对基地地势低于城市道路标高近3.0m,而将图书馆底层架空,读者通过室外大台阶由二层进入图书馆,这样既可防潮,又在城市干道上形成了良好的景观效果,同时架空层部分可开辟作为其他对外服务用房。针对基地方位与建筑朝向不一,偏角45°,图书馆采用了三角形平面,既保证了图书馆的主要房间具有好的朝向和通风条件,又与城市界面形成和谐的关系。建筑造型上采用了退台式的手法,形成阶梯状体量,隐喻知识是人类进步的阶梯。

图书馆外观

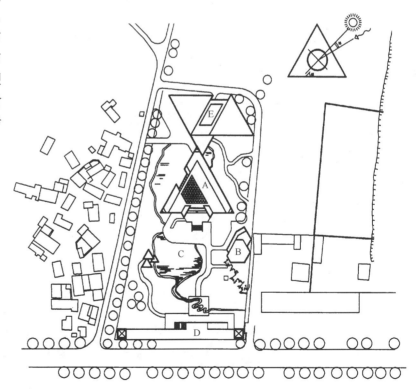

总平面
A—图书馆主楼;B—多功能厅;C—水池;D—入口;E—二期工程

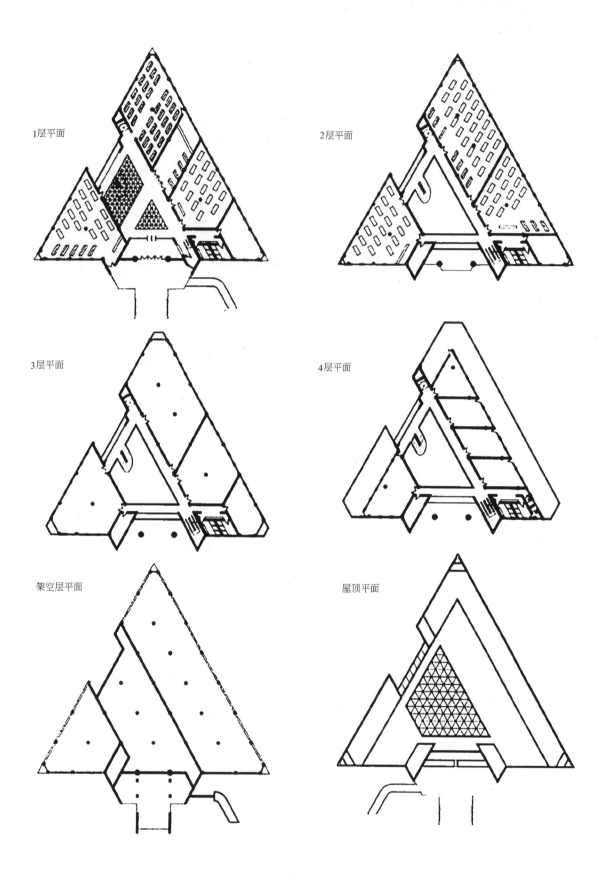

1层平面

2层平面

3层平面

4层平面

架空层平面

屋顶平面

248

图书馆内景

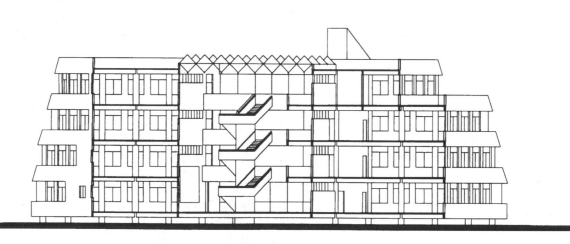

剖面

14. 铜陵财贸高等专科学校图书馆

建筑地点：铜陵
建筑设计：鲍家声　韩冬青　邬再荣
设计/建成：1993年/1996年
建筑面积：7500m²

图书馆位于校园主轴线的尽端，东面为大片山水林木，因此建筑正立面采用对称式布局，以突出图书馆在校园中的重要地位，而东立面采用了非对称式自然构图，与环境相适应。功能布局上，建筑采用了立方块单元组合的手法，中央设露明中庭，并充分考虑到分期建设的要求。按现代图书馆使用的要求，书库分为基本书库和开架书库两种，通过夹层和阅览室联系，既避免流线交叉，又方便人书联系，使空间利用高效化。

图书馆外景

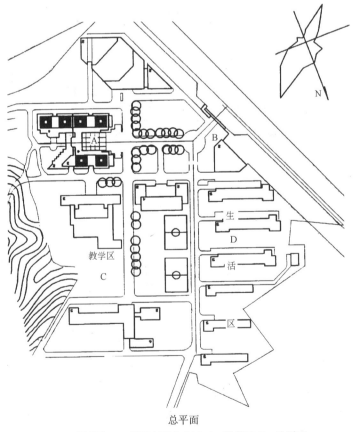

总平面
A—图书馆；B—校区主要出入口；C—教学区；D—生活区

250

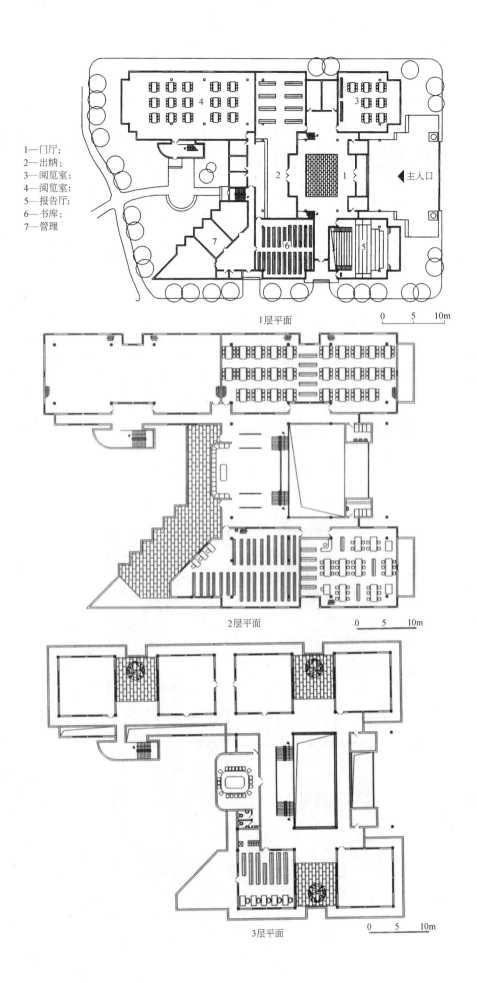

1—门厅；
2—出纳；
3—阅览室；
4—阅览室；
5—报告厅；
6—书库；
7—管理

主入口

1层平面

0　5　10m

2层平面

0　5　10m

3层平面

0　5　10m

251

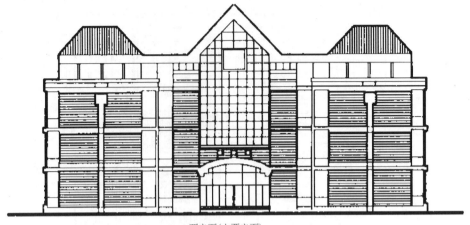

西立面(主要立面)

南立面

图书馆内景

15．马鞍山市图书馆

建筑地点：马鞍山

建筑设计：鲍家声　葛昕

设计/建成：1994 年/1996 年

建筑面积：8654m²

　　本工程中，建筑师提出了"模块式"图书馆的设计方法，将建筑分为藏阅区、入口区、办公区、图书文化发展中心及多功能活动区五部分。根据不同的功能分区划分不同的空间类型，在开放建筑设计思想的指导下，将主要楼梯、厕所等服务空间集中设置，相对独立，避免对主要使用空间的切割和插入，以此保证藏、阅空间最大的通达程度和灵活划分的可能性。并进行了分区模数化设计，根据不同的使用要求，分区采用不同的柱网尺寸、荷载与层高。在藏阅区中，采用 10.4m×5.2m 柱网，尽量满足藏阅区内无柱、少柱的要求，并采用 4.2m 的统一层高和 750kg/m² 的统一荷载。在办公区采用了相同的柱网，但 3.6m 的统一层高和 200kg/m² 的荷载大大减少了材料的浪费。在图书发展中心，由于其使用对灵活性的要求相对较低，因此采用了 5.2m×5.2m 的柱网尺寸。设计过程中，建筑师还开创了开放的设计过程，进行了馆员参与、专家咨询、群众参与等一系列有意义的尝试。

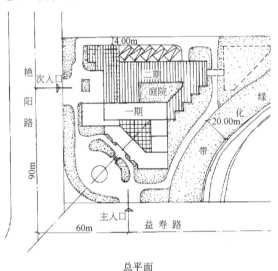

总平面

图书馆全景外观

图书馆近景

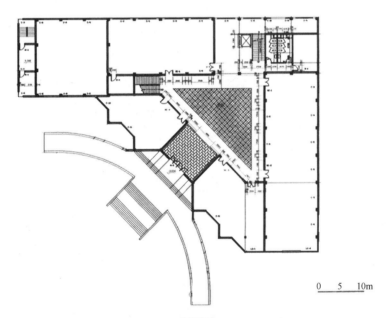

0　5　10m

1层平面

正立面

254

入口外观

16. 深圳高等职业技术学院图书馆

建筑地点：深圳
建筑设计：鲍家声
设计/建成：1993年/1996年
建筑面积：16000m²

该图书馆建于校园的中心区，总建筑面积24000m²，现设计为一期（16000m²），同时考虑二期扩建的可能。

本方案设计改变"模数制"图书馆设计概念，而采用"模块式"图书馆设计方法。将图书馆分为三个功能模块，即公共活动区，阅览区和业务办公区，每一个区分别为一个单独的功能模块。其中阅览区功能模块采用模数式图书馆设计方法，其他两个功能模块开间与阅览区功能模块是一致的，但它们的进深和层高是根据各自的需要而确定的。这样布局灵活，空间更经济。

平面布局，将公共活动区功能模块置于入口处，为1层，阅览区功能模块置于中部，业务办公区功能模块置于后部，这样功能布局合理。公共活动区不干扰阅览区，并可独立对外开放，阅览区为开放的大空间，具有很大的灵活性。二期扩建在业务办公区后，通过两侧通道与阅览区相通，又不干扰业务办公区。

图书馆外景

开架阅览室藏书区

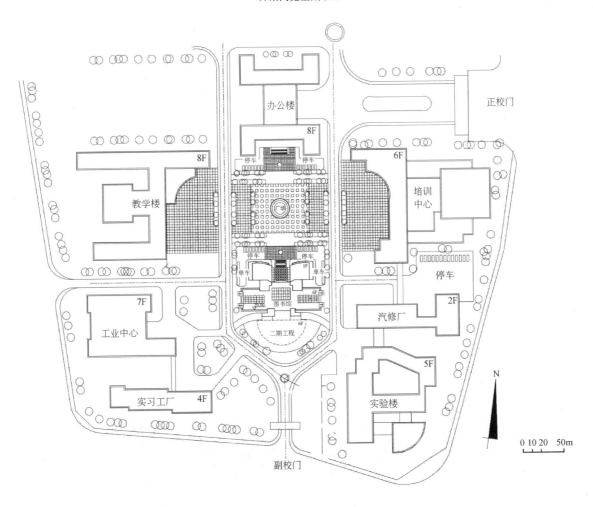

总平面

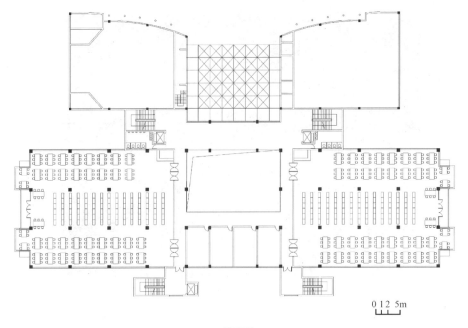

2层平面

0 1 2 5m

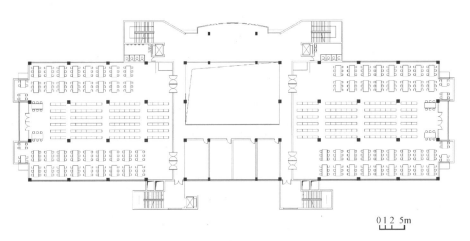

4层平面

0 1 2 5m

阅览室内景

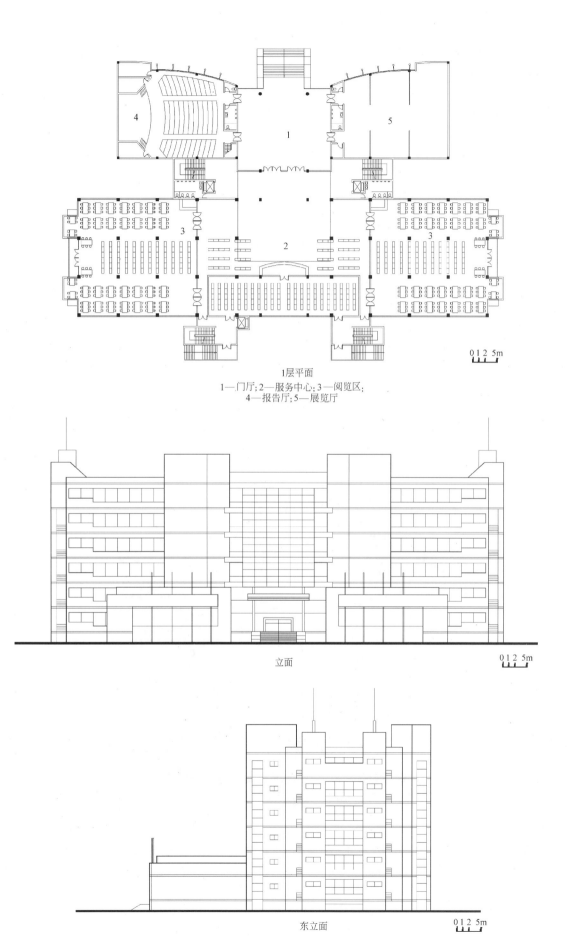

1层平面
1—门厅;2—服务中心;3—阅览区;
4—报告厅;5—展览厅

立面

东立面

259

17．北京大学图书馆新馆

建筑地点：北京

建筑设计：关肇邺

设计/建成：1993 年/1998 年

建筑面积：27,000m²

新馆位于校园中心位置,在老图书馆之前,并与之相连。老馆建于 70 年代,已不能满足现代要求,且形象呆板,与环境极不相称。新馆平面略呈凸字形,两侧配以学术报告厅和多功能厅以及作为疏散廊,成为新馆主楼和周围建筑群间尺度上的过度。为了与周围 20 年代及 50 年代所建仿古建筑群相协调,并成为主导建筑,新楼主楼及配楼分别采用了歇山顶和攒尖顶的形象。檐下部分简化了斗栱组合,采用了人字栱补心,并适当加大构件尺度,以便在仿古环境的协调上和表现结构的力度上取得平衡。

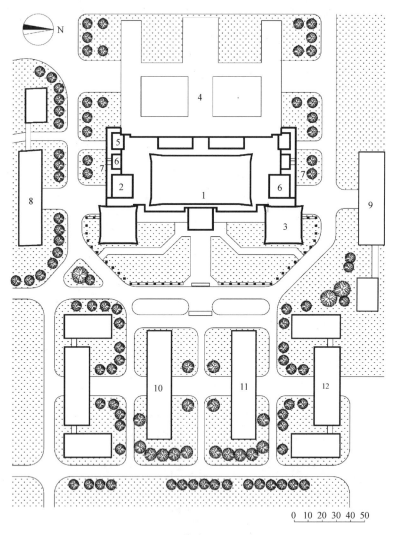

0 10 20 30 40 50

总平面

1—新馆主楼；2—南配楼；3—北配楼；4—旧馆；5—斜廊；6—下沉花园；

7—自行车存放；8—哲学楼；9—第一教学楼；10—地学楼；

11—文史楼；12—生物楼

主入口透视

南侧斜廊透视

从南面看主入口广场

南侧斜廊局部透视

连廊内景

百年书城内景

北侧斜廊透视

262

18．深圳文化中心图书馆

建筑地点：深圳
建筑设计：矶崎新
设计时间：1998 年
建筑面积：35000m²

本方案为 1998 年深圳文化中心设计方案国际竞标的中标方案，文化中心包括北面的音乐厅和南面的中心图书馆两部分。建筑师将两者设计成一个整体，以一个大平台相连，城市道路从下方通过，巧妙地解决了城市的交通问题。

中心图书馆西侧为一通长矩形体量，主要布置了图书馆的各项辅助设施。东侧为大片不规则曲面幕墙，原方案为 3 层，后改为 6 层。中间的 6 层阅览空间逐层退后，形状错综变化，各层还设有适当的小中庭，使自然光从屋顶天窗射入，这也是自然风的通路。北侧为主入口，设计了两个巨型金黄色树形结构，报告厅嵌于其中。南侧为三个呈放射状的矩形体量插入整个图书馆的体量中，矶崎新以其隐喻为三本书。

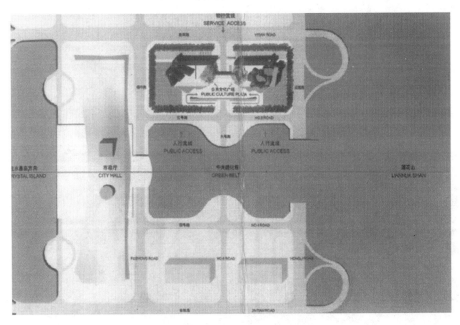

深圳市文化中心区规划总平面

文化中心设计方案模型鸟瞰
（左为中心图书馆，右为音乐厅）

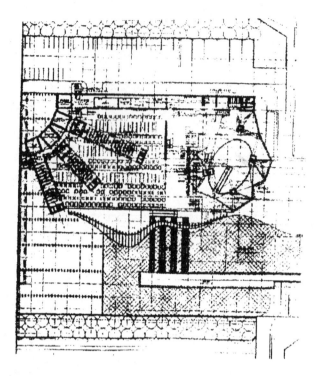

图书馆设计方案入口层平面

图书馆入口处内景

19. 台湾淡江大学学生纪念图书馆新馆

建筑地点：台北县　淡水镇

建成时间：1996 年

建筑面积：24000m²

　　图书馆入口设在 2 层，门厅为两层高的贯穿空间，两侧为展览空间，内容包括校史陈列、新书展示、台湾文物、未来学资料等，整个大厅空间通透。建筑底层主要为业务用房、密集书库(贮存罕用书)以及自习室，3 楼为资讯检索区以参考工具书陈列，4~9 层为各类开架阅览室。平面上采用了辅助设施集中布置、阅览空间灵活处理的布局方式。阅览空间每层均设有讨论室、影印室，方便适用。8、9 层设有一些研究小间，并与建筑造型相接合，颇具特色。全楼采用开放式空间，光线充足，观音山、大屯山、淡水河、台湾海峡等美景环绕四周，无论远眺近览，每一个角落都自成一幅画。

　　鉴于网络资源递增，除馆内电脑供读者上网查询外，另于各楼之阅览座位、研究小间、讨论室提供网络接点，以便读者携带个人电脑上网查询，即时进行编辑处理。

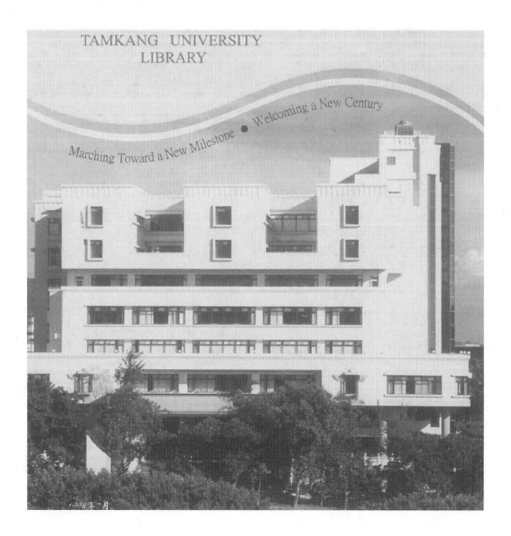

图书馆外观

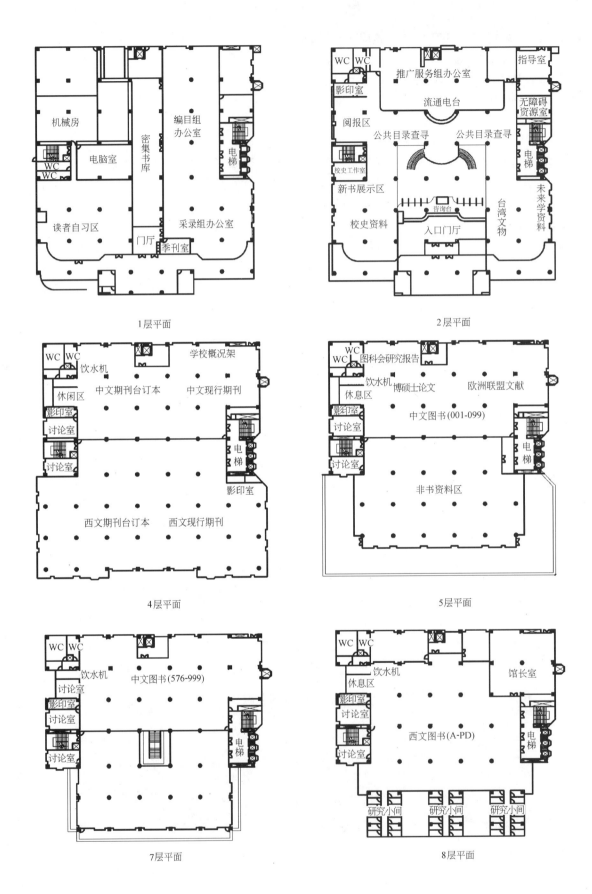

1层平面

2层平面

4层平面

5层平面

7层平面

8层平面

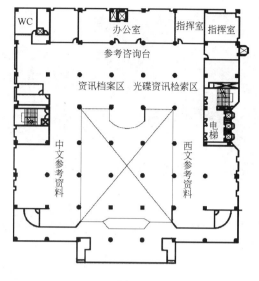

3层平面

6层平面

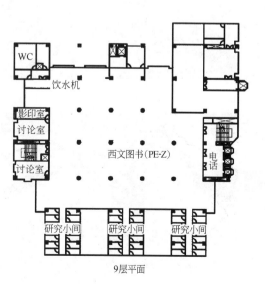

9层平面

多媒体教室

多媒体阅览室

休息廊

阅览室

20．台湾中央图书馆

建筑地点：台北市　中山南路一段
建筑设计：伯森　建筑师事务所
建筑面积：12225m²
建筑层数：地下2层　地上7层
设计时间：1981.3～1982.9月
施工时间：1982年11月～1986年6月

该馆位于中山南路一段，纪念公园主轴延伸线上，与之构成该区完整的都市空间观念。阅览空间置于基地北端，以与开敞空间对应，并取得良好视野。书库在西侧，阻挡隔壁中学操场噪声；以书库、文教活动空间包围宁静的阅览空间；同时，以不同的空间感界定功能相异之空间；主阅览室不以固定墙壁分隔。保持大空间的弹性使用，以垂直交通及水平交通形成空间构架，整幢建筑紧靠西侧，以便尽量留出较大的进口庭园。读者从中山南路靠近，将绕过一道旱桥而进入阅览大厅。旱桥除引向主入口外，还有阻隔马路噪声之作用，读者进入大厅迎面可见书库目录及出纳台，大厅上空水平带天窗一字向右方延伸，其均匀之光线并特具方向感，暗示右方天窗下面有一重要空间——阅览空间之存在。阅览空间是读者停留时间最长

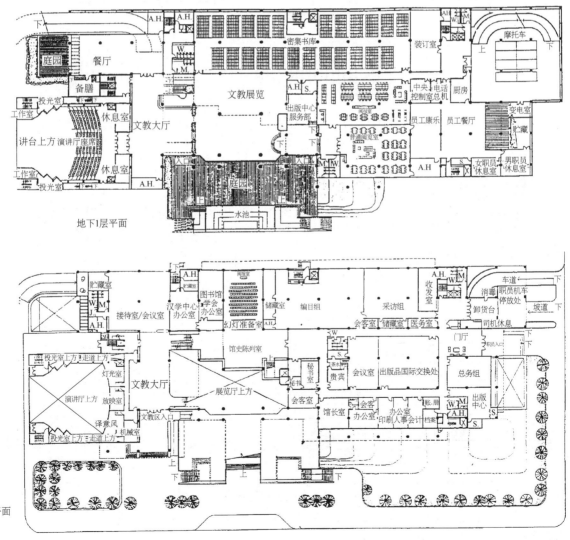

地下1层平面

1层平面

269

久之空间。每个阅览室之家具摆设备不相同。阅览空间都具有亲切、宁静气氛。为使阅览家具摆设具有弹性。阅览空间不加分隔。地坪内装地板线槽,以便随时可以接通电源。室内设计地毯砖,除具有柔软、隔音效果外,它还易于保养维护,并可使板线槽的出线处对地板的装修破坏极小。

　　文教活动空间包括展览空间及讲演厅等。展览空间和讲演厅均由地下庭园进入。展览空间有 2 层高;演讲厅可容 500 坐位。

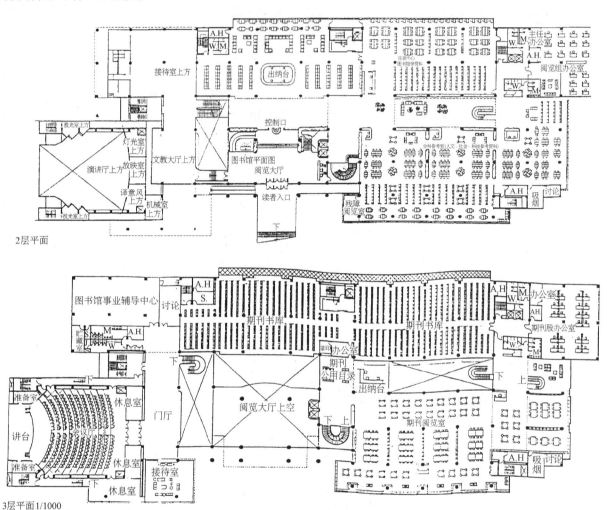

2层平面

3层平面1/1000

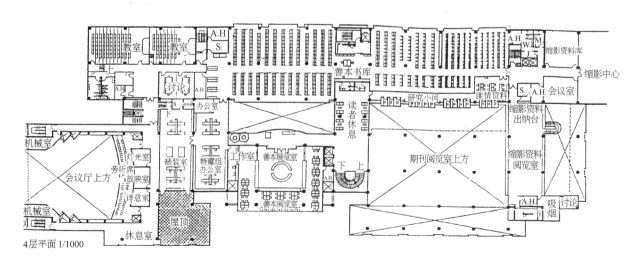

4层平面1/1000

全貌

主要入口外观

阅览区

中庭

入口旱桥

西立面

善本书室

书库

阅览大厅入口

21. 台湾大学总图书馆

建筑地点：台北
建筑设计：沈祖海　白瑾
设计/建成：1996年/1997年
建筑面积：35472m²

台湾大学总图书馆基地西向面临椰林大道，庄严、开阔，具有强烈的秩序感，这也是校园里最重要的交通流线。基地北面是主要的教学活动区，40m宽的联外道路由辛亥路直贯本基地。椰林大道与联外道路是本馆视觉上的两个重要轴线，建筑主体坐落于此两轴线的交点上，有助于形成尽端景观效果，是台大校园的重要地标。

该馆建筑设计、平面布局，体量安排，和立面设计等方面均做得层次分明，并反映基地四周不同性格的环境特征，强化了轴线上的教学区。建筑物以逐层退缩凹凸的体量组合，一方面反映室内阅览室的亲和性，另一方面缓解图书馆巨大体量对校园的冲击。同时，以纪念性的手法来传达"知识殿堂"的意向，而建筑语汇，则尊重和沿用台大校园内传统的风格与手法。如山墙、建筑入口设门廊，底层设回廊，采用面砖墙面、饰带、拱窗等构件，统一了四面不同性格的立面，使新建筑与老建筑和谐共存。

图书馆及周围环境鸟瞰

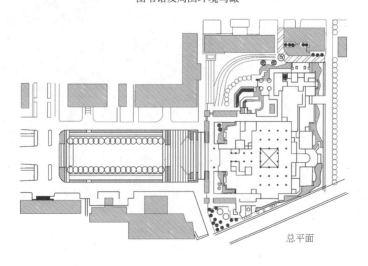

总平面

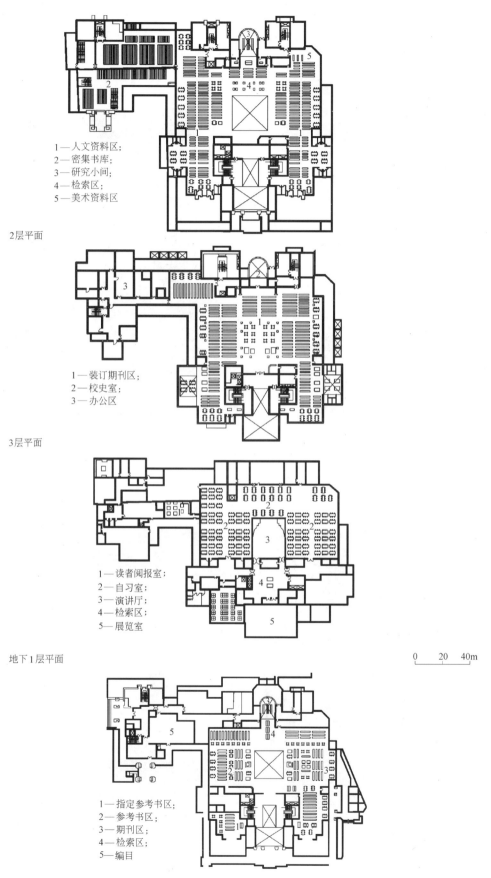

1—人文资料区;
2—密集书库;
3—研究小间;
4—检索区;
5—美术资料区

2层平面

1—装订期刊区;
2—校史室;
3—办公区

3层平面

1—读者阅报室;
2—自习室;
3—演讲厅;
4—检索区;
5—展览室

地下1层平面

0   20   40m

1—指定参考书区;
2—参考书区;
3—期刊区;
4—检索区;
5—编目

1层平面

外景

廊中视廊

正面入口及门廊

门廊内视角楼

模型鸟瞰

具穿透性的大厅空间

正立面外观

22.台湾高雄凤新高中图书馆

建筑地点:台湾 高雄 凤山
建筑设计:陈耀如建筑师事务所
设计/建成:1993年/1996年
建筑面积:8147m²

图书馆基地位于校园正中,南面主入口前为一广场。建筑造型上采用了非对称形式,以高低钟塔、南北拱廊统摄全局,努力创造出一种学术氛围。中央空调冷却水塔以水平 GRC 底板逐层退后处理,使整体取得统一的效果。外墙采用了深红色面砖与斩假石,于校园原有建筑相呼应。

图书馆建筑外观

中庭空间

阅览空间

278

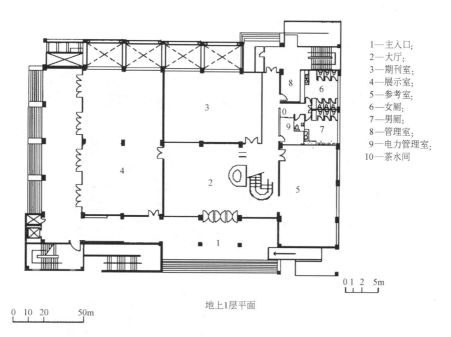

1—主入口；
2—大厅；
3—期刊室；
4—展示室；
5—参考室；
6—女厕；
7—男厕；
8—管理室；
9—电力管理室；
10—茶水间

0 1 2   5m

地上1层平面

0 10 20   50m

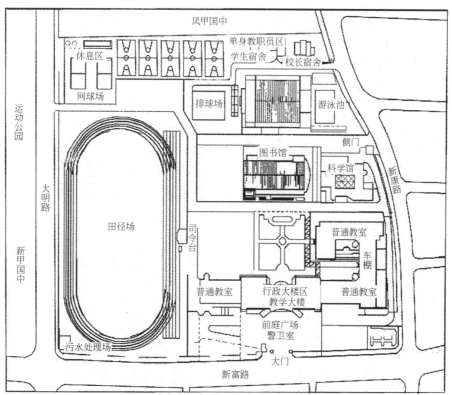

凤甲国中

单身教职员区

学生宿舍

校长宿舍

休息区

网球场

排球场

游泳池

运动公园

图书馆

科学馆

侧门

新康路

大明路

田径场

司令台

普通教室

车棚

新甲国中

行政大楼区
教学大楼

普通教室

污水处理场

普通教室

前庭广场
警卫室

大门

新富路

总平面

279

立面细部

塔细部

雕塑所映射的图书馆

报告厅内景

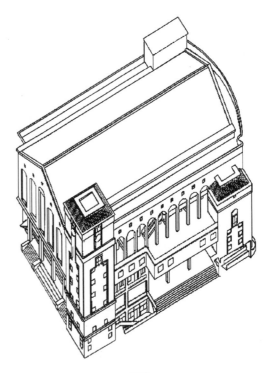

俯视

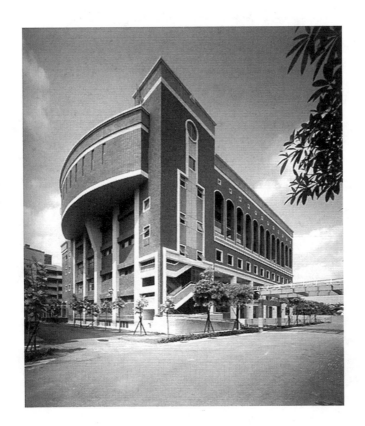

图书馆建筑概貌

23. 台湾元智大学图书资讯大楼

建筑地点：台湾 中坜
建筑设计：姚仁喜
设计/建成：1996/1997

本工程中，建筑师提出一个新的概念，即随着信息革命已逐渐进入人类的日常生活，影响到人们的学习方式，未来的图书馆在互联网无所不在的状况下，书籍藏书将会不断减少，而以更多的信息传输设备取而代之。从而人们或许不再须要亲自到图书馆查阅资料，对图书馆这个类型的建筑设计将有颇多的冲击。面对业主对传统图书馆形态的偏好，建筑师做出了一个折衷的探索。

图书资讯大楼位于校园两条轴线的交汇点上，由校园大门进入林荫大道，经过缓缓下降的斜坡，即可望见端点的图书资讯大楼。建筑实际包括三大部分，即资讯系所、图书馆与国际会议厅。

建筑师的出发点是以一个大框架包容所有功能空间，框架本身是简单的 U 字型平面，主要安排资讯系的教学研究空间，国际会议厅挂在框架中间，而图书馆则往东延伸。正面的大台阶吸纳广场的人群进入框架中，入口大楼梯将人流顺势引上二、三楼，流线过程中安排了数个大小各异的平台，成为休憩活动的场所。

建筑师称之为一幢具有物理环境表情的建筑。针对校园冬季北风强劲，西向面对花园，南向面对林荫道，建筑北立面与东立面非常坚实，开窗面积小且多为高窗，南立面与西立面则较为开敞。建筑外墙采用了预制清水混凝土板，建筑师作出了对材料朴实本性的探求。

入口透视

282

北立面

细部之一

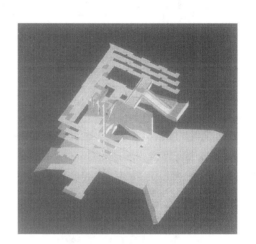

空间分析

东立面

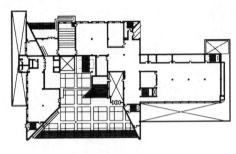

1层平面

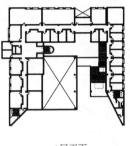

4层平面

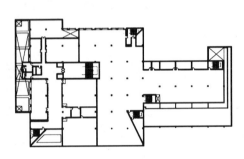

地下层平面

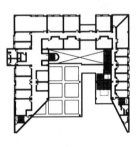

5层平面

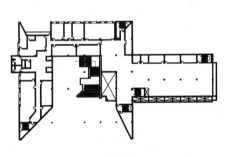

2层平面

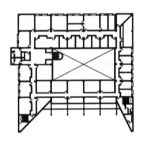

6层平面

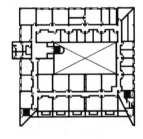

7层平面

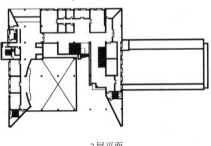

3层平面

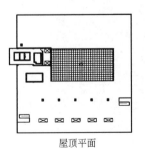

屋顶平面

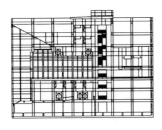

短向剖立面

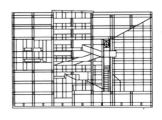

短向剖立面

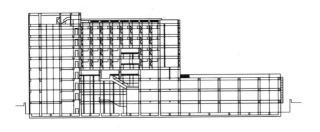

长向剖面

西向立面

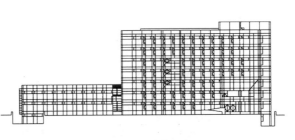

北向立面

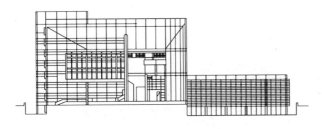

南向立面

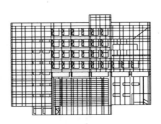

东向立面

二、国外图书馆实例

24. 芬兰维普里市立图书馆

建筑地点：芬兰
建筑设计：阿尔瓦·阿尔托
建成时间：1935 年

维普里市立图书馆是阿尔托的成名之作，也是最早的模数化图书馆。这座建筑位于市中心花园的东北角，临近的广场有一座 19 世纪末建造的哥特复兴式教堂。新建筑以其简洁的现代建筑体形和大胆自由的内部，使先辈吃惊。图书馆平面可分为三个部分：阅览室部分、讲堂与办公部分、借书处与门厅部分，此外还有书库、衣帽间、茶座等。三部分根据不同的功能需要分别有不同的层高和地坪，使用方便，尺度适宜。

在这座建筑中，阿尔托还结合当地特点创造性地应用了特殊的顶光和波形顶棚的手法。整个建筑的平屋顶上采用了 57 个圆筒形天窗，为使光线均匀漫射，筒形天窗做成上大下小，呈漏斗状，上下两层玻璃，并有辅助的灯光，以便在晚上和冬季积雪时使用，同时也可以利用灯光热量及早融化天窗顶上覆盖的冰雪。圆筒形的天窗在室内稍稍下垂，构成了有韵律的顶棚图案。

图书馆外观一角

图书馆建筑鸟瞰

图书馆内景

图书馆外景

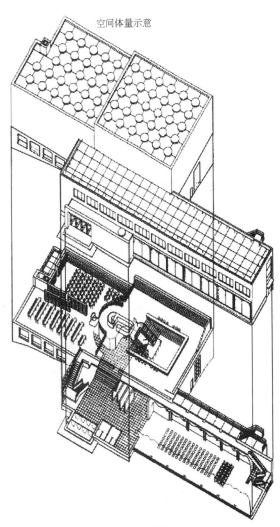

空间体量示意

内部空间剖视

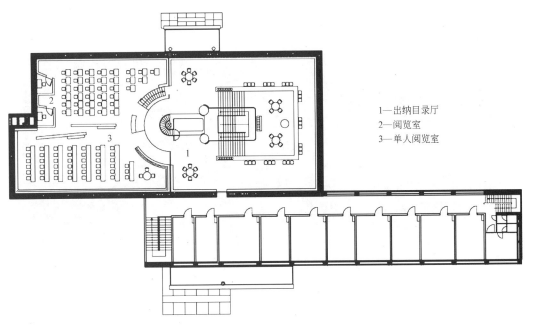

平面

1—出纳目录厅
2—阅览室
3—单人阅览室

25．美国埃克斯特学院图书馆

建筑地点：美国 Rockingham County
建筑设计：路易·康
设计/建成：1965 年/1971 年

图书馆包括普通书库，专业期刊、缮本、珍本书库以及参考书和资料收藏。采用开架阅览方式。其基本功能关系分为两个层次，即藏书的内层和阅览的外层，使读者在各个部位都能看到书，康称这座建筑以书作为请柬。

入口大厅在建筑物中央混凝土结构的大采光井下，壁上开着巨大的圆形洞口，通过洞口可见藏书，给图书馆铺垫了一层十分亲切的气氛。建筑靠窗均为独立的阅览座，读者在阅览间隙，可推开木质窗扇，极目远眺。

建筑外部简洁优雅，没有丝毫多余的装饰，建筑材料为当地产的砖、橡木以及变质石灰岩板。

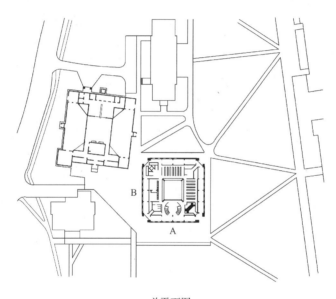

总平面图
A—图书馆；B—食堂

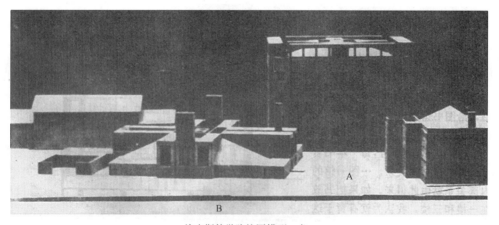

埃克斯特学院校园模型一角
A—图书馆；B—食堂

288

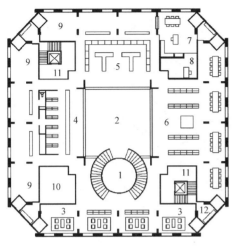

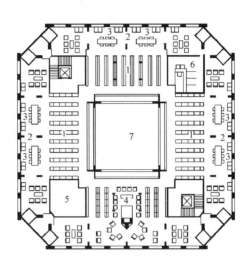

1—入口楼梯　　　7—馆员办公
2—中庭　　　　　8—秘书办公
3—现期期刊　　　9—工作区
4—出纳台　　　　10—复印
5—目录厅　　　　11—电梯楼梯
6—参考室　　　　12—门廊

2层平面图

1—基本书库　　　5—听音室
2—大阅览室　　　6—盥洗室
3—阅览桌凳室　　7—中庭上部空间
4—小说阅览区

4层平面图

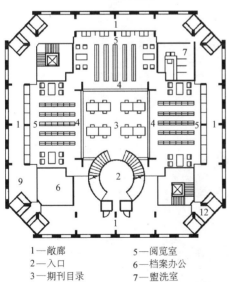

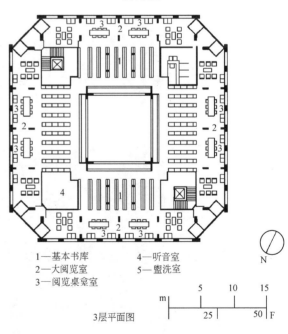

1—敞廊　　　　　5—阅览室
2—入口　　　　　6—档案办公
3—期刊目录　　　7—盥洗室
4—过期期刊

1层平面图

1—基本书库　　　4—听音室
2—大阅览室　　　5—盥洗室
3—阅览桌凳室

3层平面图

N

m　　5　　10　　15
　　　25　　50 F

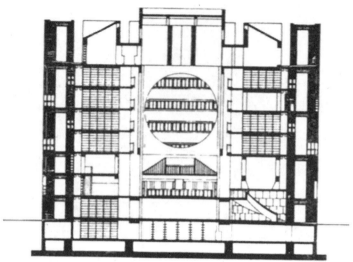

剖面图

图书馆外部全景

图书馆阅览区内景

26．以色列里捷夫大学中心图书馆

这是规模庞大的新的以色列里捷夫大学的中心图书馆。这所大学校园位于干旱地区,靠近贝尔谢巴平原。在这个平淡单调的地区,图书馆的建筑形式设计成为一种具有强烈雕塑感的实体。该建筑外露的混凝土墙所构成的形式,使人联想到它似一个宝藏知识的容器。为数众多的屋顶天窗,使北面光线漫射到上层的研究室和阅览区。这些采光的小屋顶都是根据钢筋混凝土壳体的原理建造的,而且外表面都是白色马赛克贴面,以与下部较粗糙的混凝土纹理相对比。这些采光小屋顶都支撑在钢梁上,使它的内部空间形式得到清晰的表现。

此图书馆可藏书 50 万册,能同时容纳 1000 名读者。读者由 2 层进馆,这一层位于采用天光的阅览室下方,都是小空间,供作行政办公、卡片目录室和借书处用房。第 1 层设有咖啡馆、机器房、汽车库和一个防空洞,它们面向低于地面的庭院开窗。从入口到各层的交通,借助于建筑物南面的两个塔中的楼梯。从外部看,这些垂直的体量与整个建筑物水平的体量形成强烈的对比。

阅览室约占整个建筑面积的一半,它被安排在踏步式的三个楼层中,踏步式的 3 层楼面随屋顶斜度后退。这个想法使得各层的研究室和阅览室能相互分隔,而且能给人一个大空间的感觉。图书则藏在各层后部开架的书架上,用书架来分隔布置,形成一个个阅览空间,以供各种科学研究之用。

图书馆外观

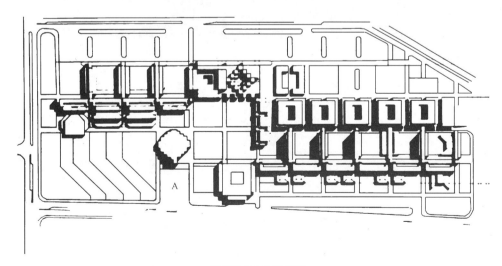

校园平面 A 为图书馆

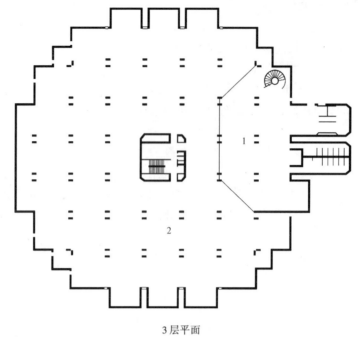

3层平面

阅览室内景

292

27．英国国家图书馆新馆

The British Library
建筑地点：英国　伦敦
建筑设计：科林·威尔逊（Colin St John Wilson）
设计/建成：1975 年/1997 年
建筑面积：约 200000m²

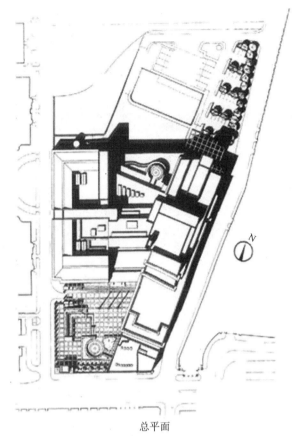

总平面

现有藏书及各类资料 1.5 亿件的大英图书馆是世界上最大的图书宝库之一。新馆位于伦敦市中心北部，由英国著名建筑师科林·威尔逊主持设计，从 70 年代开始设计，到 80 年代动工兴建，历经 20 多年精心营建完成。

这座新馆占地约 8hm²，基地呈梯形。总平面布局简明，入口大门设在东南角。建筑整体外形丰富，高耸的方形钟塔点缀出伦敦北部的新天际线。为了考虑与东面紧邻的哥特复兴式的圣潘克拉斯车站和大北旅馆的建筑风格相协调，外墙饰以大量暗红色清水砖墙面。灰色平缓斜坡屋面和绿色装饰性窗廊形成的横向线条又与附近建筑形成对比。面向街道多为封闭墙面，以尽量减少交通和噪音废气的影响。总面积约为 20 万 m² 的建筑主体平面呈 L 型，西翼为人文馆部，收藏各类书籍、手稿、地图和音像资料。东翼设科学馆部，收藏科技及专利文献和行政管理办公室部分。两翼交汇中点是入口门厅，具有中央大厅功能。台阶上部中央是著名的"国画书库"，为四面玻璃的方柱形，是 6 万册珍本书展室。大厅另侧是为参观者及读者服务的信息中心，大厅可通向北部的会议中心、展室、书店和餐馆。

全馆共有 11 个大阅览室，白色弧形顶棚反射着自然天光，显得宁静柔和。室内装修简洁高雅，施工精良。书架桌椅家具设计制造讲究实用。全馆设有无障碍通道，为残疾人使用的厕卫电梯等设备齐全。主要藏书书库全部放在 3 层地下室。活动式的机械钢书架长达 30 万 m，全部采用电脑检索，自动化设备先进。

图书馆建筑外观之一

293

图书馆外观之二

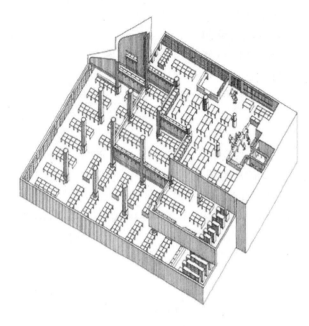

内部空间剖示图

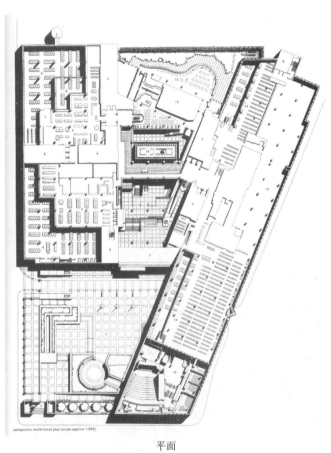

平面

图书馆内景

图书馆前广场

阅览区内景

中庭内景

交通空间

28. 英国泰晤士河谷大学学术信息中心

建筑地点:英国　斯诺
建筑设计:理查德·罗杰斯
设计/建成:1993年/1996年
建筑面积:3500m²

这是一座新型意义上的图书馆——信息中心,其存储的信息有多种形式:书籍、光盘和录像带。建筑位于校园的中心位置,总体布局显示出对现有景观的充分利用和与周围建筑的呼应,建筑师还规划了未来的扩建位置。

建筑的外形分成两个截然不同的体块,一个是3层混凝土结构的信息仓库,对比之下,另一部分则是轻型的曲面屋盖。在曲面屋盖下是单层和半层的公共使用区,南面屋盖凸出形成入口的雨篷。

建筑内部主要靠自然通风,然而考虑到有限的抗寒能力,额外还有空调系统。选用的材料简单而活泼,尽量是自然材料,从而使维护的费用降到最低。

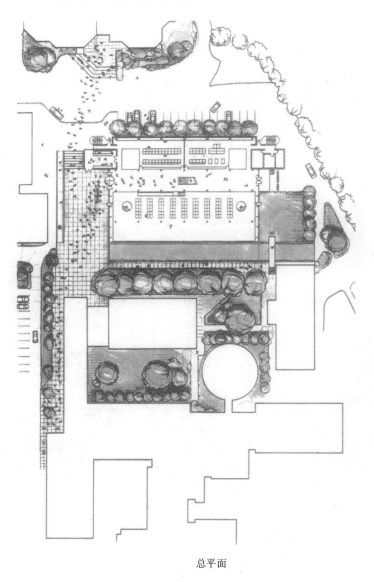

总平面

概念性设计草图

图书馆夜景外观

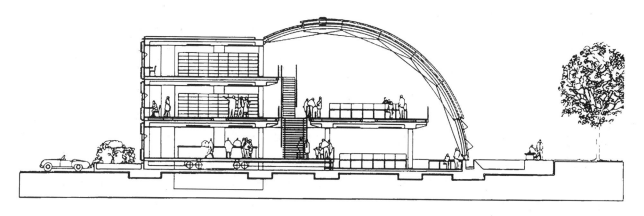

剖面

阅览室内景

29. 法国国家图书馆新馆（French National Library）

建筑地点：法国　巴黎
建筑设计：D·贝鲁尔联合设计公司（Dominique Perrault）
设计/建成：1989 年/1995 年
建筑面积：350000m²

　　法国国立图书馆是密特朗总统最后一个，也是最重要的一个大工程。它位于巴黎东郊，在 13 区"工业荒地"的中心，也是一片处于变动之中的地区。1980 年，巴黎市市长希望加强巴黎市东郊的建设，使城市东、西两部分平衡发展，这一主导思想促成了法国国立图书馆选址于此。

　　法国国家图书馆位于塞纳河畔，占地约 7hm²，其中大部分地区原为巴黎 Austerlitz 火车站的火车停车道，原有环境并不是很理想。此设计采用 4 幢塔楼藏书，并将其对称布置，中间围合成一个下沉式的中心花园。花园占地 10782m²，其中种植 250 棵大树。塔楼高度最初定为 100m，后来根据一些藏书专家的意见，降至 80m。图书馆中可藏书 1200 万册，设有 3500 个座位。下沉的中心花园处于图书馆的地下层水平位置，四周是层高 13m 的阅览室，这种高与低的空间安排，给人一种与常见到的现代建筑的内部布局不同的空间感。它的室内空间，由于在空间比例尺度、虚实空间关系等方面的精心设计，给人以出乎意料的舒适感。这项设计也采用了许多新型材料，如多种不同的金属编织网，用于外部与内部的墙面、顶棚……。

　　根据 D·贝鲁尔的构想，由多树的中心花园隐喻伊甸园——知识与罪恶之源。他也提出，中心花园置于建筑水平面的安排，使得此建筑与极少改变建筑的地形外貌的现代派建筑设计有着明确的、本质的区别。图书馆是巴黎东郊新区的"萌芽"，是这个新区心脏的奠基石。它有宽大的步行广场，朝向塞纳河的平台，设计者的宗旨是设计一个没有"墙"，没有"围栏"，没有界线，直接向城市各方向开放的建筑物。

　　图书馆是向所有人开放的空间，内有游人漫步的广场，还有为读者提供较私密的空间——花园。这个花园位于图书馆的中央，镶嵌在广场中心，它是真正的巴黎大区森林的一部分，整个建筑都是围绕着这个自然空间组织建设的。

新馆及其城市环境

图书馆外景

阅览区内景

图书馆中心花园

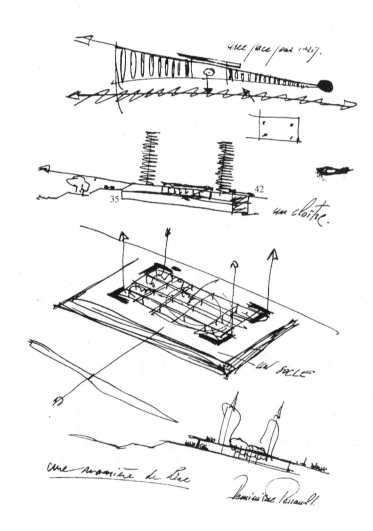

设计草图

远视法国国家新图书馆

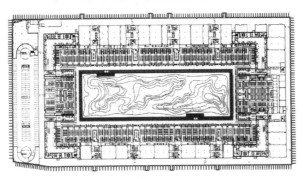

农园平面图

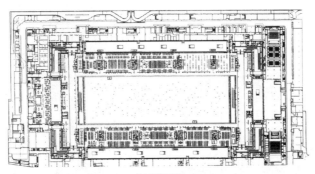

入口平面图

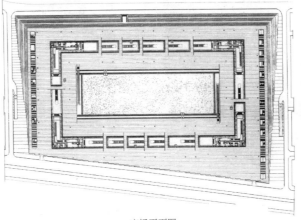

广场平面图

总平面

图书馆内景

图书馆外观

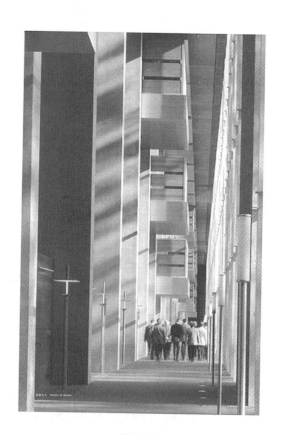

通道内景

30.法国国家图书馆新馆方案

建筑地点:法国 巴黎

建筑设计:理查德·迈耶(Richard Meier)

设计时间:1989年

建筑面积:约 350000m²

迈耶称这座建筑是解读城市的结果,主要体现在以下几个方面:首先,建筑的办公部分被置于一个高耸的塔楼中,成为巴黎天际线的一部分,也展示了这个图书馆的存在与位置;其次,建筑形体与紧邻的塞纳河相呼应,并充分考虑到对岸视点的景观效果;其三,建筑西立面大面积开窗,与城市的历史景观相联系。

设计方案模型

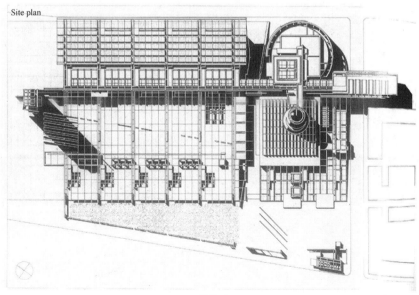

总平面

区位

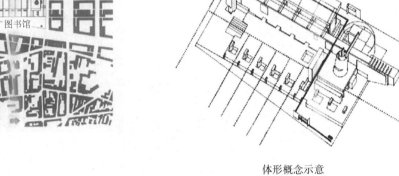

体形概念示意

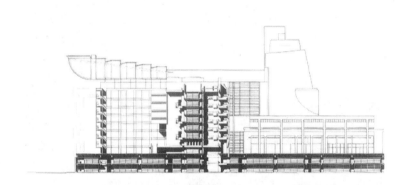

立面

全景

31．法国奥尔良图书馆

建筑地点：法国　奥尔良市
建筑设计：P·杜伯瑟　D·李镛
设计/建成：1991 年/1994 年
建筑面积：8000m²

建筑外观

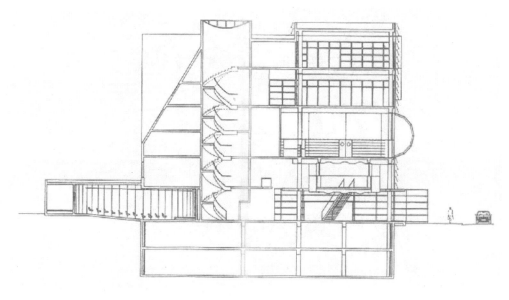

剖面

图书馆位于奥尔良老城区的边缘地带,它与一条干道的建筑红线拉齐,同时又是另一道路的对景。设计方案试图给人以这样的启示,即图书馆是人们前来寻找开拓知识的场所。建筑师创造出一种循序渐进的空间,以隐喻从一个领域的知识导出另一个领域的知识。以思维的发展与建筑的路径相吻合的原则,采用简单的手法(如对称法,色彩等)分别处理。每个功能空间(如出借处、阅览室、期刊室、咖啡厅等)各具特色。

结构细部

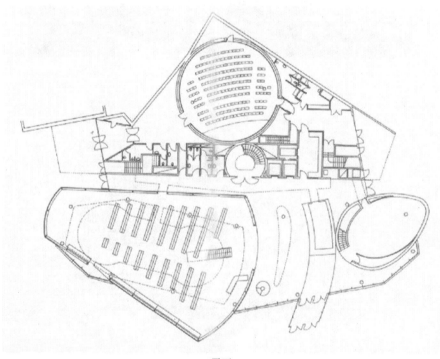

平面

外立面细部 内景

32. 荷兰阿迈勒公共图书馆（Almelo Public Library）

建筑地点：荷兰　阿迈勒
建筑设计：Mecanoo 事务所
设计/建成：1992 年/1994 年

市政府选择的新公共图书馆建设用地正对市政厅，这是"风格派"建筑师伍德的最后一个作品。这里复杂的城市文脉与业主提出的许多要求对于建筑师来说是一个有意义的挑战。

设计一个公共图书馆就必然面对一些矛盾，如一方面它必须是开放的、欢迎市民光临的，另一方面又必须确保书籍的安全。这种双重性成为设计的一个重要的出发点。

这个工程包括了多项不同的内容，如即时更新的信息中心、阅览咖啡座、地方广播收听室、阅览角与书库。这个工程的核心在于把三个不同的方面——一个复杂的城市区位、复杂的功能计划与特殊的空间要求结合起来。

这幢建筑包括两个体量，被一个开放的狭长空间隔开。中间以几部交错的楼梯相联系，如同登船的跳板，将不同的层高联系起来，使空间更具活力。建筑底层立面为大面积玻璃，开放通透，与上面封闭的氧化铜板外墙形成虚实对比，3 层体量退后。为了与街道的界面相适应，建筑一侧为曲面。屋顶为镀锌板坡屋面，与伍德的市政厅相呼应，产生了一个现代的对话。

入口处外观

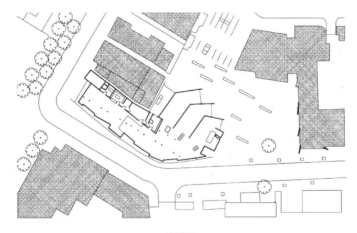

总平面

外观——通透玻璃与铜板外样对比

入口及入口广场

内景——交错的楼梯空间连接不同层高的阅览室

内景——入口与通廊

311

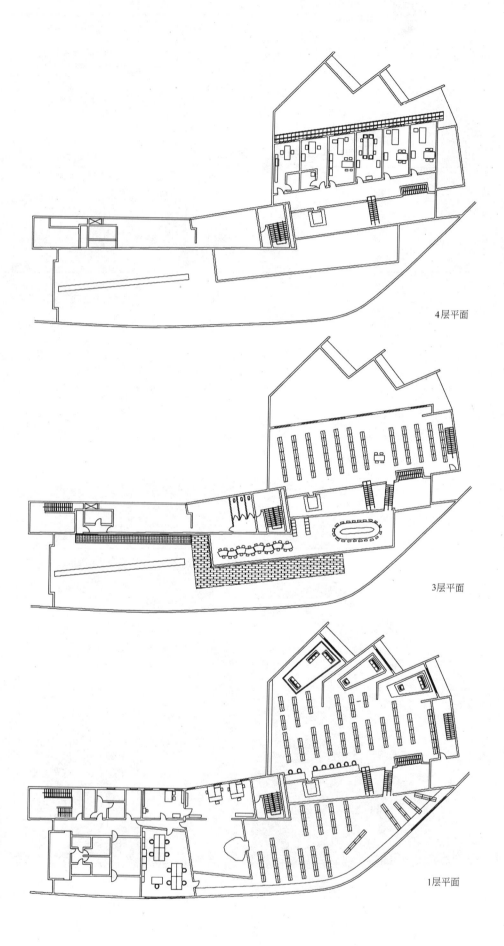

4层平面

3层平面

1层平面

33．荷兰代尔夫特技术大学图书馆

建筑地点：荷兰　代尔夫特
建筑设计：Mecanoo 事务所
建成时间：1997 年
建筑面积：15000m²

代尔夫特技术大学由一系列巨大的单幢建筑组成，这些建筑中最具代表性的是"粗野主义"风格的学校礼堂。图书馆的基地紧邻礼堂，如何与之协调成为一个棘手的问题。Mecanoo 事务所通过创造一种从外观上看来根本不像建筑的结构解决了这一问题。

图书馆的屋顶形成一个缓缓的斜坡，与地面相连，并覆以草皮，人们可以在上面休憩，使礼堂前保持一个开敞的空间。建筑内部通透，中间是一个圆锥体伸出植草屋面又插入地下，圆锥体内部是环形的阅览空间，日光从核心的圆锥体贯穿空间直泻而下。整个建筑充满了生态的、技术的特征。

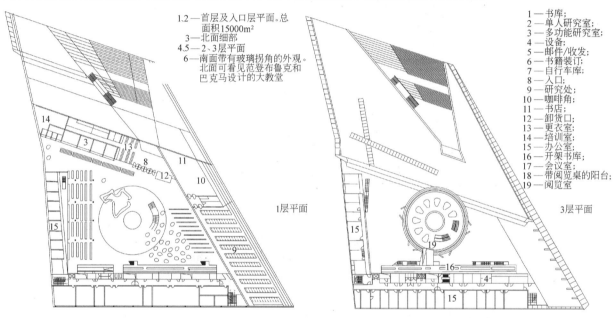

1.2—首层及入口层平面。总
　　面积15000m²
3—北面细部
4.5—2、3层平面
6—南面带有玻璃拐角的外观。
　北面可看见范登布鲁克和
　巴克马设计的大教堂

1层平面

3层平面

1—书库；
2—单人研究室；
3—多功能研究室；
4—设备；
5—邮件/收发；
6—书籍装订；
7—自行车库；
8—入口；
9—研究处；
10—咖啡角；
11—书店；
12—卸货口；
13—更衣室；
14—培训室；
15—办公室；
16—开架书库；
17—会议室；
18—带阅览桌的阳台；
19—阅览室

缓缓斜坡覆以草皮，伸出植草屋面的圆锥体的独特的图书馆造型

北面的礼堂和与地面相连的斜坡面图书馆

插入地下,伸出植草屋面的圆锥体内
景——内部是环形阅览空间

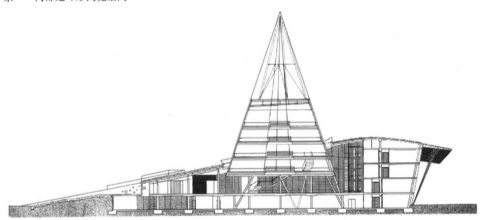

剖面

插入地下的圆锥体下部空间内景

34. 美国凤凰城中央图书馆

Phoenix Central Library
建筑地点：美国　亚利桑那州　凤凰城
建筑设计：Bruder DWL Architects
设计/建成：1992 年/1995 年
建筑面积：280000 平方英尺❶

外观细部

图书馆位于凤凰城中央大街上，体量完整，充满了技术特征，从设计上显示了对未来的自信。建筑师强调从功能上保持一定的空间灵活性，以适应作为城市的中央图书馆到 2040 年，甚至更远的要求。

建筑共 5 层，平面为矩形，柱网是根据图书馆书架模数设计的正交网格。辅助设施集中在东西两侧，包括楼梯、服务电梯、设备管井、侧面结构体系，使中间的阅览空间布置充分自由。阅览空间中部为一贯穿空间，建筑师称之为"水晶峡谷"。内设三部电梯，一部楼梯，全部由钢和玻璃制成，光影变化丰富，极具结构特征。贯穿空间顶部是 9 个由计算机控制的圆形天窗，读者在室内就可以感受到从黎明到黄昏。图书馆整个顶层是一个大的公共阅览室，层高较高，具有传统阅览室的空间感受。室内屋顶直接暴露的独特拉杆结构与精心组织的自然顶光相结合，别具特色。

建筑东西立面主要是厚波纹铜板与平板铜板，将两侧的辅助设施包裹起来。铜板表面的铜锈色类似于紫金色，使人不禁想起亚利桑那州的地理奇观——大峡谷的色彩。入口上空为不锈钢钢板反射着的天空变幻的色彩。南立面为 100% 的玻璃与自动调节的遮阳装置，以减少热辐射和眩光，北立面采用了片状张拉膜，以消除夏日观景时强烈的眩光。

新的中央图书馆的创造性体现在成为美丽的沙漠地带城市景观的焦点。这幢建筑是一个城市的"试金石"，每平方英尺造价高达 100 美元，材料讲究，构造节点精美，是一幢能够成为将来典范的图书馆。

矩形外观——厚波纹铜板与平板铜板外墙面将两侧辅助设施包裹起来

---

❶　1 平方英尺 ≈ 0.09m²。

315

矩形高大阅览室间内景

全景

建筑物北面采用片状张拉膜消除眩光

从阅览区内看张拉膜及外景

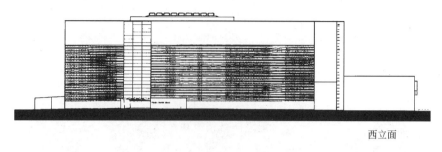

西立面

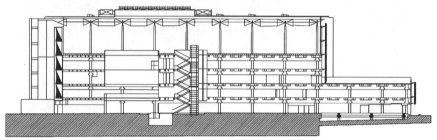

南北向剖面

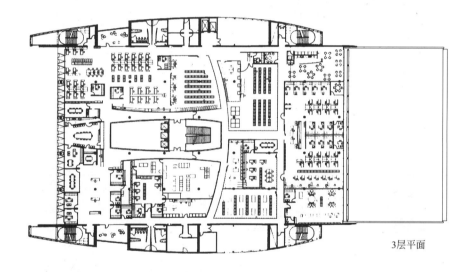

3层平面

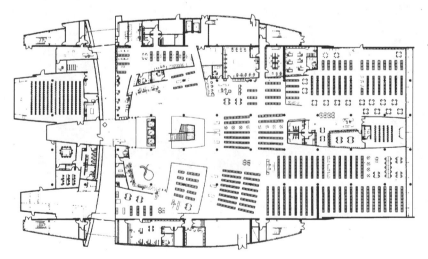

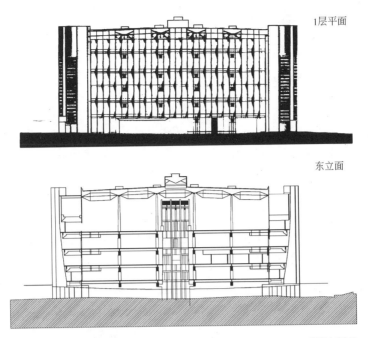

1层平面

东立面

东西向剖面

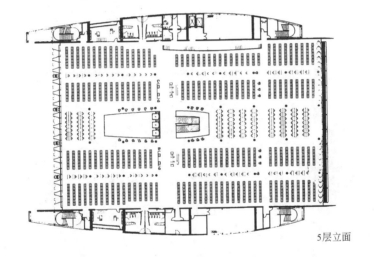

5层立面

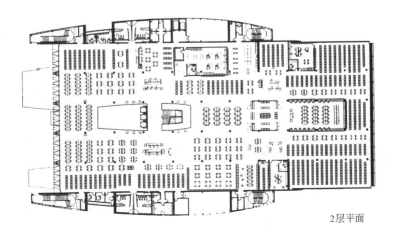

2层平面

35. 美国丹佛中央图书馆

Denver Central Library

建筑地点:美国　科罗拉多州　丹佛市

建筑设计:迈克尔·格雷夫斯(Michael Graves)

设计/建成:1991 年/1995 年

建筑面积:405000 平方英尺❶

丹佛中央图书馆老馆由著名的丹佛建筑师 Burnham Hoyt 于 1956 年设计。该项目包括面积为 405000 平方英尺的扩建部分,以及图书馆现存面积为 133,000 平方英尺的改建部分。Hyot 的旧楼保存完整无损,并保留了市民中央公园一面的图书馆主体形象。扩建部分在规模上大大超过了原有建筑,为旧楼的构图提供了一个背景,并完成了图书馆南至十三街的立面。扩建部分的尺度以及用色使原有石灰石建筑能保持其个性,且成为整个构图中的一部分。阿柯玛广场及百老汇大街两处新设立的入口处理为两个分开的塔楼,形成东西轴线贯穿建筑,并发展成大厅。

图书馆全景外观

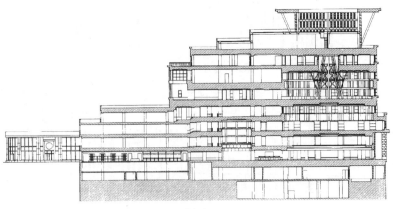

剖面

---

❶　1 平方英尺 ≈ 0.09m²。

阅览区内景

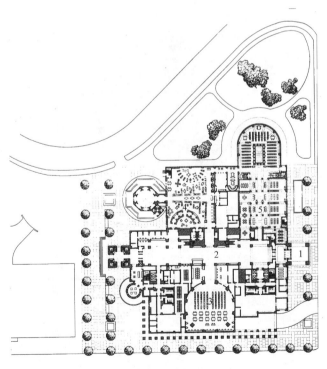

总平面及底层平面
1—大堂;2—大厅;3—参考阅览室;4—儿童阅览室;5—成人阅览室

环形阅览厅

纵长大厅内景

环形阅览塔楼外观

322

36. 德国明斯特公共图书馆

Munster Public Library

建筑地点:德国　明斯特
建筑设计:Bolles + Wilson
设计/建成:1987 年/1993 年
建筑面积:9751m^2

　　图书馆坐落于市中心,分为两个体量,中间以一玻璃桥相连,建筑师将之比作威尼斯的叹息桥。站在入口,透过玻璃桥可以看到这座城市的一座具有历史意义的教堂。约 20 万本书和一批多媒体资料存放于这座图书馆和它的"信息超市"中,这个图书馆实际上已成为一幢明斯特建城 1200 周年的纪念建筑。

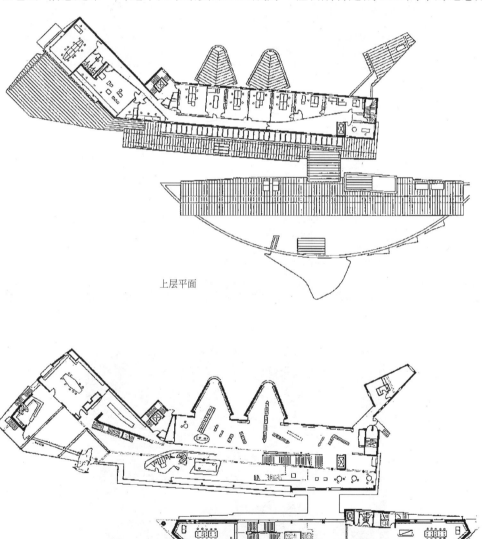

上层平面

底层平面

内景

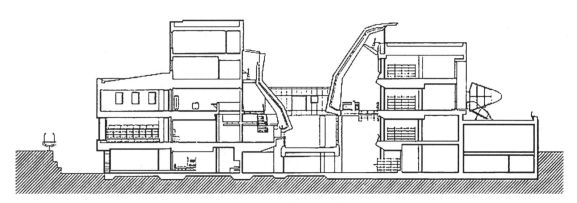

剖面

外观全景之一

324

37．日本横滨市中央图书馆

建筑地点：日本　神奈川县　横滨市
建筑设计：前川建筑设计事务所
建成时间：1994年
建筑面积：24520m²

　　图书馆位于通向野毛山公园的道路一侧，因此设计的主导思想是在总体布局上与公园呼应，使图书馆更加亲切宜人。建筑入口架空，形成一个穿越式广场，充分利用自然景观，并使城市空间与自然景观相互渗透。为了与基地不规则形状相适应，建筑以六边形为母题，采用了三角形柱网。

西南侧外观

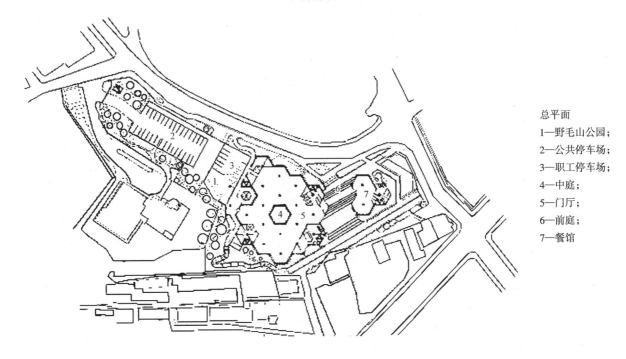

总平面
1—野毛山公园；
2—公共停车场；
3—职工停车场；
4—中庭；
5—门厅；
6—前庭；
7—餐馆

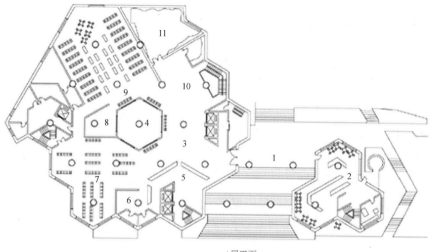

1层平面

1 — 入口；
2 — 餐馆；
3 — 门厅；
4 — 中庭；
5 — 信息服务中心；
6 — 盲人阅览室；
7 — 儿童阅览室；
8 — 青年读物；
9 — 文艺阅览室；
10 — 展览大厅；
11 — 共享空间

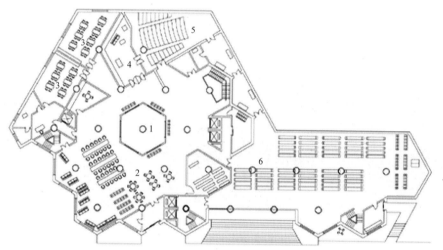

地下室1层平面

1 — 中庭；
2 — 视听阅览室；
3 — 学习室；
4 — 休息室；
5 — 讲演厅；
6 — 书库

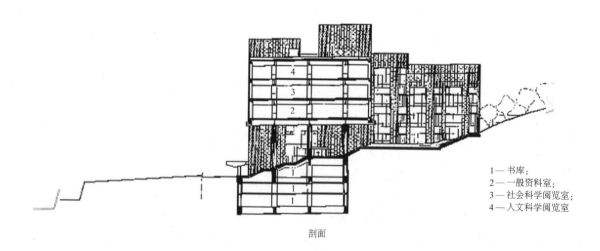

剖面

1 — 书库；
2 — 一般资料室；
3 — 社会科学阅览室；
4 — 人文科学阅览室

东侧外观

东侧外观

38.日本湖东图书馆

建筑地点:日本　滋贺县　湖东
建筑设计:鬼头梓建筑设计事务所
建成时间:1993 年
建筑面积:1733m²

　　湖东是一个人口不到 1 万人的小镇,图书馆位于其美丽的乡村自然景色之中。建筑规模很小,主要部分为坡屋顶,从建筑造型到细部设计、室内装饰、家具设计都反应了浓郁的乡土特色。这个图书馆的建成是根据当时的居民投票决定的,并为此专门成立了一个筹备委员会,整个建设过程都在其监督下完成。图书馆开放以来,已经充分融入居民的生活中,正如它已经融入美丽的自然景色之中,这也是设计者最大的希望。

正面外观

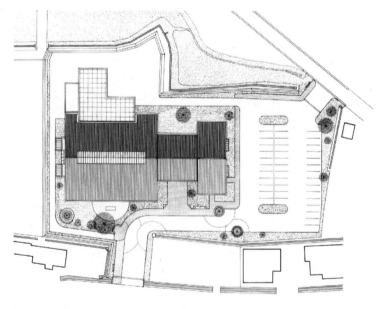

总平面

剖面

入口外观

全景

329

39．日本惠庭市立图书馆

建造地点：日本北海道惠庭市
建筑设计：日本北海道日建设计
建筑面积：2615m²
建筑时间：1992 年 3 月

惠庭市立图书馆是该市及该地区的中心图书馆。它是充分开架式的图书馆,特别关注图书馆直接光线的设计及无障碍设计,室内没有踏步,轮椅可自由通行,图书馆设计充分考虑了读者要求和建议。该馆服务人口 62000 人,开架书和闭架书各 70000 册,图书馆用地 9520m²,阅览席位 72 个,地上 2 层。

西侧外观

从后庭看图书馆南侧外观

通向入口的步行廊

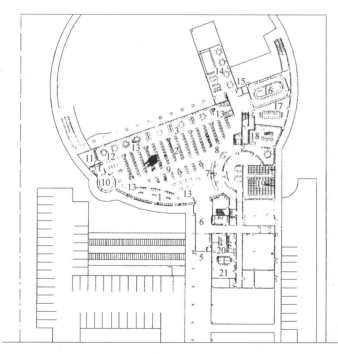

1层平面

1—休息厅;2—阅览室;3—普通阅览室;4—屋顶平台;5—主要入口;6—主要入口大厅;7—咨询台;8—普通阅览室;9—儿童阅览室;10—休息室;11—游戏室;12—儿童读书室;13—视听室;14—休息室;15—次要入口;16—会议室;17—会议室;18—研究资料室;19—闭架书库;20—休息室;21—活动室;22—底层上空;23—陈列廊;24—视听室;25—反映室;26—计算机房;27—办公室

1层休息室　　　　　　　　　　　　　　2层美术画廊

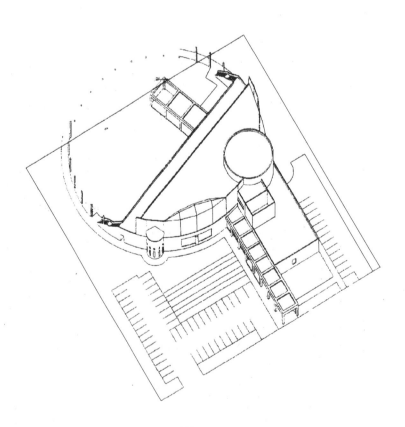

轴侧图

儿童阅览室阅览桌椅 1 层开架阅览室

信息服务台 休息室

40.日本早稻田大学综合学术信息中心

建筑地点:日本　东京都新宿区
建筑设计:日建设计
建成时间:1990 年
建筑面积:34162m²

作为新的中心图书馆,综合学术信息中心的建立也是为了纪念早稻田大学创立一百周年。建筑地上5 层,地下3 层。建筑师在满足功能的基础上,尽量压低建筑高度,以服从于环境。馆内开架藏书156.8 万册,闭架藏书43.2 万册,共有阅览座1887 座。地下3 层为研究书库,四周设3 层墙体以解决防潮问题。1层为管理用房和地下书库的阅览室。图书馆入口设在2 层,2、3 层为普通书库和阅览室,4 层为缮本书库及阅览视听设施。

东侧全景

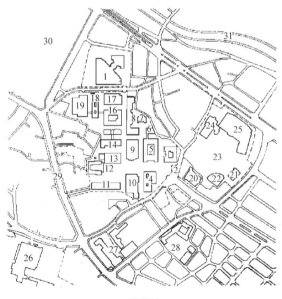

总平面

1—信息中心;2—正门;3—社会科学部1 号楼;4—高田图书馆;5—政治经济学部3 号楼;6—政治经济学部4 号楼;7—戏剧博物馆5 号楼;8—国际部6 号楼;9—语言教育研究所7 号楼;10—法学部8 号楼;11—法学部商学部研究室9号楼;12—普通教室10 号楼;13—商学部11 号楼;14—商学部12 号楼;15—公用教室13 号楼;16—社会科学部14 号楼;17—公用教室15 号楼;18—教育学部16 号楼;19—体育部17 号楼;20—讲堂21 号楼;21—信息科学研究教育24 号楼;22—花园住宅楼25 号楼;23—庭园;24—会馆;25—宾馆;26—文学部;27—早稻田中学;28—早稻田实业高校;29—早稻田街;30—甘泉园公园;31—神田河

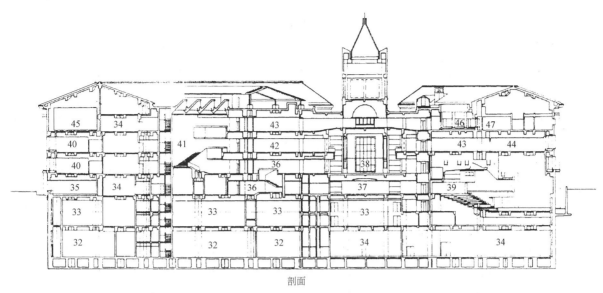

剖面

地下2层平面

32—仓库;33—研究书库;34—机械室;35—学术信息事务室;36—交通空间;37——层门厅;38—二层门厅;
39—礼堂;40—阅览室;41—共享空间;42—新闻杂志部;43—门厅;44—会议室;45—珍藏书库;46—光庭;
47—讨论室;48—个人阅览间

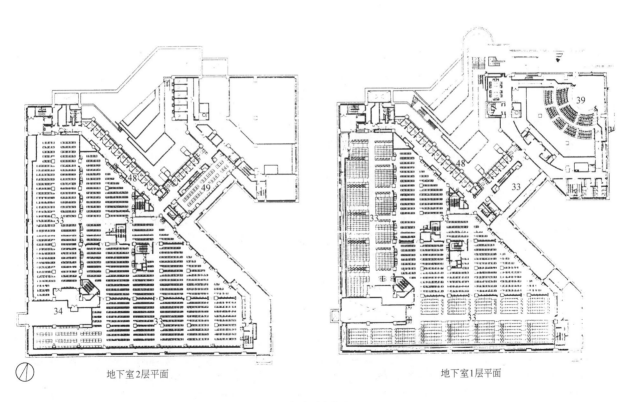

地下室2层平面   地下室1层平面

地下1层平面

49—大开本书库;50—图书馆;51—服务院子;52—国内图书办公室;53—馆员休息室;54—研究书库;55—研究书库;56—研究书库阅览室;
57—研究书库休憩室;58—研修室;59—馆长室;60—图书馆办公室;61—防灾控制室;62—教职工休息室;63 来宾室

335

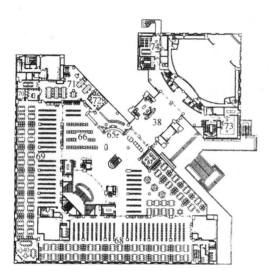

2层平面

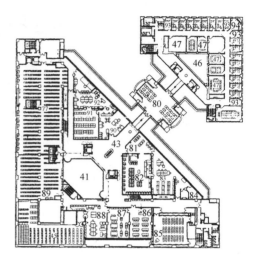

4层平面

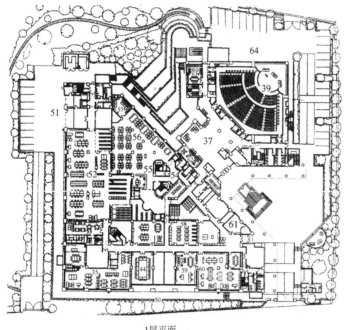

1层平面

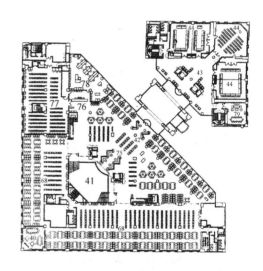

3层平面

64—国际会议中心;65—综合信息处;66—目录处;67—休息室;68—一般图书收藏;69—参考图书收藏;70—阅览室;71—综合阅览部事务室;72—情报检索室;73—展览室;74—茶室;75—借书厅;76—期刊室;77—书库;78—期刊部办公室;79—市岛纪念会议室;80—图书馆休息室;81—视听目录室;82—视听阅览室;83—影像资料部办公室;84—视听资料编集室;85—视听厅;86—讲演厅;87—特种资料阅览室;88—特种资料室;89—古书资料室;90—缩微资料阅览室;91—缩微资料库;92—影像资料部办公室;93—研究室;94—休息室

入口

1层礼堂内景

图书馆 2 层入口大厅内景

2 层上的大楼梯交通空间内景

338

41．日本水户市立西部图书馆

建筑地点：日本　水户市
建筑设计：新居千秋都市建筑设计
建成时间：1992 年
建筑面积：3189m^2

这个图书馆的历史可以追溯至 17 世纪，一位慷慨的学术与艺术的赞助者创办了这座图书馆，并对外开放。走进图书馆，这里更像一个置于穹顶下的大客厅，四壁布满了书架，沙发随意地布置在书架边。中央大厅空间完整，颇具古典气质。

总体布局上，建筑集中布置，呈花瓣状，外设一圈椭圆形回廊，给读者提供了良好的室外阅读空间，并产生置身自然的感受。图书馆还提供了一个艺术画廊，一间休息室，一间视听室。

北侧远景

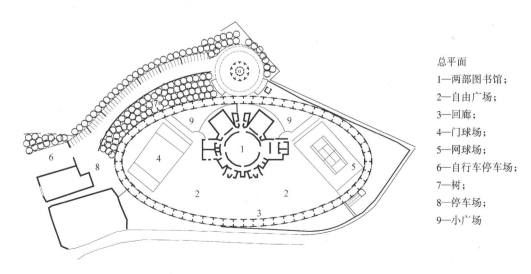

总平面
1—两部图书馆；
2—自由广场；
3—回廊；
4—门球场；
5—网球场；
6—自行车停车场；
7—树；
8—停车场；
9—小广场

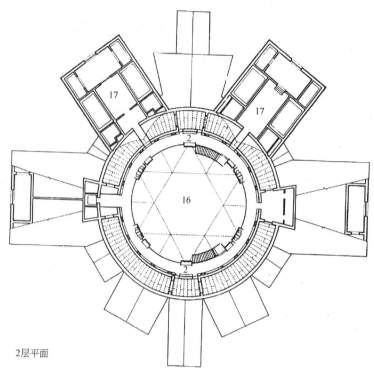

2层平面

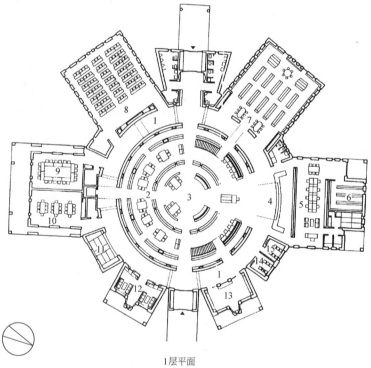

1—展览室;
2—普通阅览室;
3—青年读者阅览室;
4—问讯处;
5—办公室;
6—闭架书库;
7—儿童阅览室;
8—视听阅览室;
9—会议室;
10—创作室;
11—休息室;
12—报刊阅览室;
13—讲故事室;
14—朗读室;
15—录音室;
16—吹拔;
17—机械室

1层平面

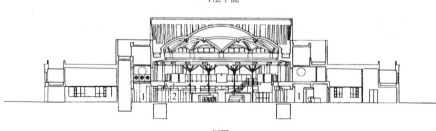

剖面

340

回廊

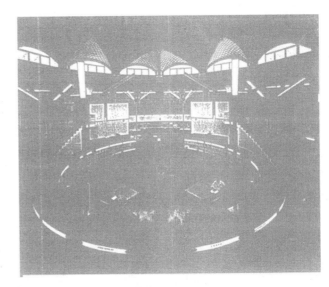

普通开架阅览室

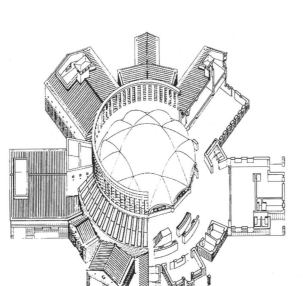

轴尺图

从回廊内视北侧外观

东北侧外观

42．日本丰之国资源图书馆

建筑地点：日本　大分市
建筑设计：矶崎新
建成时间：1995 年
建筑面积：23002m²

图书馆包括县立图书馆、公共档案馆、先哲史料馆三部分。三部分相对独立而又有机的接合在一起。县立图书馆书库是一个巨大的开放空间，面积达 4500m²，这是一个连续的三维框架，内部设有隔墙，内有开架藏书 30 万册和 300 个阅览座。这个大空间具有极大的灵活性，能够适应作为公共图书馆不断变化的功能要求。

南侧远景夜景

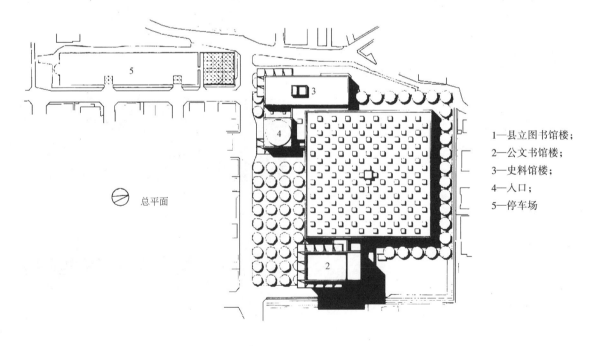

总平面

1—县立图书馆楼；
2—公文书馆楼；
3—史料馆楼；
4—入口；
5—停车场

342

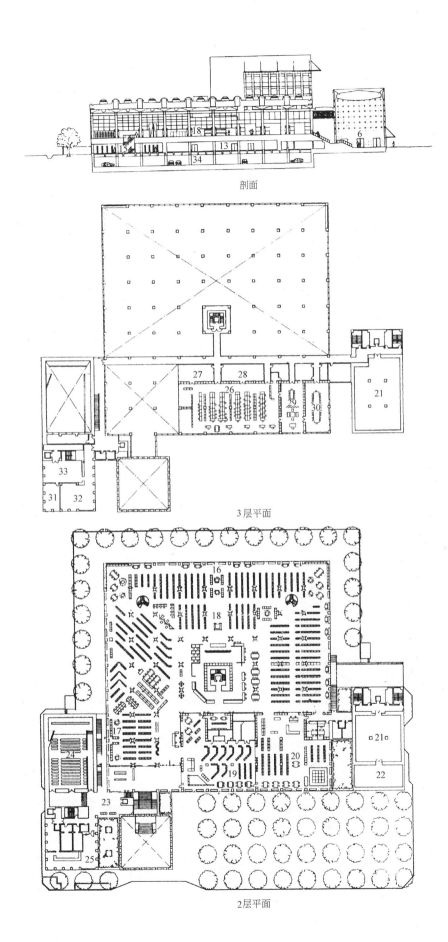

剖面

3层平面

2层平面

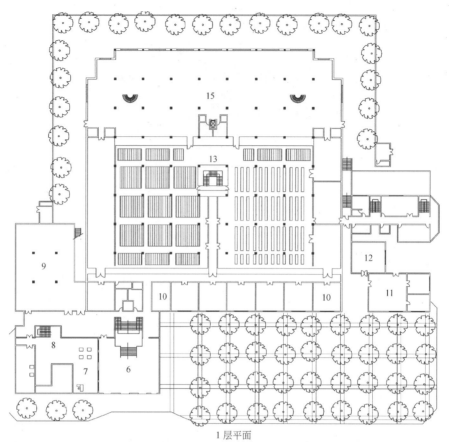

1 层平面

6—入口大堂；7—门厅；8—问讯台；9—史料展览室；10—研修室；11—公文书馆办公室；12—公文书馆阅览室；13—闭架书库；14—学习室；15—开架书库；16—视听休息室；17—借书处；18—开架阅览室；19—闭架阅览室；20—乡土资料开架；21—公文书馆书库阅览室；22—公文书馆珍藏库；23—休息室；24—视听厅；25—茶室；26—办公室；27—资料室；28—计算机房；29—馆长室；30—会议室；31—史料馆馆长室；32—史料馆阅览室；33—史料馆研究室；34—地下停车场

东立面外观

从广场看入口大堂东立面

内景

从广场看公文书馆

43．日本新居滨市立别子铜山纪念图书馆

建筑地点：日本爱媛县新居滨市
建筑设计：日本日建设计
建筑时间：1992 年 3 月
建筑面积：3098m²

别子钢山纪念图书馆是为纪念别子钢山开采 300 周年而建,是由日本住友等 21 家公司捐赠给新居滨市建设的。为了表现建筑的特点(integrity),阅览室和多功能厅均采用了椭圆形平面和圆拱屋顶,各种功能用房围绕中心矩形庭院布置,庭园中设有喷泉。该中心庭院空间就供附近居民开展纪念活动之地,采用柱廊和悬排的大沿口产生大面积的阴影,创造一个公共空间的氛围。该馆地上 2 层,地下 1 层,占地 13390m²。

东南侧鸟瞰透视

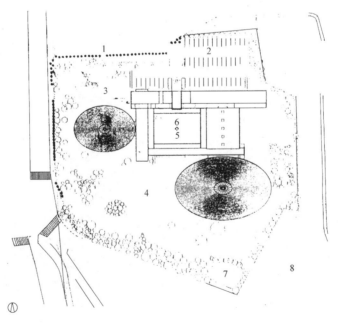

总平面
1—车道;2—停车场;3—西庭;4—南庭;5—中庭;
6—喷泉;7—自行车停车场;8—水池;

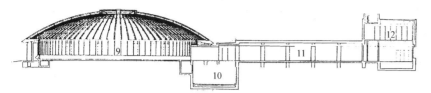

9—阅览室；
10—空调设备房；
11—廊下；
12—书库；

南北剖面

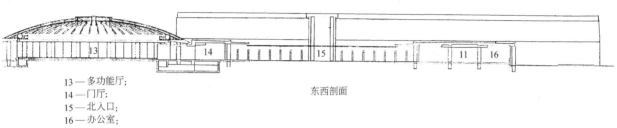

13—多功能厅；
14—门厅；
15—北入口；
16—办公室；

东西剖面

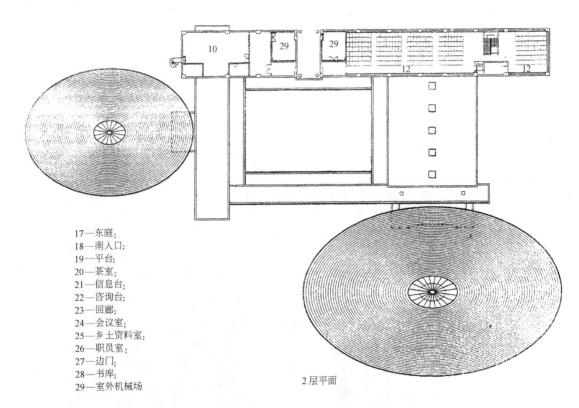

17—东庭；
18—南入口；
19—平台；
20—茶室；
21—信息台；
22—咨询台；
23—回廊；
24—会议室；
25—乡土资料室；
26—职员室；
27—边门；
28—书库；
29—室外机械场

2层平面

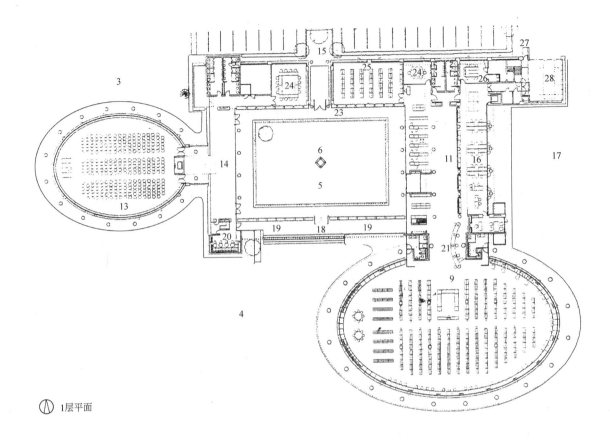

3

15

27

24

25

24

26

28

23

14

6

5

11

16

17

13

19

18

19

4

20

9

21

开架阅览室延边阅览区

1层平面

开架阅览室内开架书库

东南侧外观

从南庭看中庭

44. 韩国汉南大学信息中心

Hannan University Library
建筑地点:韩国 大田
建筑设计:白熙和 洪盛杰
(Byun, Hee – hyub + Hong, Soon – jae CEMONG Architects & Engineers, Inc.)
建筑面积:18,574m²

　　建筑师提出从混沌中寻找秩序,追求一种自然的粗犷。建筑分为两个部分,一侧为两个不同大小的报告厅,另一侧为信息中心的主体部分,中间形成一个穿过式的灰空间,作为入口的过渡。整个建筑置于一个三角形的大屋顶下,以达到统一而有序的效果。建筑师在传统图书馆建筑的基础上,提出了信息中心的概念,以满足时代发展的要求。

主要入口立面外观

入口灰空间

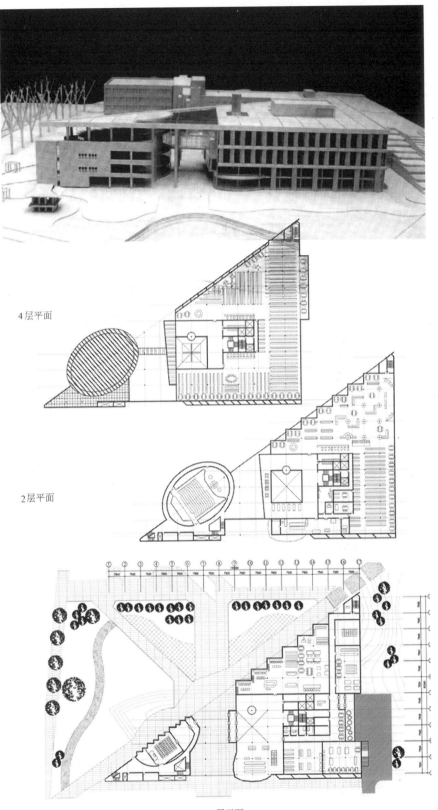

4层平面

2层平面

1层平面

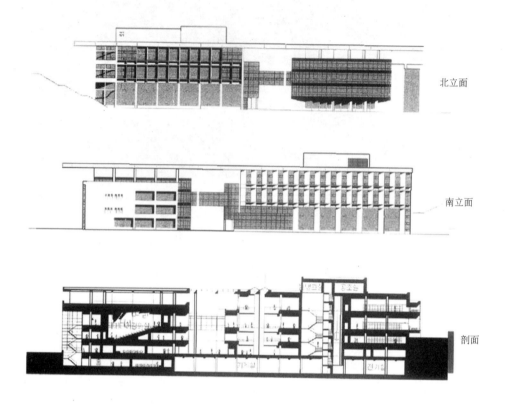

北立面

南立面

剖面

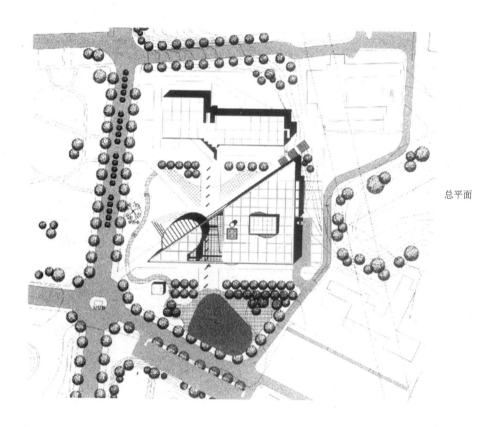

总平面

模型鸟瞰

352

45. 韩国首江达大学图书馆第三馆

（Loyala Lihrary Annex）

建筑地点　韩国　汉城

建筑设计　洪盛昆　金炳环

设计／建成　1995 年／1997 年

建筑面积　3735m²

新图书馆的基地位于老图书馆和另一幢校园建筑之间,西北面为一山地,基地非常狭小。为了形成良

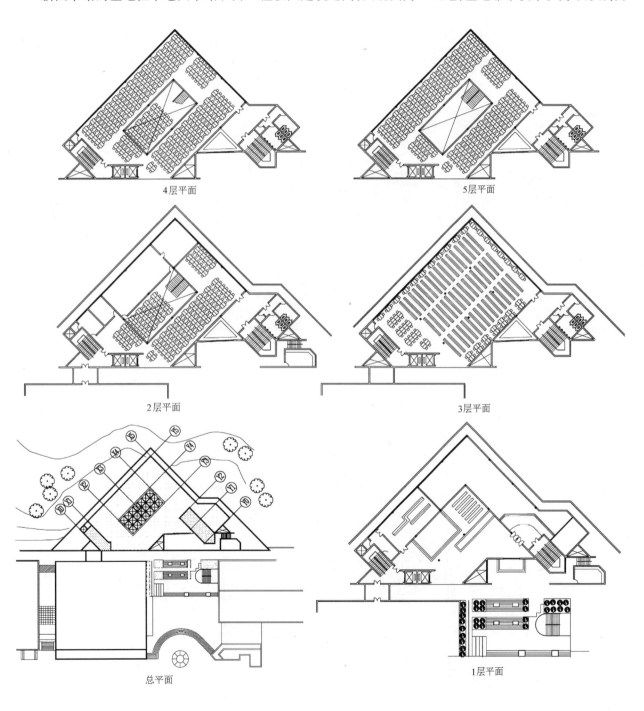

4层平面

5层平面

2层平面

3层平面

总平面

1层平面

353

好的外部空间,建筑师将新馆退后,置于山地上,入口处三幢建筑围合出一个小广场,这里往来的学生很多,已成为一个室外活动的中心。建筑的西立面和北立面大面积开窗,充分利用山景,形成了良好的观景效果。新馆依山而建,尽量减少对地貌的破坏,并通过楼梯间位置的合理布置,解决了高差问题。平面布局上,辅助设施集中置于两端,中间形成大空间,以适应灵活布置的要求,新馆2层、3层为开架书库,4层、5层为阅览室,4层、5层之间有一贯穿空间,阳光从天窗直泻而下,使阅览空间内部更富生气。

外观之一

外观之二

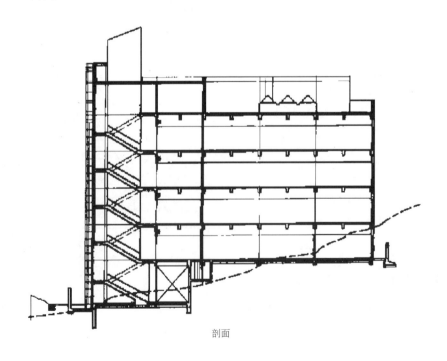
剖面

阅览室与共享大厅

46. 土库曼阿什哈巴德国家图书馆

建筑地点:土库曼斯坦　阿什哈巴德

建成时间:20 世纪 70 年代初

这个图书馆建于 20 世纪 70 年代初,位于土库曼斯坦首都阿什哈巴德的卡尔 马克斯广场的一端,成为首都的一个公共社会活动中心。

图书馆规模巨大,为 90mm×75mm 的矩形平面,中间开了几个内天井,建筑物共 3 层。第 1 层除了部分阅览室外,设有较多的公共活动用房,如陈列室、小型永久性的博物馆、休息室及青年阅览室等;目录厅、出纳台、咨询部、讲演厅置于 2 楼;阅览室、研究室及办公室等置于第 2 层和第 3 层。

中心书库采用人工照明和空气调节设备。

建筑物的立面造型很注意地方色彩,室内也采用一些马赛克的壁画装饰,并注意内部空间的完整统一。

鸟瞰

356

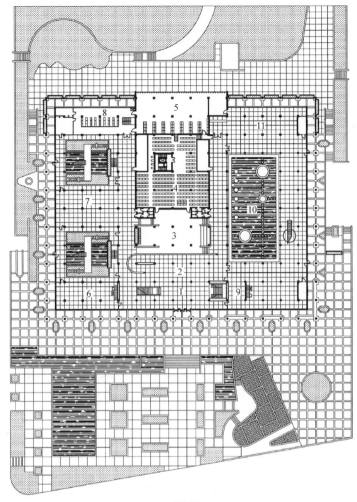

1层平面

1—门厅;2—展览兼休息厅;3—博物馆;4—书库;5—加工服务目录部;6—期刊
阅览;7—青年图书阅览室;8—装订部;9—工作间;10—内院;11—艺术图书部

局部外观

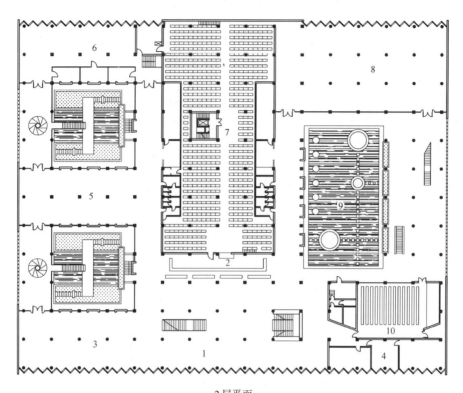

2层平面
1—目录;2—出纳;3—咨询;4—办公室;5—阅览室;6—科学图书馆学部;
7—书库;8—地方杂志阅览;9—内院;10—观众厅

门厅

47．美国威士敦村公共图书馆

建筑地点：美国 康涅狄格州 威士敦村

图书馆是为 4500 左右村民服务，拥有图书 12000 册，设有儿童及成人阅览席位 40 个。

图书馆设儿童阅览室和成人阅览室。成人阅览室包括四部分：参考区、年青阅览室、小说阅览室及其他文艺作品阅览区。它们之间彼此都是用不同高度的书架来分隔的。仅儿童阅览室采用了玻璃隔墙，高915mm。

图书馆基本是一个大空间作阅览用，另有服务和工作房间，阅览室内部空间活泼有趣，内部空间都是用不同高度（2440～6100mm）的天花板来分隔的。外墙的凹凸处理形成了很多阅览凹室，给人以宁静之感。虽然如此，但管理员从管理台处仍能看到室内每一个角落。

图书馆共有六个坡屋顶，最高的一个屋顶是在管理台的上部。这种高低不同的坡顶提供了三面开设高侧窗的机会。由于窗子多，即使阴天，室内也不用开灯。

整个建筑物主要用木和石建造，采用胶合木架造屋顶，天然毛石墙及木玻璃窗，建筑物外貌富有乡村色彩。

入口外观

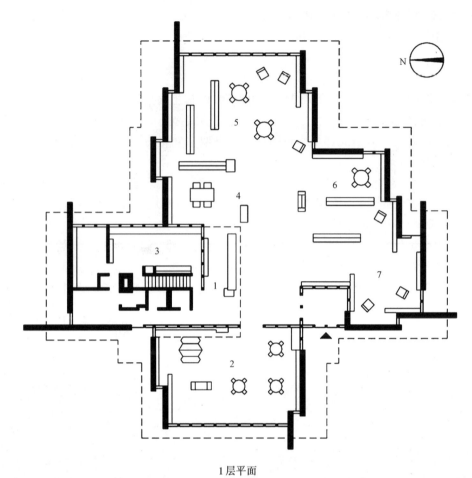

1层平面

1—管理;2—儿童阅览;3—工作室;4—参考室;5—成人阅览室;6—青年阅览室;7—文艺小说阅览室

48．德国波恩大学图书馆

建筑地点:德国 波恩

　　波恩大学图书馆建于 1960 年,东临莱茵河,西面靠近城市大道,根据城市特点及城市规划的要求,采用低层建筑的布局,临街一面为 3 层,临河一面为 1 层,另外地下有 3 层作书库。

　　主要入口设于地面层,与城市大道相接。读者主要使用部分,如入口门厅、目录厅、出纳台及阅览室均设于底层,以方便读者进出。各种辅助用房位于 3 层。

　　阅览室采用开敞的大空间,它与过厅、目录厅及出纳台的分隔都采用大玻璃隔断;阅览室内空间的划分也是用书架和玻璃隔断,均不用承重隔墙。这样不仅视线开阔,而且使用也更灵活、方便,便于管理人员照料看管。

　　阅览室中还开辟一个内部庭院,四周均为大片玻璃墙,与阅览室浑然一体,这样室内外的景色可以互相利用,以达到调节读者视力疲劳的效果。

　　书库设于阅览室之下,两者取垂直方向联系,上下传送方便,加之书库装设有水平传送带,直送出纳台,取书迅速,传送带离地面 1.8m。

沿街鸟瞰

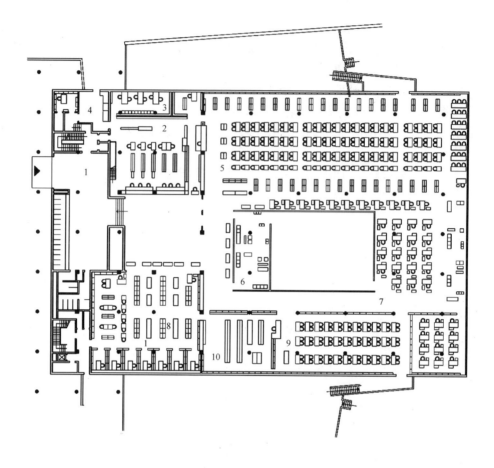

底层平面

1—入口大厅；2—借书厅；3、4—书籍处理；5—大阅览室168座；6—休息；
7—专门阅览室60座；8—教师阅览室；9—杂志；10—寄存

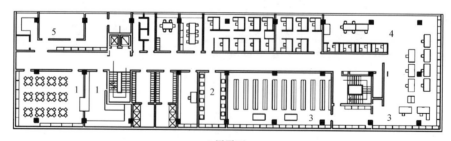

2层平面

1—食堂；2—微缩胶卷；3—手稿；4—音乐；5—看守人宿舍

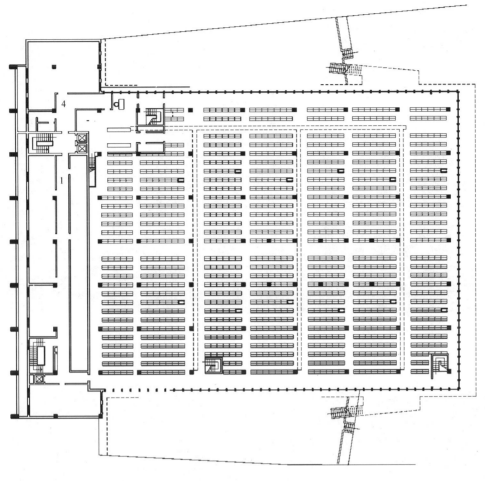

3层平面

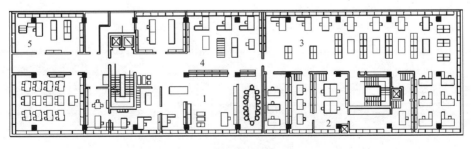

地下层平面
1—管理;2—卡片准备;3—目录管理;4—采购;5—交换

门厅内境

由借书厅望阅览室及庭院

沿河面外观

49．以色列国家图书馆

建筑地点：以色列 耶路撒冷

以色列国家图书馆建于 1959 年。它可藏书 200 万册，设置有各种读者阅览席 600 余座。图书馆位于大学主要道路旁，地势高起。

图书馆采用模数制的设计，方格形柱网，平面为矩形，2 层以上内开天井两个。

建筑空间采用垂直式的功能分区。建筑物共有 6 层，3 层在地上，3 层在地下。阅览室、研究室等设于上部，书库置于地下 3 层。门厅、陈列厅、出纳厅、检索室、采编工作室等置于首层。

阅览室以自然采光为主，除了大片玻璃侧窗外，尚开有天窗，致使阅览室内光线充足，室内采用空高设备。

主体外观

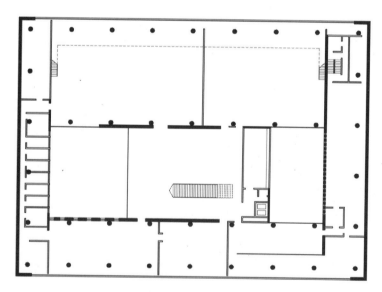

2 层平面

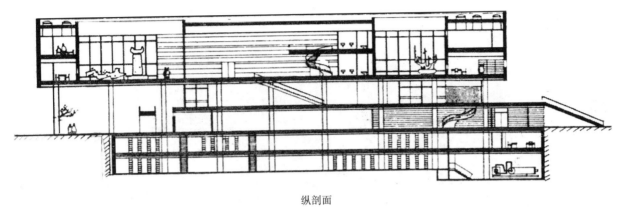

纵剖面

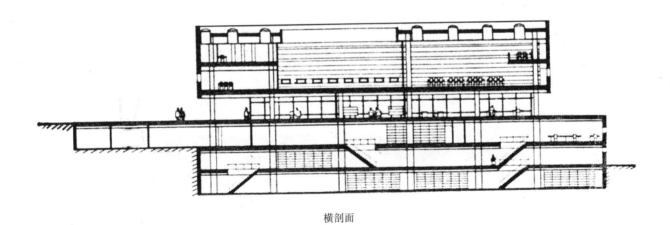

横剖面

建筑细部

入口透视

50. 美国哈佛大学医学院图书馆

建筑地点：美国 波士顿

　　此图书馆建在哈佛大学波士顿校园拥挤的地段中，四周都是雄伟的古典建筑。设计者充分考虑了这些环境特点，在平面设计上采用了极为紧凑的布局方式。平面为正方形，中部为天井，天井两侧布置交通、辅助用房，四周为书库和阅览室，而又将阅览区布置在最外一圈。

　　图书馆共8层，两层设于地下。它按垂直分区的原则将不同功能的用房布置在不同层上。首层是图书馆的主层，主要有管理台、借书台、编目、办公、参考阅览等。首层之下是2层期刊部，由两部弧形楼梯与主层相连，这两部楼梯起着很好的装饰作用。主层之上则为书库和专题阅览，图书和读者距离很近。管理台置于入口门厅中，位置显要，上下左右均能照顾。

　　另外，这一图书馆建筑形式的处理也有明显的特点。它的周围虽均为古典建筑，但设计者没有效仿旧形式，而采用了与原有古典建筑强烈对比的手法，选用了现代建筑形式，巧妙地考虑到了新、老建筑形式的协调。新的图书馆平屋顶做得很厚，并向外伸挑，以求与原有古典建筑的檐部相呼应；主立面凸出的部分既表现了内部的一个个小凹室的幽静读书环境，又近似古典建筑"柱间"的处理；同时也使墙面与原有建筑相统一。此外，新图书馆的外部体形和高度也以老建筑为限约。这样，通过对比，使新的图书馆更为突出。

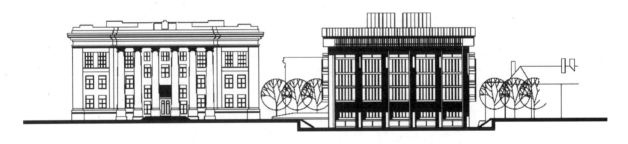

正立面

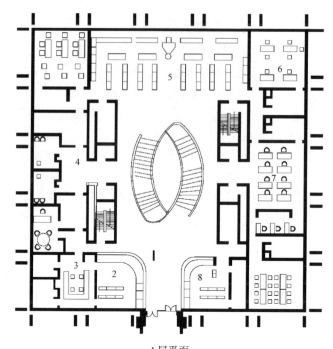

1层平面

1—管理台;2—借书处;3—馆长室;4—办公室;5—参考图书;
6—采购;7—编目;8—预约借书

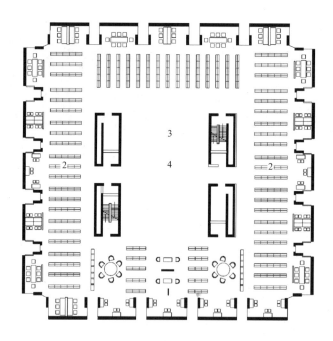

2层平面

1—医学者室;2——般图书;3—陈列廊;4—内庭

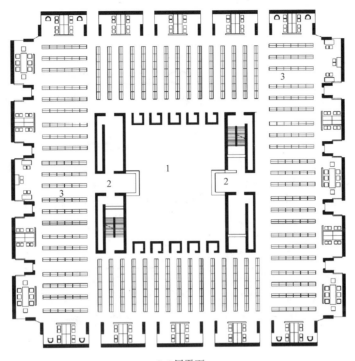

3、4层平面
1—内庭；2—挑台；3—古书

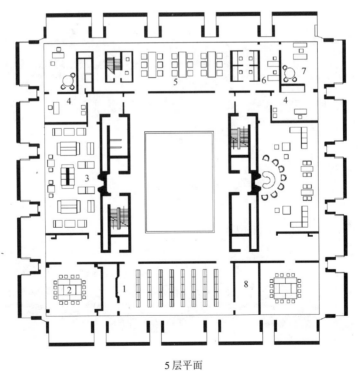

5层平面
1—讲堂；2—理事室；3—医疗工作者阅览室；4—办公室；5—特藏资料阅览室；
6—登记管理；7—贵宾室；8—厕所

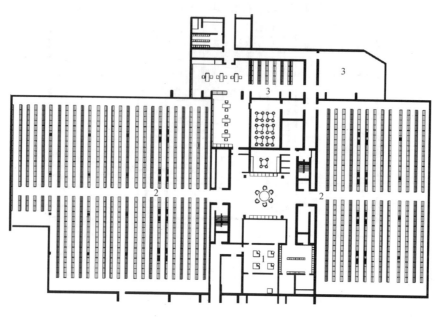

地下 2 层
1—复本;2—期刊库;3—仓库

内庭—楼梯

51．日本同志社女子大学图书馆

这是一所因为原有校园建筑布局已基本完成,余地不多,图书馆的新建又不能破坏原有的美丽校园而建的地下图书馆。设计师采用这样的地下图书馆建设方案,既能保证所要求的空间,同时又在屋顶上保存了原有的绿化庭园。

此图书馆地下为两层,地面上1层。基本书库设于地下2层,开架阅览室和办公室等设于地下1层。入口处及小型特种阅览室等则设于地面层,但它的屋顶上用精心设计的绿化覆盖,地下室内部空间灵活、开敞,便于开架阅览。

图书馆总建筑面积为2959m²,地上1层为345.27m²,地下1层1258.57m²,地下2层为1355.24m²。阅览室约为900m²,书库约为950m²。

地下图书馆特殊的问题是防水、防湿、排水、换气、防火及室内环境的设计等等,为解决这些问题,采取的措施是:一方面是稳定地下水位;另一方面是采用双层地板和外墙壁,并设置水泵,将渗入的水全部排出;自备发电设备,空调、防火设备等机械室设在最底层。

东侧外观

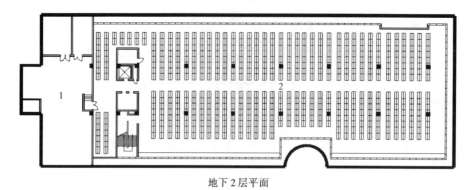

地下 2 层平面
1—机械室;2—书库

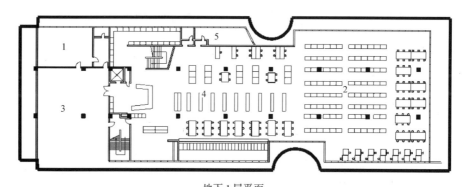

地下 1 层平面
1—馆长室;2—会议室;3—办公室;4—开架阅览室;5—厕所

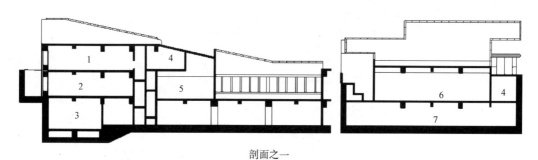

剖面之一
1—阅览室;2—办公室;3—机械室;4—厕所;5—特别阅览室;6—开架阅览室;7—书库

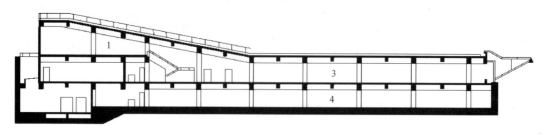

剖面之二
1—阅览室;2—办公室;3—开架阅览室;4—书库

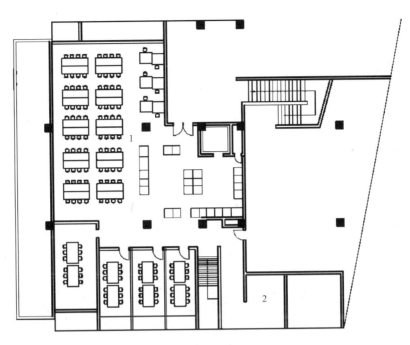

1 层平面
1—阅览室;2—厕所

开架阅览室内外景

52．瑞典维克舍图书馆

　　瑞典维克舍图书馆建成于1965年。地下1层,地上两层。平面为一正方形,空间组织较有特点。它建于市中心附近的公园内,四周道路环绕。为了给阅览创造较安静的环境,将开架的选书处、借书台、报刊阅览以及青少年阅览等安排在底层,而将研究室、作业室、工作室及讲演厅等置于2层,并且四周不外开窗,仅在中部开设天井内庭。内庭除开设天窗供底层采光外,还兼作读者室外阅读及休息,是一个较为安静的环境。

　　底层全为玻璃墙面,上下虚实对比,立面简治明朗,更能吸引读者。

　　地下一层为闭架书库,局部为密排式书库。

鸟瞰

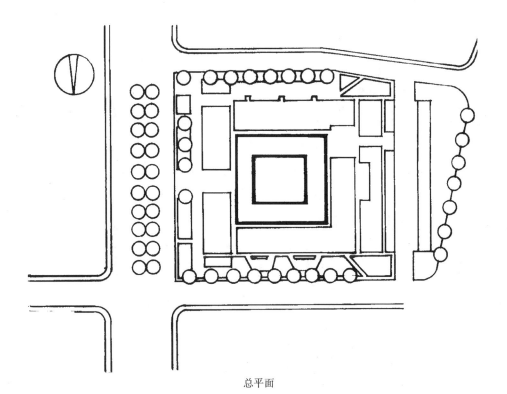

总平面

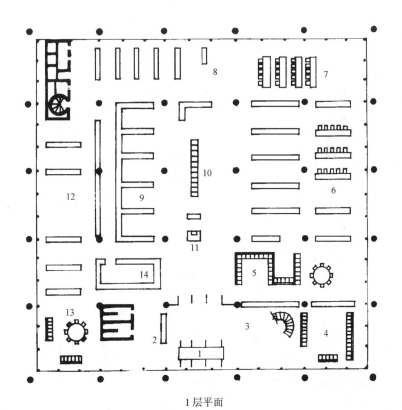

1 层平面

1—门厅；2—存衣物；3—阅报；4—展览；5—杂志；6—科技阅览室；
7——般阅览室；8—音乐欣赏室；9—文艺书；10—目录；11—咨询；
12—儿童阅览室；13—青年阅览室；14—出纳

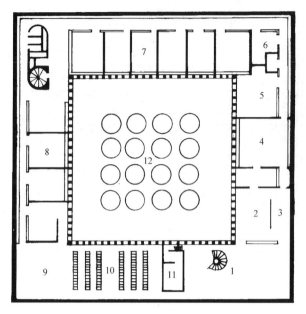

2层平面

1—过厅兼陈列;2—研究室;3—微缩阅读;4—会议室;5—食堂;
6—复制室;7—工作室;8—作业室;9—舞台兼故事室;10—演讲厅;
11—反映室;12—室外阅览

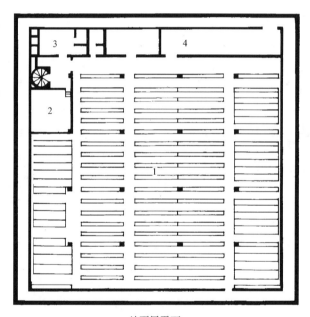

地下层平面

1—闭架书库;2—锅炉;3—通风机房;4—分类库

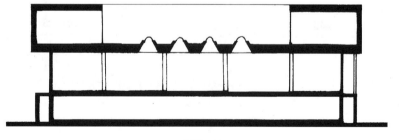

剖面

378

53. 美国纽约公共图书馆

纽约公共图书馆建于1899~1911年,为本世纪初所建大型公共图书馆之一。

此图书馆规模宏大,能藏书350万册,设有阅览席800余座,另设有许多专业阅览室和研究室。

这个图书馆平面较为独特,书库和阅览室均设于"日"字形平面的后部,并且采用书库在下,阅览室在书库之上的垂直式布局。阅览室空间高大,出纳台设于阅览室之中,与书库垂直上下相联系,运书方便,大大缩短了读者借书等候的时间。但是,由于阅览室置于后部,又居书库之上,读者进出不方便。

外观

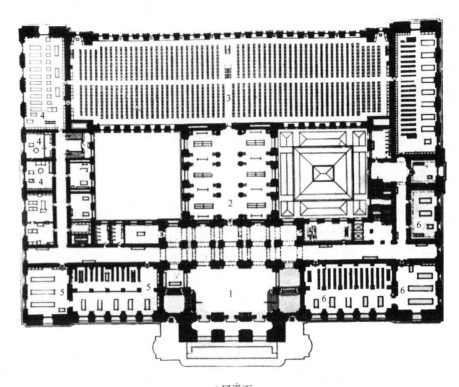

1层平面

1—门厅;2—陈列室;3—书库;4—流通部;5—现刊阅览室;6—科技阅览室

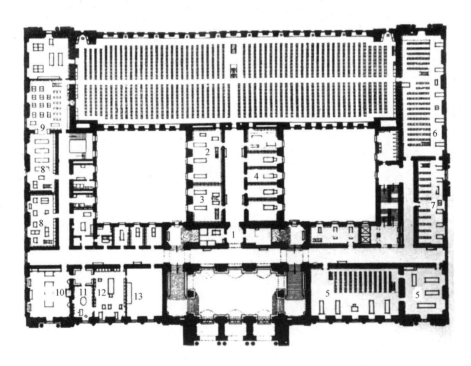

2层平面

1—过厅;2—希伯莱文阅览室;3—斯拉夫文阅览室;4—研究室;5—自然科学研究室;
6—政府文件阅览室;7—经济学阅览室;8—分类室;9—编目室;10—董事会办公室;
11—馆长室;12—馆长办公室;13—会议室

380

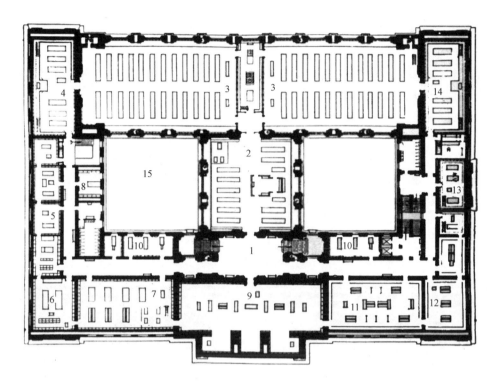

3层平面

1—过厅;2—公共目录;3—主要阅览室;4—美国史阅览室;5—善本阅览室;6—版画阅览室;

7—艺术建筑阅览室;8—舆图阅览室;9—系谱阅览室;10—阅览室;11—绘画陈列;

12—绘画展览;13—音乐室;14—乐谱阅览室;15—内部庭园

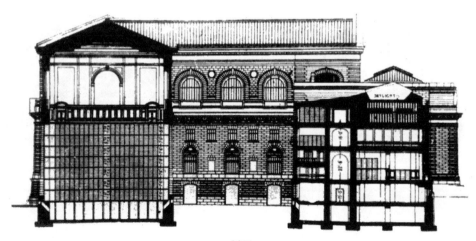

剖面

54. 美国乔治亚工学院图书馆

　　这个图书馆建于 1952～1955 年,设有 800 座阅览席位,可藏书 45 万册,有 17 间单人研究室,可上锁,共设 170 张单人阅览桌。

　　这个图书馆设计的中心思想是要充分体现图书馆成为大学生学习的心脏,它要将大多数系科图书馆阅览集中于一幢建筑物内,再按不同的系科划分为不同的专业阅览室。各层之间采用夹层,上下开敞流通,使开架书库与阅览室合并在一个空间内,而不是将开架书库单独孤立地设于一整层上。同时要求将服务用房和书库布置在南向,而将阅览室布置在北面,以保证均匀的照度。

　　这个图书馆实际上包括两个图书馆:人文科学和科学技术图书馆两部分。建筑物共 5 层,底层为音乐室、门厅及陈列室,2 层和 3 层为人文科学阅览部,第 4 和第 5 层为科学教育阅览部。

　　馆内绝大多数藏书为开架式,采用立式书架,可改变排列,整个建筑物采用钢筋混凝土框架结构,柱网约为 8.2m×8.2m。

南侧外观

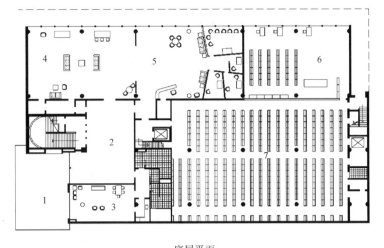

底层平面

1—平台;2—前厅;3—职员休息;4—绘画;5—音乐;6—接待室;7—书库

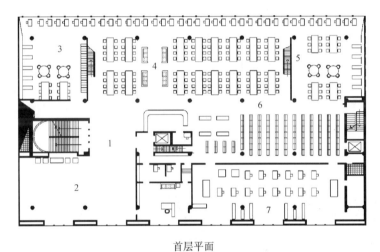

首层平面

1—前厅;2—展览;3—单行本;4—阅览室;5—期刊;6—书库;7—采购、编目、加工

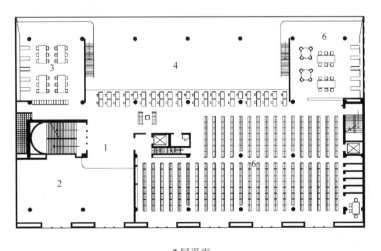

2层平面

1—前厅;2—展览上空;3—文献;4—阅览室上空;5—研究生;6—书库

阅览室内部

外观

55．澳大利亚国家图书馆

澳大利亚国家图书馆新馆建于堪培拉中心，伯利格里芬湖岸边，1968年8月完成，造价为800万美元。

图书馆包括三个基本部分，即阅览空间、书库及工作人员工作室和他们的辅助用房。三者布局功能分区明确，两层的垫楼既形成建筑物的台座，又是主要的藏书空间；垫楼（台座）以上部分即为阅览空间和工作人员工作用房，而且三者又相互错开布置。书库内设有阅览席，阅览室内也设有开架书库。书库不开窗户，是一个两层的有空调设备的巨大地下室。读者阅览空间共有5层，开有较大窗户，为读者提供观赏伯利格里芬湖的良好视野。

建筑物的形式和美学的处理，清楚地表现了建筑物的功能。甚至外部材料的使用也随功能不同而不同，高台基座层外表采用粗石板贴面，基座以上则采用精细磨光的白色大理石柱和罗马大理石墙面，以分别表现书库和读者阅览室间的区别。

两层书库可以自由地向三个方向发展扩建，而不妨碍图书馆的正常使用，基座最终发展的大小可达195m×161m，那将成为世界上最大的独一无二的书库。

已建成的这幢建筑物虽采用古典建筑的手法，但并未追求希腊、罗马建筑的细部构造。外装修全部采用了最高级的材料，由传统的大理石、花岗石、板石、青铜及铜制品，内装修则采用了澳大利亚最高级的木料。窗户是青铜的，屋顶上盖以铜片。同时，又装备了最现代化的空气调节和湿度控制等设备，为保证馆藏创造了良好的保存条件。

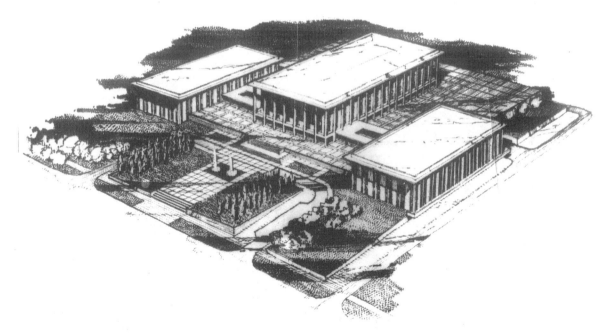

鸟瞰

模型外观

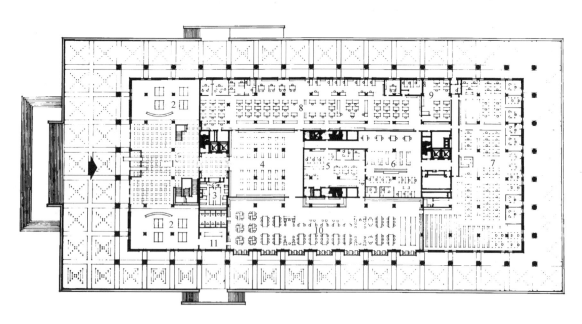

底层平面

1—门厅;2—展览;3—衣帽;4—目录;5—办公室;6—联合目录;7—采购;8—编目;
9—打字;10—普通参考阅览室;11—小卖部

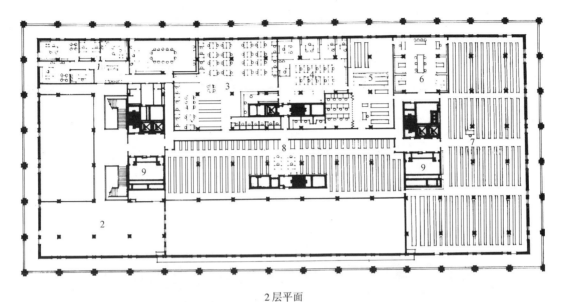

2 层平面
1—行政办公室;2—专题展览;3—高级阅览室;4—办公室;5—微缩阅览;
6—阅览室;7—书库;8—连续性出版物书库;9—厕所

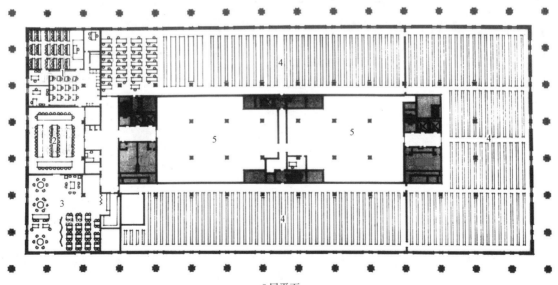

5 层平面
1—工作人员培训;2—会议室;3—读者休息;4—书库;5—设备间

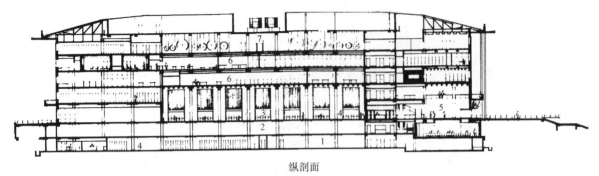

纵剖面

1—备用;2—备用书库;3—参考室;4—会议室;5—前厅;6—阅览室;7—设备间

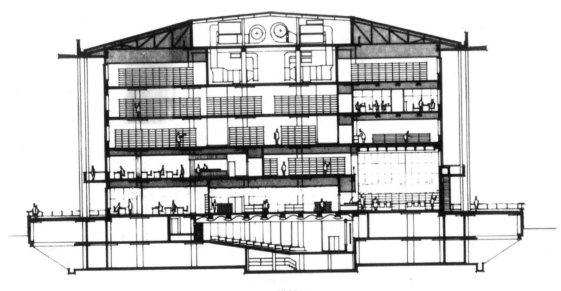

横剖面

56. 英国谢菲尔德大学图书馆

这是20世纪50年代作品。

图书馆位于校园的东北,地势倾斜,西面高,基地面积近50m见方。建筑平面为正方形,每边长近48m,采用垂直空间布局,阅览室在上,书库在下。

读者入口设于建筑物东南角,位于底层,入口大厅左边设有一个很大的衣帽间,可供400名读者存放衣物。

2层是全馆的主层。借书厅、阅览室和采编部门均设在这一层。阅览室下为4层夹层,最上面一层夹层是陈列室和馆长办公等用房,下面3层为闭架书库。

图书馆可藏书85万到100万册。大阅览室可设阅览席280座,另有两层开架书库,可藏书11.5万册。

外观

底层平面
1—前厅;2—入口大厅;3—衣帽间;4—照相;5—暗室;6—纸库;
7—保险库;8—清洁工具贮藏室;9—男女厕所

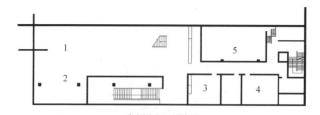

夹层(入口)平面

1—入口;2—展览;3—会议室;4—馆员办公;5—小册子宣传品

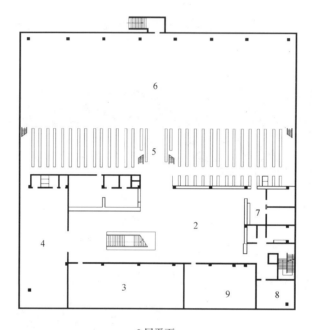

2层平面

1—出纳台;2—目录厅;3—期刊阅览;4—研究生阅览;5—开架
书库;6—阅览室;7—管理办公室;8—采购,9—编目

入口

参 考 文 献

1. 鲍家声主编. 图书馆建筑. 书目文献出版社,1986

2. 鲍家声. 创造有中国特色的现代图书馆建筑. 建筑学报,1995.10

3. 鲍家声. 葛昕. "模块式"图书馆设计初探. 大学图书馆学报,2000.5

4. 王文友. 沈国尧. 莫炯奇等编. 高等学校图书馆建筑设计图集. 东南大学出版社,1996

5. G. 汤普逊. 于得胜等译. 现代图书馆建筑的规划与设计. 书目文献出版社,1981

6. 李明华主编. 论图书馆设计:国情与未来. 浙江大学出版社,1994

7. 单行主编. 图书馆建筑与设备. 东北工学院出版社,1990.12

8. 刘尔明. 羿风主编,中国当代建筑师作品选,中国计划出版社,中国大百科全书出版社,1999。

9. 汪冰. 电子图书馆理论与实践研究. 北京图书馆出版社,1997.12

10. 张皆正. 唐玉恩. 上海图书馆新馆. 建筑学报,1997.5

11. 关肇邺. 百年书城. 一系文脉. 建筑学报,1998.5

12. 姚仁喜建筑师事务所. 元智大学图书资讯大楼. 世界建筑,1998.3

13. Domus 建筑艺术与室内设计. 中国建筑工业出版社,1999.2

14. 世界建筑(韩国). 世界建筑出版社(韩国),1998.11

15. libraries. 日本

16. 台湾的校园建筑(中小学、幼稚园篇). 建筑学报. 1984～1996 各期

17. 世界建筑. 各期

18. 世界建筑导报. 各期

19. 建筑师. 台湾

20. GA DOCUMENT 45.46.

21. Architecture Review

22. Architecture Record

23. 东南大学开放建筑研究中心资料光盘

24. Godfrey Thompson, Planning and Design of Library Buildings, The Architectural Press, London, 1973

25. Ken White, Bookstore Planning & Design, McGraw – Hill Book Company, 1982

26. Rajwant Singh, University Library Buildings in India, Academic Publications, New Delhi, 1984

27. Edited by Oscar Riera Ojeda, Phoenix Central Library Bruder DWL Architects, 1999

28. Published by MEISEI PUBLICATIOWS, LIBRAIES New Concepts in Architecture & Design. 1995

29. 江西科学技术出版社,图书馆及科研中心,2000.11